U0182195

卫星导航应用设备检测技术

朱　江　陈明剑　王桂娟　等编著
刘宏华　张勇虎　张昕燕

国防工业出版社

·北京·

内 容 简 介

本书从 GPS、GLONASS、GALILEO、北斗导航系统的发展入手,深入地阐述了卫星导航基础知识;围绕卫星导航应用设备导航定位检测,细致地介绍了卫星导航应用设备的检测技术、检测设备、检测方法、检测标准体系、法规及技术要求等。

书中配有大量应用实例,均来自实际开发项目或卫星导航应用设备专业检测实验室,具有鲜明的实用性。本书既可作为大专院校相关专业的教材,也可作为生产企业、专业检测机构岗位培训用书,还可供工程技术人员参考。

图书在版编目(CIP)数据

卫星导航应用设备检测技术/朱江,陈明剑,王桂娟等编著. —北京:国防工业出版社,2021.9
ISBN 978 − 7 − 118 − 12274 − 9

Ⅰ. ①卫… Ⅱ. ①朱… Ⅲ. ①卫星导航 − 应用 − 设备 − 检测 Ⅳ. ①TB4

中国版本图书馆 CIP 数据核字(2021)第 169137 号

※

*国防工业出版社*出版发行
(北京市海淀区紫竹院南路 23 号 邮政编码 100048)
三河市众誉天成印务有限公司印刷
新华书店经售

*

开本 710×1000 1/16 印张 24½ 字数 440 千字
2021 年 9 月第 1 版第 1 次印刷 印数 1—1500 册 定价 86.00 元

(本书如有印装错误,我社负责调换)

国防书店:(010)88540777   书店传真:(010)88540776
发行业务:(010)88540717   发行传真:(010)88540762

卫星导航的定位、导航与授时能力是构建信息化社会的重要基础。卫星导航产业，是以卫星导航为基础、以具有时空特征标识的各类数据为资源、以面向市场需求提供智能化服务产品为主要特征的国家战略性新兴产业，具有技术含量高、适用领域广、创新依赖度高、产业链条长、带动性和技术扩散性强等特点，是继互联网、移动通信之后世界上发展最快的三大信息产业之一。

近年来，卫星导航产业发展迅猛，无论是在发达国家还是在发展中国家，这一产业都呈现出高速增长的态势。随着我国北斗卫星导航系统的全面建成，我国卫星导航应用设备、应用系统及相关技术服务也在不断增长并逐渐普及，卫星导航芯片、设备、天线等关键技术取得重大突破并实现了产品化。应用设备结合通信、遥感、大数据等智能技术已在民用航空、智能交通、智慧物流、数字测绘、精细农业、远洋航运与渔业、环境监测、应急救援、防灾救灾以及消费类电子产品等方面得到了广泛应用，其民用价值正全面体现。

卫星导航应用设备检测是卫星导航系统体系化建设的一部分，是保证产品的先进性、适用性和可操作性，提高产品核心竞争力的关键，同时也是对应用设备生产企业进行有效监督管理，保障卫星导航应用市场有序推进发展的主要手段。为保障卫星导航产品质量，降低投资风险，北斗导航产品用户、投资商和制造企业都需要对产品的质量进行科学、有效的检测评定，因而对检测认证的需求十分迫切。

为达到科学、有效的检测评定目的，除了应确保检测技术科学可靠、检测方法正规完善之外，检测人员的业务素质则是保证质量检测工作科学性和公正性的前提条件。

卫星导航应用设备检测是一项较为专业的技术工作，检测人员必须对理论知识、检测方法和检验标准有比较深刻的理解，尤其是对新从事该领域检测工作的人员，需要经过一段时间的学习，熟悉相关的检测标准及掌握检测技术，经过严格的培训后再开展检测工作。

本书共 7 章，从介绍卫星导航应用设备基础知识、检测行业概况及相关法律法规、检测设备开始，重点介绍了卫星导航应用设备的检测方法及相关测试标准，并给出了具体的操作应用指南。本书可作为卫星导航应用设备检测认证、测试开发等从业人员的岗位培训用书，也适合其他相关领域工程技术人员参考阅读。

本书由郑州市质量技术监督检验测试中心、战略支援部队信息工程大学、中国电子科技集团公司第五十四研究所、第二十七研究所、湖南卫导信息科技有限公司共同组织编写。主编：朱江；执笔：朱江、陈明剑、王桂娟、刘宏华、张勇虎、张昕燕、王恩钊、李军政、杨光、张凌。石磊、李军政等分别校阅了初稿或提出建议。全书由战略支援部队信息工程大学陈明剑教授、郑州市质量技术监督检验测试中心赵树人副主任审阅，并提出许多指导性修改意见，保证了书稿质量的进一步提高。

在本书编写过程中，得到了郑州高新区北斗产业园的大力支持，还参阅了国内外有关学者和工程的文献资料，在此对这些单位和作者表示衷心感谢！

由于水平有限，书中不当之处，敬请读者不吝指正，提出宝贵意见。

编　者

CONTENTS | 目录

第 1 章
概　论

　　信息产业内的卫星导航系统技术开发及设备制造行业,是国家鼓励发展的高新产业,目前在国际上统称为 GNSS 应用产业,在我国一般称为卫星导航应用产业。其产业链主要包括全球卫星导航定位系统(目前四大系统)、基础类产品、用户终端产品、位置应用系统与位置运营服务五大部分。

　　卫星导航应用产业是国际"八大无线产业"之一,是继互联网、移动通信之后世界上发展最快的三大信息产业之一。

　　近年来,国际上卫星导航产业发展迅猛,无论是在发达国家还是在发展中国家,这一产业都呈现出高速增长的态势。目前,除了美国 GPS 卫星定位系统外,还有俄罗斯的 GLONASS 系统、欧盟正在建设的 GALILEO 系统以及中国的北斗卫星导航系统。这些系统在建设过程中,相互学习,又不断竞争,促进了卫星导航定位系统的发展。

　　卫星导航产业对于全世界来说,都是个新兴的产业,应该说目前仍处在初级发展阶段,而且全球导航卫星系统概念只是在形成过程中,全球定位系统本身也在不断地演变,而这种变化过程又是一个较长的时期,在一定程度上延缓了卫星导航产业的发展。同时,作为一个能与蜂窝通信和互联网相结合的大产业,一个具有光辉前景的大产业,其形成、演变、结合、成长和发展过程,必然经历一个较长的发展时期,实现用户培育,形成市场氛围,营建基础设施,达到规模经济,均需要时间,这是全球共同面对的事实。应该指出的是,产业发展到今天,已经到了向全球化、规模化和大众化进步的重大关键转折期,期盼多年的爆发性增长阶段呼之欲出。

　　自 20 世纪 90 年代中期以来,我国卫星导航产业经历了孕育、萌芽、快速发展、初步形成比较完整的产业链等几个阶段,即将步入加速腾飞期。在 20 世纪 90 年代的萌芽期,国内相继注册登记的与卫星导航相关的企业有近百家。2000年以后,我国卫星导航产业进入了快速发展时期。据《2018 中国卫星导航与位置服务产业发展白皮书》显示,目前,我国卫星导航与位置服务领域企事业单位数量保持在 14000 家左右,从业人员数量超过 50 万,形成了包括卫星导航系统、基础类产品、终端产品、系统集成和运营服务等组成的完整的产业链,为进一步快速腾飞奠定了重要基础。

卫星导航产业作为国家战略高科技产业,在国家"十五"规划中就被列入了重要日程。北斗二代卫星导航系统也被列为 2006—2020 年《国家中长期科学和技术发展规划纲要》。在"十二五"规划中,卫星导航又被国家纳入七大战略新兴产业的发展规划之中。国家的高度重视与扶持,将为我国卫星导航产业的发展开辟更加广阔的前景。

在国民经济快速发展、人民生活水平不断提高的新形势下,卫星导航定位产业已经步入了产业升级的关键阶段。随着北斗三代卫星的成功发射,我国自主卫星导航系统建设速度正在加快,产业化应用已经提上了很高的战略日程。在国家大力推进产业结构调整和战略升级的新形势下,我国卫星导航产业发展正面临着难得的发展机遇,进入了发展的黄金期。

1.1 卫星导航定位基本知识

1.1.1 导航定位基本概念

导航伴随着人类政治、经济、文化和军事活动的产生而产生,并随着人类政治、经济、文化和军事活动的发展实现了从低级到高级的发展。

导航是一个技术门类的总称。它最基本的作用是引导载体(如飞机、舰船、车辆)和个人沿着所选定的路线安全、准确、准时地到达目的地。导航的英文为 Navigation,其词源为拉丁语的 navis(boat)和 agire(guide),从其词源可以看出传统的导航概念是关于引导船或其他水上运载器从一个地方到另一个地方的技术。现代导航泛指引导陆地、空中、水面、水下、太空等运载器安全、准确地沿着所选定的路线准时地到达目的地。现代导航不仅要解决运动载体移动的目的性,更要解决其运动过程的安全性和有效性。导航系统由导航设备、驾驶员和自动驾驶仪组成,一般提供的导航信息包括载体的位置信息(经度、纬度、高程)、航向(方位)、速度、距离、时间、航偏距、航偏角等。导航要解决的问题:人员、装备、载体的位置,什么地方、什么位置(Where,What Position);什么姿态(What Status);怎么走(Where to Go)。

根据引导的载体不同,导航可以分为航空导航、舰船导航、陆地导航及航天制导等。根据导航手段的不同,又可以分为天文导航、惯性导航、地磁导航、无线电导航、卫星导航等。

最古老、最简单的导航方法是星历导航,人类通过观察星座的位置变化来确定自己的方位;最早的导航仪是中国人发明的指南针——司南(图 1 – 1),几个世纪以来它经过不断改进而变得越来越精密,并一直为人类广泛应用着;最早的航海表是英国人 John Harrison 经过 47 年的艰苦工作于 1761 年发明的,在其随后的两个世纪,人类通过综合地利用星历知识、指南针和航海表来进行导航和定位。

图 1 – 1　司南

1.1.2　卫星导航发展历程

进入 20 世纪以后,随着科学技术水平的不断提高,人类逐渐发明/发现了许多新的定位方法。首先,海员通过测量船体的速度增量并进行外推来确定自己的位置(Dead Reckoning);随后人们又发明了惯性导航技术(Inertial Navigation),即通过对加速度计所记录的载体加速度进行积分来确定位置。至此,人类的探索并没有停滞不前,20 世纪,电磁场理论和电子技术的蓬勃发展为新型导航技术的形成提供了坚实的理论基础和技术基础。更重要的是用新思想和新理论武装起来的人类更富有想象力了,人类的思维从被动地利用宇宙中现存的参照物(如星体)扩展到主动地建立和利用人为的参照物来开发更精密的导航定位系统。由此地基电子导航系统(Ground – based Radio Navigation System,GRNS)诞生了,这一系统的问世标志着人类从此进入了电子导航时代。地基电子导航系统主要由世界各地适当地点建立的无线电参考站组成,接收机通过接收这些参考站发射的无线电电波并由此计算接收机到发射站的距离来确定自己的位置。这一技术在第二次世界大战中已经使用,战后发展很快,目前大约有 100 种不同类型的地基电子导航系统正在运行,其中最著名的有 Loran C/D、Omega、VOR/DME Tacan 等,它们的导航原理相似,只是所用的电波波段和适用地域不同而已。由于地基导航系统的无线电发射参考站都建立在地球表面上,因此它们只能用来确定海平面上和地平面上运动物体的水平位置,即只能进行二维定位,这是地基电子导航系统本身固有的缺陷。为了对空间飞行器(如飞机、宇宙飞船、导弹等)进行精密导航,需要确定飞行器的三维位置(水平位置和高度)。显然地基电子导航系统不能满足这种需要,于是人类就设想是否可以将无线电发射参考站建立在空中。导航的发展经历了从经典导航技术、无线电导航技术到卫星导航技术的过程。

卫星导航系统属于导航台设在人造卫星上的星基无线电导航系统,如全球定位系统(GPS)、全球卫星导航系统(GLONASS)、欧洲伽利略卫星导航系统(GALILEO)、中国北斗卫星导航系统(BDS)等。卫星导航系统通过发射卫星群,由地面监控网测定卫星轨道等资料并发送给卫星,卫星将其位置和供测量的其他信息发送给用户,用户利用这种位置可知的空中航标,测得自己的位置。卫星导航系统提供了全球、全天候、高精度的导航服务。

1957年10月,苏联成功发射了第一颗人造地球卫星。美国霍普金斯大学应用物理实验室对卫星发射的无线电信号进行监听时发现,当地面接收站的位置一定时,接收信号的多普勒频移曲线与卫星轨道有一一对应关系。这表明当地面接收站的坐标已知时,只要测得卫星的多普勒频移曲线,就可确定卫星的轨道。若卫星运行轨道是已知的,那么根据接收站测得的多普勒频移曲线,便能确定接收站坐标。在此理论基础上,提出了研制卫星导航系统的建议。

1958年12月,美国海军武器实验室委托霍普金斯大学应用物理实验室研制海军导航卫星系统(Navy Navigation Satellite System, NNSS)(图1-2)。该系统于1964年9月研制成功并投入使用,1967年7月,美国政府宣布该系统兼供民用。NNSS是一种以卫星为"基站"的距离差测量系统。NNSS是以卫星作为定位基准的星基导航,它改变了传统无线电导航以地面导航台站作为定位基准的地基导航,在技术上有较大的突破,在导航精度上也有大幅度提高。

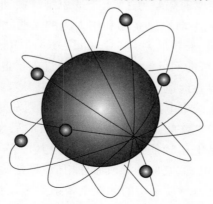

图1-2 海军导航卫星系统示意图

NNSS 系统的卫星星座由分布在 6 个轨道面内的 6 颗低轨卫星组成,轨道高度为 1075km,轨道面倾角为 90°,运行周期 120min。其轨道通过地球南北极上空,与地球子午线相一致,因此也称子午仪系统。作为第一代卫星导航系统,NNSS 实现了全球范围内的核潜艇、导弹测量船、各种军用/民用船舶的全天候导航,并在大地测量、高精度授时、地球自转监测等方面得到了广泛的应用,显示了卫星导航的优越性。但是 NNSS 只能提供二维导航解,不能用于高程未知的空中用户。另外,由于卫星数目较少,只能进行间隔约 1.5h 的断续定位,单次定位观测时间长(需 8～10min),不能用于高动态用户。由于存在以上缺点,NNSS 的使用受到很大的限制。

1964 年,在美国第一代卫星导航定位系统——子午仪卫星导航系统投入使用不久,为满足海军、陆军、空军三军和民用部门越来越高的导航需求,美国海军和空军就已着手进行新一代卫星导航系统的研发工作,并分别提出了“621B”计划和“TIMATION”计划。1973 年,美国国防部正式批准海军、陆军、空军三军共同研制新一代卫星导航系统——全球定位系统(Global Positioning System,GPS)。从 1973 年正式开始研制到 1993 年 12 月 GPS 系统建成,历时 20 年,耗资达 300 亿美元,成为继“阿波罗”登月、航天飞机之后的第三项庞大空间计划。GPS 卫星星座由位于 6 个轨道面内的 24 颗卫星组成,轨道高度约 20000km,轨道面倾角为 55°,运行周期 11h58min。GPS 实现了全球、全天候、连续、实时、高精度导航定位,对人类活动产生了极大的影响。目前 GPS 已被广泛应用于各类导航、高精度授时、大地测量、工程测量、地籍测量、地震监测等领域。GPS 的应用被美国前副总统戈尔称为“只受想象力的限制”。

由于 GPS 是美国军用导航系统,受美国的军事、政治等因素控制。为了摆脱美国的控制,一些国家或集团建立了或计划建立符合自身应用目的的卫星导航定位系统。例如,1968 年,苏联建立了类似子午仪系统的奇卡达(Tsikada)卫星导航系统,1976 年开始研制类似于 GPS 系统的 GLONASS 系统。GLONASS 卫星星座由位于 3 个轨道面内的 24 颗卫星组成,轨道高度约 19000km,轨道面倾角为 64.5°,运行周期 11h15min。1996 年初俄罗斯宣布 GLONASS 系统组星完毕并正式投入使用,打破了在卫星导航定位领域由美国 GPS 一统天下的局面。

伽利略系统是欧洲自主研发的世界上第一个民用卫星导航系统。该系统由欧洲人自己设计制造,具有比 GPS 系统更强大的功能、技术优势和服务模式。20 世纪 90 年代初,欧洲提出了建设全球卫星导航系统的构想。1993—1994 年间欧洲联盟(EU)各国交通部长批准了统一的卫星导航策略,该策略认为应当建立国际控制下的民用卫星导航系统,现有的 GPS 和 GLONASS 系统只能作为辅助导航手段。1996 年 7 月 23 日,欧洲议会和欧洲联盟交通部长会议制定了有关建设欧洲联运交通网的共同纲领,首次提出了建立欧洲自主的定位和导航系统,这为日后伽利略计划的出台奠定了基础。

欧洲的 GNSS 计划分为两个阶段实施:第一阶段是建立一个能与美国 GPS 和俄罗斯 GLONASS 兼容的第一代全球导航卫星系统 GNSS－1,称为 EGNOS 系统,该系统主要由 3 颗地球同步卫星和一个包括 34 个监测站、4 个主控制中心和 6 个陆地导航地面站的复杂网络组成,是一个广域差分增强系统,利用 GPS 卫星信号进行服务。目前该系统已基本建成,已于 2004 年进入试运营。第二阶段是建立一个完全独立于 GPS 和 GLONASS 的第二代全球导航卫星系统 GNSS－2,即"伽利略"计划。其总体战略目标是建立一个高效、经济、民用的全球卫星导航定位系统,使其具备欧洲乃至世界交通运输业可以信赖的高度安全性,并确保未来的系统安全由欧洲控制和管理。

20 世纪后期,中国开始探索适合国情的北斗卫星导航系统(BeiDou Navigation Satellite System,简称 BDS)发展道路,逐步形成了三步走发展战略:2000 年年底,建成北斗一号系统,向中国提供服务;2012 年年底,建成北斗二号系统,向亚太地区提供服务;2018 年年底向一带一路提供服务,在 2020 年前后,建成北斗全球系统,向全球提供服务。BDS 由空间卫星、地面中心控制系统和用户终端三部分组成,具有快速定位、实时导航、简短通信和精密授时四大功能。北斗卫星导航系统是中国着眼于国家安全和经济社会发展需要,自主建设、独立运行的卫星导航系统,是为全球用户提供全天候、全天时、高精度的定位、导航和授时服务的国家重要空间基础设施。

1.1.3　卫星导航的特点

相对于其他导航技术,卫星导航具有其突出的优点。

1. 全球覆盖、全天候服务

第二代卫星导航系统,工作卫星多,且分布合理,使得地球上任何一个地方,在任何时候都能观测到至少 4 颗卫星。这样的卫星分布满足了全球、全天候定位的需求,能够作用到传统技术非常难或不能到达的地方,如沙漠、高山、远离大陆的岛屿等。卫星定位系统一般采用超高频、能穿越云层的卫星信号,因此能够全天候提供服务。

2. 功能多

卫星导航可以提供用户三维位置、三维速度、时间、姿态等信息,可广泛应用于车辆、飞机、船舶、航天器的导航以及武器的制导。

3. 精度高

相对于传统导航手段,卫星导航定位精度有了很大提高,目前可以提供米级到厘米级甚至更高的精度。

4. 操作简单

现在的卫星导航设备自动化程度高,观测时只要开关机器,其他工作如卫星信号的搜索、接收、测量数据的存储都由接收机自动完成。

1.2 卫星导航定位基础

1.2.1 常用坐标系

坐标就是用于表示空间点位置的一组有序数值。坐标系是确定地面点或空间目标位置所用的参考系。同一空间点的坐标可以采用不同的坐标形式,如空间直角坐标(X,Y,Z)、球面坐标(r,δ,θ)、大地坐标(B,L,H)等。同一空间点在不同坐标系中,即使采用同一坐标表示形式,坐标值也不尽相同。但是,在同一坐标系中,空间点位与坐标值之间存在一一对应的关系。表示同一空间点位的不同坐标表示形式存在一定的转换关系,他们互称为等价坐标表示形式。不同坐标系,也可根据不同定义之间的关系进行转换。

1.2.1.1 坐标表示形式

1. 空间直角坐标

空间直角坐标是表示空间点位最简单的形式,一般用(X,Y,Z)表示。用空间直角坐标描述必须指明一个坐标原点及三个相互正交的坐标轴指向。根据三个相互正交的坐标轴的指向关系不同,可分为左手坐标系和右手坐标系。在日常生活中右手坐标系应用较为普遍。左、右手坐标系的三轴关系如图 1-3 所示。

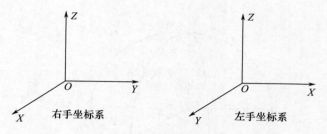

图 1-3 右手坐标系和左手坐标系

2. 球面坐标

在右手空间直角坐标的基础上,可定义一个等价的球面坐标。

如图 1-4 所示,坐标系原点与直角坐标系原点重合,以原点 O 到空间点 S

的距离 r 作为第一参数,第二参数 θ 为 OS 与 OZ 的夹角($\leqslant 180°$),第三参数 α 为 ZOX 平面与 ZOS 平面的夹角,自 ZOX 平面起算($\leqslant 360°$)。点位坐标用(r,θ,α)表示。

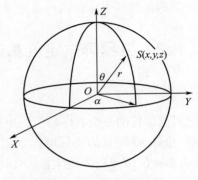

图 1-4　球面坐标

3. 大地坐标

大地坐标是以参考椭球面为基准面,地面点位置用大地经度 L、纬度 B、高 H 来表示。

如图 1-5 所示,大地经度为参考椭球面上某点的大地子午面与起始子午面间的夹角,由起始子午面起,向东度量,$0° \sim 360°$,也可由起始子午面向东、西度量,各为 $0° \sim 180°$,向东称为东经,向西称为西经。东经为正,西经为负。

大地纬度为参考面上某点的法线与赤道面的夹角,由赤道面起,向南、北两极度量,各为 $0° \sim 90°$,向北称为北纬,向南称为南纬。北纬为正,南纬为负。大地高 H 为地球表面某点沿法线到参考椭球面的距离。

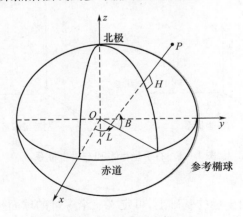

图 1-5　大地坐标

实际应用中,常常需要进行大地坐标和空间直角坐标的互相换算。

1.2.1.2　卫星定位中常用的坐标系统

卫星定位中常用到以参考椭球中心为原点的参心坐标系和以地球质心为原点的地心坐标系。常用的坐标形式有空间直角坐标系和大地坐标系。

参心坐标系通常是局部坐标系。

1. 常用的参心坐标系

1）1954 北京坐标系

1954 北京坐标是我国 20 世纪 50 年代由苏联远东一等锁联测传算,原则上它属于苏联 1942 年普尔科沃坐标系,采用克拉索夫斯基椭球,但高程系统中正常高以我国青岛验潮站 1956 年求出的黄海平均海水面为基准。

2）1980 年国家大地坐标系

1980 年国家大地坐标系也称作 1980 年西安坐标系,它也是大地测量参考坐标系。它选用 IUGG 1975 年推荐的椭球参数作为参考椭球;全国均匀选取922 点,按高程异常均方和为最小确定坐标系原点;椭球短轴指向平行于中国地极原点 JYD 极轴,首子午面平行于格林尼治天文台子午面。1980 年国家大地坐标系进行整体平差确定选取了全国约 5 万点的坐标值。

3）新 1954 北京坐标系（整体平差转换值）

与 1980 年西安坐标系相比较,1954 北京坐标系并非严格意义上的大地测量参考系,因未进行整体平差,其点间相对位置精度也不够高。但几十年来已积累大量的中小比例尺地形图、城市控制测量、大比例尺规划图等,这些资料和成图广泛使用。由于这些原因,1954 北京坐标系仍在广泛应用。

考虑到 1980 年西安坐标系的点间相对位置精度较高,而大量现有地图资料属于 1954 北京坐标系,一个折中办法是坐标系统采用目前大量使用的 1954 北京坐标系,点间的相对位置使用精度较高的 1980 年西安大地坐标系,这就是新1954 北京坐标系（整体平差转换值）。为了实现这一目的可以采用 1980 年西安坐标系成果中点间坐标差作为导出观测量,采用 1954 北京坐标系成果中点位坐标作为点位的坐标初始值,并赋以一定的验权进行整体平差。

2. 常用的地球质心坐标系

1）WGS-84 坐标系

WGS-84 坐标系的坐标原点与地球质心重合,Z 轴指向地球平北极,X 轴指向平格林尼治天文台子午面与赤道的交点。

2）ITRF 坐标系

ITRF 坐标系是国际地球自转服务局（IERS）地球框架,它是一种全球的 IGS跟踪的四维坐标值,其相应的坐标系是目前精度最高的地心坐标系。

3）CGCS2000 坐标系

北斗导航系统使用的是 CGCS2000 地心地固坐标系,广播星历给出了卫星天线相位中心在 CGCS2000 坐标系中的位置。CGCS2000 地心地固坐标系定义如下:

（1）原点在地球质心。

（2）Z 轴指向 IERS 参考极（IRP）方向。

（3）X 轴为 IERS 参考子午面（IRM）与通过原点且同 Z 轴正交的赤道面的交线。

（4）Y 轴与 X、Z 轴构成右手直角坐标系。

1.2.2　高程系统

1.2.2.1　大地高程系统

大地高程系统是以参考椭球面为基准面的高程系统。大地高是由地面点沿通过该点的椭球面法线到椭球面的距离,通常以 H 来表示。大地高是一个几何量,不具有物理上的意义。对于不同定义的椭球大地坐标系,构成不同的大地高程系统。

GPS 测量所采用的是 WGS – 84 坐标系,因此能够直接测定测站点相对于 WGS – 84 椭球的大地高。这一高程系统没有在工程上广泛应用,但它对于研究大地水准面的形状有着十分重要的意义。

1.2.2.2　正高系统

正高系统是以大地水准面为基准面的高程系统。正高是由地面点沿通过该点的铅垂线至大地水准面的距离,用符号 H_g 表示。大地水准面是一族重力等位面(水准面)中的一个,由于水准面之间的不平行,所以过一点并与水准面相垂直的铅垂线,实际上是一条曲线。

1.2.2.3　正常高程系统

在测量工作中,高程实际上是采用正常高程系统,而不是正高系统。因为正高不能严格计算出来,所以采用的是以似大地水准面为高程的基准面,它在一般地区与大地水准面极为接近。以似大地水准面为基准面所建立的高程系统称为正常高程系统。正常高是由地面点沿通过该点的铅垂线至似大地水准面的距离,是可以精密确定的,同时具有明显的物理意义,用符号 H_γ 表示。

1.2.2.4　高程异常

似大地水准面与椭球面之间的高程差,称为高程异常(图 1 – 6),通常以 ζ 表示。正常高与大地高之间的转换关系为

$$H = H_\gamma + \zeta$$

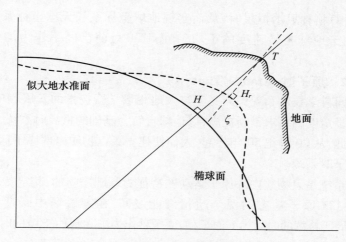

图 1 - 6　高程异常

　　严格地讲,上式表示的只是近似值,它还应考虑参考椭球面法线与铅垂线的差异(垂线偏差)的影响,但由此引起的高程异常一般不超过 ± 0.11mm,完全可以忽略。利用 GPS 定位技术,可以直接测定测点在 WGS – 84 中的大地高程。可见,如果能确定高程异常 ζ,就能将大地高 H 换算成正常高 H_γ。

1.2.3　时间系统

　　时间是一个重要的基本物理量。在天文学和空间科学技术中,时间系统是精确描述天体和人造卫星运行位置及其相互关系的重要标准,因而也是人们利用卫星进行定位的重要基准。

1.2.3.1　世界时和恒星时

　　人类生活的地球在空间的自转是连续的,而且比较均匀,所以人们最先建立的时间系统,便是以地球自转运动为基准的世界时系统。由于观察地球自转运动时所选空间参考不同,世界时系统又包括恒星时、平太阳时和世界时。

　　世界时和恒星时都是基于地球自转的时间系统。

　　恒星时为春分点相对于格林尼治子午面的时角。由于地球自转的不均匀性,所以恒星时又分为真恒星时和平恒星时。格林尼治真恒星时在瞬时地球坐标系和瞬时极天球坐标系之间的转换中使用。

　　世界时(UT)是在平太阳时基础上建立的,定义为平太阳相对格林尼治子午面的时角加上 12h。世界时分别为 UT0、UT1 和 UT2。UT0 是由观测直接得到的,在 UT0 的基础上加上极移改正得到 UT1,在 UT1 上加上季节变化得到 UT2。在这三种世界时中 UT1 反映了地球自转角速度,在卫星导航定位领域被广泛采

11

用,用它来计算格林尼治恒星时,从而实现地球坐标系和天球坐标系之间的转换。但是,由于地球自转速度的不均匀性,UT1 目前已经不作为均匀的时间尺度。

1.2.3.2　原子时(Atomic Time,AT)

随着空间科学技术和现代天文学与大地测量学新技术的发展和应用,对时间准确度和稳定度的要求不断提高,以地球自转为基础的世界时系统,已难以满足要求。为此,从 20 世纪 50 年代起,人们便建立了以物质内部原子运动的特征为基础的原子时系统。

原子时系统是以物质内部原子运动的特征为基础建立的,其定义是:位于海平面上的 Cs133 原子基态的两个超精细能级间,在零磁场中跃迁辐射振荡9192631770 周所持续的时间为 1 原子秒,原子秒作为国际制秒(ST)的时间单位。

原子时出现后,得到了迅速发展和广泛应用,许多国家都建立了各自的地方原子时系统。但不同的地方原子时之间存在着差异,为此,国际上大约有 100 座原子钟,通过相互比对,并经数据处理推算出统一的原子时系统,称为国际原子时(TAI)。

原子时的起点为 1958 年 1 月 1 日世界时零时,这是希望起始历元有 TAI = UT1,但由于技术上的原因,在该瞬间两者存在一微小差值,即

$$(UT1 - TAI)_{1958.0} = +0.0039s$$

如表 1 – 1 所列,原子钟具有很高的准确度和稳定度。

表 1 – 1　原子钟的准确度和稳定度

原子钟	晶体(石英)	铷气泡	铯原子束	氢原子激射器
钟误差 1μs 的时间	1s ~ 10d	1 ~ 10d	7 ~ 30d	7 ~ 30d
相对频率稳定度	$10^{-6} \sim 10^{-12}$	$10^{-11} \sim 10^{-12}$	$10^{-11} \sim 10^{-13}$	10^{-13}

1.2.3.3　协调世界时

在许多应用部门,如大地天文测量、天文导航和空间飞行器的跟踪定位等部门,当前仍要采用以地球自转为基础的世界时。但是地球自转速度存在变慢的趋势,为了避免播发的原子时与世界时之间产生过大的偏差,从 1972 年便采用了一种以原子时秒长为基础,在时刻上尽量接近于世界时的一种折中的时间系统,这种时间系统称为协调世界时(UTC),简称协调时。

UTC 采用闰秒(或跳秒)的方法,使 UTC 与世界时的时刻相接近,闰秒一般在 12 月 31 日或 6 月 30 日末加入,具体日期由国际地球自转服务组织安排并通告。目前,几乎所有国家时间信号的播发,均以 UTC 为基准。故:TAI = UTC + $1s \times n$,n 为调整参数。

UTC 近年来闰秒统计情况如表 1－2 所列。

表 1－2 UTC 近年来闰秒统计情况(从 1980 年 1 月 6 日开始)

序号	时间	累计闰秒数	序号	时间	累计闰秒数
1	1981.06.30	1	10	1994.06.30	10
2	1982.06.30	2	11	1995.12.31	11
3	1983.06.30	3	12	1997.06.30	12
4	1985.06.30	4	13	1998.12.31	13
5	1987.12.31	5	14	2005.12.31	14
6	1989.12.31	6	15	2008.12.31	15
7	1990.12.31	7	16	2012.06.30	16
8	1992.06.30	8	17	2015.06.30	17
9	1993.06.30	9	18	2016.12.31	18

1.2.4 导航电子地图

导航电子地图是指含有空间位置地理坐标,能够与空间定位系统结合,准确引导人或交通工具从出发地到达目的地的电子地图及数据集。

电子地图是以地图数据库为基础,在适当尺寸的屏幕上显示的地图。它可实时地显示各种信息,具有漫游、动画、开窗、缩放、增删、修改、编辑等功能,并可进行各种量算、数据及图形输出打印,便于人们使用。还可以非常方便地对普通地图的内容进行任意形式的要素组合、拼凑,形成新的地图,与卫星摄像、航空照片等其他信息源结合,生成新的图种。随着多媒体技术的发展,电子地图将与音像等内容结合起来,极大地丰富地图的显示内容,全方位、多角度地介绍与地理环境相关的各种信息,使地图更富有表现力。

1.2.4.1 导航电子地图的数据类型

电子地图中的数据可以分为空间数据和非空间数据两大类。空间数据又称为几何数据,用来表示物体的位置、形态、大小和分布等特征信息,根据空间数据的几何特点,又可以分为图形数据和图像栅格。非空间数据主要包括专题属性数据、质量描述数据和时间因素等语义信息,是空间数据的语义描述,反映了空间实体的本质特征。非空间数据在导航电子地图中用于信息查询和数据分析。

1.2.4.2 导航电子地图的数据特征

电子地图中的数据特征可以包含以下几个方面。

(1)质量特征:电子地图中的数据包括物理、化学、自然、经济等多个方面。

(2)数量特征:如居民地人口、线状物长度、面状物的面积、土壤的酸碱度、雨量、温度等。

（3）时间特征：各种自然的人工的地图对象均有其产生、存在及消失的时间，地图数据的时间特征直接反映了地图对象的时间变化规律。

（4）空间特征：地图对象在地理空间的分布及相互关系。

1.2.4.3　导航电子地图的应用

导航电子地图的应用广泛，具体在可视化导航中的应用可以分为以下 3 种情况。

（1）自主导航系统：由导航设备和电子地图组成，导航设备确定位置，电子地图用于显示、信息查询、路径选择等。

（2）管理系统：由管理中心和移动车辆组成，导航电子地图安装在管理中心，各移动车辆的位置由无线数据传输设备传输到管理中心，管理中心的电子地图用来显示各移动车辆的位置，从而实现对移动车辆的管理。

（3）组合系统：上述两类系统的结合，导航电子地图既配置在管理中心，也配置在移动车辆上，因此组合系统具有上述两类系统的功能。

1.3　卫星导航基本原理

1.3.1　卫星导航系统组成

任何一个卫星导航系统至少由三大部分组成，它们分别是空间星座部分、地面监控部分、用户设备部分，如图 1 - 7 所示。

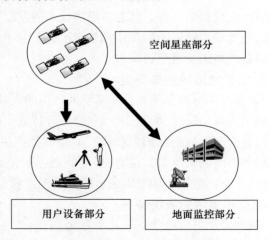

图 1 - 7　卫星导航系统基本组成

1.3.1.1　空间星座部分

空间星座部分指由多颗卫星组成,卫星轨道形成稳定的空间几何构型,卫星之间保持固定的时空关系,用于完成特定航天任务的卫星系统。星座构型是对星座中卫星的空间分布、轨道类型以及卫星间相互关系的描述。

1. 空间星座的分类

空间星座按照不同的标准有不同的分类方法。

（1）空间分布:全球分布星座和局部分布星座。

（2）轨道构型:同构星座和异构星座。

（3）应用功能:单一功能星座和混合功能星座。

（4）覆盖范围:全球覆盖、纬度带覆盖和区域覆盖星座。

2. 空间星座的设计

卫星星座构型设计主要是对星座的几何构型参数的优化和确定,包括卫星数目、轨道平面数、平面内的卫星数、每颗卫星的轨道倾角、轨道高度、轨道偏心率等。

3. 导航卫星的基本功能

导航卫星包括以下基本功能:

（1）接收和存储由地面监控站发来的导航信号,接收并执行监控站的指令控制;

（2）卫星上设有的计算机,进行部分必要的数据处理工作;

（3）通过星载的高精度铯钟和铷钟提供精密的时间标准;

（4）向用户发送导航信息;

（5）在地面监控站的指令下,通过推进器调整卫星的姿态和启用备用卫星。

1.3.1.2　地面监控部分

地面监控部分按功能不同可分为监测站、主控站、注入站三类,其数据通信链如图 1-8 所示。

（1）监控站:是在主控站直接控制下的数据自动采集中心。站内设有双频测量型接收机、高精度原子钟、计算机和若干环境数据传感器。接收机对导航卫星进行连续观测,以采集数据和监测卫星的工作状态。原子钟提供时间标准,环境传感器收集当地的气象数据。所有观测数据由计算机进行初步处理,并存储和传送到主控站,用以确定卫星的轨道。

（2）主控站:除协调和管理所有地面监控系统的工作外,其主要任务是根据本站和其他监测站的所有观测资料,推算编制各卫星的星历、卫星钟差和大气层的修正参数等,并把这些数据传送到注入站;提供整个系统的时间基准。各监测站和卫星的原子钟,均应与主控站原子钟同步,或测出其间的钟差,并把这些钟差信息编入导航电文,送到注入站;调整偏离轨道的卫星,使之沿预定的轨道运行;启用备用卫星以代替失效的工作卫星。

(3) 注入站:其主要设备一般包括 C 波段的发射机和计算机。其主要任务是在主控站的控制下,将主控站推算和编制的卫星星历、钟差、导航电文和其他控制指令等,注入相应卫星的存储系统,并监测注入信息的正确性。

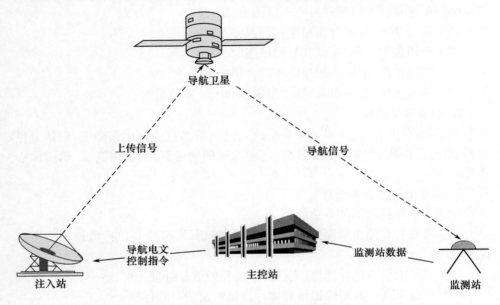

图 1 - 8 地面监控部分数据通信链

1.3.1.3　用户设备部分

卫星导航系统的空间卫星部分和地面监控部分是用户应用该系统进行导航定位的基础,用户只有通过用户设备,才能实现导航定位的目的。用户设备的主要任务是接收导航卫星发射的无线电信号,以获得必要的定位信息及观测量,并经数据处理完成导航定位工作。

1.3.2　卫星运动

卫星导航系统是一种星基无线电导航系统,对导航用户来说卫星的位置是实时已知的。实时获取高速运动的卫星位置是实现导航定位的前提;同时,研究卫星运动的规律是维持卫星导航系统稳定、可靠运行的必要过程。

与所有的运动物体一样,人造地球卫星的运动取决于它所受的作用力。人造地球卫星在绕地球运转中所受的作用力主要有:地球对卫星的引力,日、月对卫星的引力,大气阻力,光辐射压力及潮汐力。在这些作用力中,地球引力是主要的。考察这些作用力的相对值,如果将地球引力视为 1,则其他作用力均小于 10^{-5}。

我们可以把卫星只受地球质心引力(也可称为质心引力)的作用作为第一近似来研究卫星的运动,通常称为二体问题。二体问题就是研究惯性系中的两个质点在万有引力作用下的动力学问题。动力学问题是指给定时刻质点的位置和速度,计算出其他时刻的位置和速度。二体问题必须在惯性系下考虑,如果是在非惯性系下,则必须将非惯性系的作用作为摄动力来考虑。

二体问题受到普通重视是因为:①它是卫星运动的一种近似描述;②它是至今唯一能得到的严密分析解的运动;③它是一些更精确解(考虑到全部作用力)的基础。

显然,对于多效应用问题,这样只考虑地球质心引力的二体问题的解是不够精确的,必须考虑卫星所受的全部作用力。除地球质心引力外的其他作用力均不大于 10^{-3} 量级,通常称为摄动力。在摄动力的作用下,卫星的运动将偏离二体问题的运动轨道,通常称考虑了摄动力作用的卫星运动为卫星的受摄运动。在理想状态下的卫星运动称为无摄运动,也称为开普勒运动,其规律可通过以下开普勒定律来描述:

(1)每个行星沿椭圆轨道绕太阳运行,太阳位于椭圆的一个焦点上。阐述了卫星运动轨道的基本形状及其与地心的关系。

(2)由太阳到行星的矢径在相等的时间间隔内扫过相等的面积。说明卫星在椭圆轨道上的运行速度是不断变化的,在近地点处速度最大,在远地点处速度最小。

(3)行星绕太阳公转的周期 T 的平方与椭圆轨道的长半径 a 的立方成正比。对于给定的椭圆的长半轴 α,平均角速度 n 是常量,不随时间变化。

1.3.2.1　卫星运动轨道参数描述

由开普勒定律可知,卫星运动的轨道,是通过地心平面上的一个椭圆,且椭圆的一个焦点与地心重合。确定椭圆的形状和大小至少需要 2 个参数,即椭圆的长半径 a 及其偏心率 e。另外,为确定任意时刻卫星在轨道上的位置,需要 1 个参数,一般取卫星过近地点时刻。卫星轨道的形状、大小和在轨道的瞬时位置通过上述参数描述唯一确定了,但是卫星轨道平面和地球体的相对位置和方向还无法确定。所以为了确定轨道椭圆在天球坐标系的位置和方向,还需 3 个参数。通过这 6 个参数,就可以解算出卫星在空间的坐标。这 6 个轨道参数是:

(1)轨道平面倾角,即卫星轨道平面与地球赤道面的夹角;

(2)升交点赤经,即地球赤道平面上,升交点与春分点的地心夹角,升交点

为卫星由南向北运动时,其轨道与地球赤道的交点;

（3）轨道椭圆长半轴;

（4）轨道椭圆离心率;

（5）升交点至近地点的夹角;

（6）卫星过近地点时刻(卫星过近地点的平近点角)。

轨道参数(也称为轨道根数)示意图如图 1－9 所示。

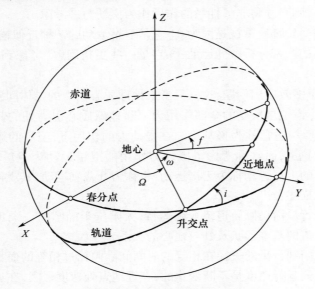

图 1－9　卫星运动的轨道根数

对于近圆轨道,偏心率 e 趋于零,近地点不存在,若再使用开普勒根数,将会带来很大的麻烦。此时可用其他变量取代开普勒根数。

1.3.2.2　卫星的受摄运动

对于卫星导航和精密定位而言,在只考虑地球质心引力的情况下计算卫星的运动状态是不能满足精度要求的,必须考虑地球引力场摄动力、日月摄动力、大气阻力、光压摄动力、潮汐摄动力,这些摄动力与地球质心引力相比均小于 10^{-3}。

影响卫星轨道的摄动因素很多,主要为地球形状摄动、日月引力摄动、大气阻力摄动、光压摄动、潮汐摄动(海潮、固体潮)和非惯性坐标引起的惯性力。

各种摄动力对于不同高度的卫星所产生的作用力和大小不同。表 1－3 显示了这种变化(以质量为 M,密度呈球形分布的正球对卫星的作用力为单位)。表 1－4 反映的是各种摄动力对 GPS 卫星的影响。

表 1-3 摄动力对不同高度卫星的影响

摄动因素 \ 卫星高度	200km	2500km	36000km
二阶带谐项 J_2	3×10^{-3}	2×10^{-3}	7×10^{-5}
J_{22}	5×10^{-6}	3×10^{-6}	10^{-7}
J_{3m}	4×10^{-6}	10^{-6}	10^{-8}
太阳引力	6×10^{-8}	10^{-7}	10^{-5}
月球引力	10^{-7}	3×10^{-7}	3×10^{-5}
太阳引起的潮汐摄动	10^{-8}	8×10^{-9}	4×10^{-10}
月球引起的潮汐摄动	3×10^{-8}	2×10^{-8}	8×10^{-10}

表 1-4 摄动力对 GPS 卫星的影响

摄动源	加速度/(m/s²)	1 小时内最大偏移量/m
地球引力	5.65×10^{-1}	—
二阶带谐项 J_2	5×10^{-5}	300
四阶带谐项 J_4	10^{-7}	0.6
月球引力	5.5×10^{-6}	40
太阳引力	3×10^{-6}	20
太阳光压	10^{-7}	0.6

上述各种摄动力可分成两类:一类是保守力(有势力),包括地球的非球形引力、日月引力、潮汐力等;另一类是耗散力,不能以位函数形式表示,包括大气阻力、光压、惯性力等。

在卫星大地测量中,经常要确定在一系列特定时刻卫星的运动状态,即求定卫星在该瞬时的位置和速度。可以利用二体问题的解作为第一近似解,但多数情况这种解的精度是不够的。二体问题只是受一个质点的引力,该质点取为地球质心并具有全球的质量。实际上,卫星在运动中所受到的力要复杂得多,除了二体问题所考虑的正球引力外,还受到诸如地球引力的非质心引力部分、大气阻力、日月引力、光辐射压力和非惯性坐标系的惯性力等。这些力与质心引力相比均在 10^{-3} 量级以下,被称为摄动力。考虑了卫星所受的摄动力的运动称为受摄运动。一般用分析法或数值法解受摄运动的微分方程。以笛卡儿坐标表示的受摄运动方程形式简洁,常用数值法解,但它难以得到分析解。

瞬时轨道根数确定的椭圆轨道与卫星实际的轨道相切。显然,如果卫星在切点的瞬间,摄动力消失,卫星将沿着这个椭圆轨道运动,所以,瞬时椭圆轨道也称为瞬时轨道,或吻切轨道。相应的轨道根数即为瞬时轨道根数,也称为吻切轨道根数。

如果把瞬时轨道看作以时间 t 为参数的椭圆轨道簇,则卫星的实际轨道与此椭圆轨道簇中的每一个椭圆轨道都相切。从微分几何的观点来看,卫星的实际轨道就是这个椭圆轨道簇的包络线。

因此,二体问题的公式对受摄运动的任一瞬间来说,也是适用的。

1.3.2.3 北斗卫星导航系统的卫星轨道

北斗卫星导航系统采用三种类型卫星的轨道:GEO、IGSO 和 MEO。

(1) GEO——地球静止轨道(Geostationary Earth Orbit),或称地球静止同步轨道、地球静止卫星轨道,特别指卫星或人造卫星垂直于地球赤道上方的正圆形地球同步轨道,属于地球同步轨道一种。在这轨道上进行地球环绕运动的卫星或人造卫星始终位于地球表面的同一位置。它的轨道高度为 36000km,轨道离心率和轨道倾角均为零,运动周期为 23h56min04s,与地球自转周期吻合。由于在静止轨道运动的卫星的星下点轨迹是一个点,所以地表上的观察者在任意时刻始终可以在天空的同一个位置观察到卫星,会发现卫星在天空中静止不动。

(2) IGSO——倾斜地球同步轨道(Inclined GeoSynchronous Orbit),是一类特殊的地球同步圆轨道,轨道高度跟 GEO 卫星轨道高度一样,均属于地球同步轨道。其星下点轨迹是交点在赤道上、呈堆成"8"字形的封闭曲线,卫星每天重复地面上的同一轨迹。

(3) MEO——中圆地球轨道(Medium Earth Orbit),是指轨道高度在低轨卫星(1000km)以上、地球同步卫星轨道以下的卫星轨道。

1.3.3 卫星导航系统的信号结构

卫星播发的导航信号是卫星导航接收机进行导航定位的基础,根据不同导航原理设计的卫星导航系统提供的导航信息也不尽相同。例如,美国的子午卫星导航系统、我国的北斗一号卫星导航系统的导航信号主要由载波和调制在载波上的导航电文组成;美国的 GPS、俄罗斯的 GLONASS 和我国的 BDS 等卫星导航系统的导航信号由载波及调制在载波上的导航电文、测距码等组成。

1.3.3.1 载波

1. 电磁波及其参数

根据物理学中的概念,电磁波是一种随时间 t 变换的正弦(或余弦)波。如果设电磁波的初相角为 φ_0,角频率为 ω,振幅为 A,则有电磁波 y 的数学表达式:$y = A\sin(\omega t + \varphi_0)$。

如果取 t 为横轴,y 为纵轴,则上述关系可用图 1-10 来表示:

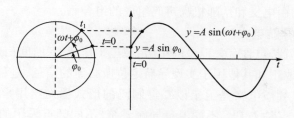

图1-10 电磁波及其参数

2. 载波频率

现代的卫星导航系统载波频率一般选择 L 波段。这是因为选择 L 波段工作波长,可避开大气层中氧、水气等的最大谐振吸收,有利于较经济地接收卫星导航信号,降低卫星信号发播功率,从而减小卫星的功耗。另外,从地面用户设备的角度来说,可降低用户设备功耗和信号接收灵敏度的要求。大气对不同波段的吸收如图1-11所示。

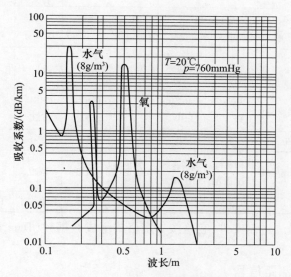

图1-11 大气对不同波长的吸收

图1-11表示大气吸收系数随着电磁波的工作波长不同而变化。由图1-11可见,当工作波长为 0.25cm 和 0.5cm 时,氧气对该电磁波产生谐振吸收而发生最大衰减;当工作波长为 0.18cm 和 1.25cm 时,水蒸气对该电磁波产生谐振吸收而发生最大能量消耗。

3. 扩频通信

所谓"扩频",是将原拟发送的几十比特速率的电文变换成发送几兆甚至几十兆比特速率的由电文和伪随机噪声码组成的组合码。

1.3.3.2 导航电文

导航电文，就是包含有关卫星的星历、卫星工作状态、时间信息、卫星钟运行状态、轨道摄动改正和其他用于实现导航定位所必需的信息，是利用卫星进行导航的数据基础。导航电文是卫星以二进制码的形式播发给用户的导航定位数据，故称数据码，又称 D 码。不同卫星导航系统、不同频点采用的导航电文格式也不尽相同，如表 1－5 所列。

表 1－5　不同导航系统的导航电文

播发内容	导航系统							
	GPS			GLONASS	GALILEO		BDS	
	NAV	CNAV	CNAV2	NAV	F/NAV	I/NAV	D1	D2
全部星历 (星历＋历书)/s	750 (25 帧)	无固定 时间	无固定 时间	150 (5 帧)	1200 (24 子帧)	720 (24 子帧)	720 (24 帧)	360 (120 帧)
基本星历/s	30 (5 帧)	48 (4 类电文)	8	30 (15 串)	50 (5 页面)	30 (15 页面)	30 (5 子帧)	3 (5 子帧)
星历更新 周期/h	1	2	2	0.5	1	1	1	1
校验方法	奇偶校验	CRC ＋ FEC	BCH LDPC	奇偶校验	CRC ＋ FEC	CRC ＋ FEC	BCH	BCH
播发速率	50	25	50	50	50	250	50	500
电文播发顺序	固定	根据实际 情况播发	根据实际 情况播发	固定	固定	固定	固定	固定
加载的	L1	L2C、L5C	L1C	L1、L2	E5a	E5b、E1b	B1、B2	B1、B2

导航电文是二进制文件，它是按一定格式组成数据帧（Data Frame），并按帧向外播送。

1.3.3.3 测距信号

由于不同导航系统实现导航定位的原理不同，所以不同系统具有不同的测距信号，测距信号包括脉冲测距信号和连续测距信号两种。

脉冲测距信号是一种调制在载波信号上用于测量卫星至地面用户设备间距离的脉冲，我国北斗一号等的导航信号中采用的是脉冲测距信号。

连续信号是一种调制在载波信号上用于测量卫星至地面用户设备间距离的二进制码。目前应用最为广泛和成功的 GPS 卫星导航系统、GLONASS、正在建设的 GALILEO 系统、我国"北斗"二号等的导航信号中都采用一种伪随机码连续测距信号。

1.3.4　伪随机码和伪随机码测距

1.3.4.1　伪随机码

目前卫星导航系统中采用的测距码都是伪随机码。20 世纪 40 年代末期，信息论的奠基人仙农首先指出，白噪声形式的信号是一种实现有效通信的最佳信号，但因产生、加工、控制和复制白噪声的困难，仙农的设想未能实现。直到 20 世纪 60 年代中期，随着伪随机噪声码编码技术的问世，噪声通信才获得了实际的应用，并随即扩展到了雷达和导航等技术领域。

码是指一种表达信息的二进制数及其组合，是一组二进制的数码序列，如果将各种信息按某种预定的规则表示为二进制的组合，则称这一过程为编码。

对应矩形波出现一次 +1 或 -1，称为一个码元。一个码元对应的时间长，也就是传送一位二进制码(0 或 1)所需的时间。

单位时间(如 1s)内出现的码元个数，称为码频率和码频，也称码速率。码速率是发送二进制码的速度，单位为位/秒(b/s)。

伪随机码是一种可以预先确定并可以重复产生和复制，又具有随机统计特性的二进制码序列。利用伪随机编码信号可以实现低信噪比接收，大大改善了通信的可靠性，且可以实现码分多址通信。此外，利用伪随机编码信号可以实现高性能的保密通信，符合卫星导航定位系统的技术要求。

1.3.4.2　伪随机码测距原理

卫星导航定位需要测量从卫星到接收机天线之间的距离，一般采用时间延迟法测量距离，即测量卫星发射的测距信号(C/A 码或 P 码)从卫星到达用户接收机天线的传播时间 D_t，则距离为

$$r = c \times D_t \tag{1-1}$$

式中：c 为光速。

在时间不同步的情况下，为了测得卫星至用户接收机的天线之间的时间延迟，用户接收机在接收卫星信号并提取出有关的测距信号之外，还要在接收机内部产生一个参考信号。用户接收机接收到了卫星在 $t-\tau$ 时刻播发的信号 $a(t-\tau)$，接收机内部在时钟脉冲的控制下，产生了一个结构完全相同的信号 $a(t+\Delta t)$，Δt 既含有接收机的钟差，又含有卫星钟的钟差。这样一个信号通过接收机内部的码相位控制器移动码元时间 $\tilde{\tau}$，与接收的信号在相关器进行相关，然后检测输出的相关函数值，如果相关输出达到了最大，也就是高电平，则输出所移动码元对应的时间延迟，就是我们所需要的信号的传播时间。即两个信号时延相同：$(t-\tau) = (t+\delta t - \tilde{\tau})$，进一步转化为距离，就是观测量伪距 $\tilde{\rho}$，即

$$\tilde{\rho} = \rho + c \cdot \delta t。$$

1.3.5 伪距导航原理

以上 δt 包含卫星发射信号钟面时与 GPS 标准时刻之差 δt^j，接收机钟面时与标准时刻之差 δt_r，用 $\tilde{\rho}^j$ 表示 j 卫星到接收机之间的观测伪距，即

$$\tilde{\rho}^j = \sqrt{(X^j - X)^2 + (Y^j - Y)^2 + (Z^j - Z)^2} + c \cdot \delta t_r - c \cdot \delta t^j \qquad (1-2)$$

这是伪距导航的基本原理公式。如果不考虑接收机钟差 δt_r 的影响，式(1-2)中仅有用户的位置坐标 X, Y, Z 是未知参数，其几何解释就是三球交会的原理，如图 1-12 所示。

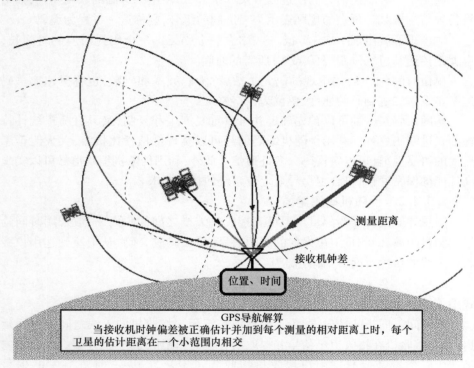

图 1-12　三球交会原理图

但由于式(1-2)中 δt_r 是接收机的钟差，是一个未知量，$\tilde{\rho}^j$ 是观测量；X^j，Y^j, Z^j 为卫星的位置，是已知量，可通过卫星导航电文解算获得；δt^j 是卫星钟差，它在卫星导航电文里面可以计算出来，也可作为已知量；由此，方程中总共有 4 个未知量。这说明在三球交会基础上还至少需要 4 个卫星信号列方程才可以解

24

算出未知量。

1.3.5.1　伪距导航定位解算

设在历元 t 时刻,用户接收机观测了 n 颗卫星($n>3$),相应的伪距观测量分别为 $\tilde{\rho}_1(t),\tilde{\rho}_2(t),\tilde{\rho}_3(t),\cdots,\tilde{\rho}_n(t)$,由伪距观测方程,可以列出以矢量表达的误差方程:

$$V = AX + l \tag{1-3}$$

解式(1-3),由最小二乘法得

$$\hat{X} = (A^{\mathrm{T}}A)^{-1}A^{\mathrm{T}}l \tag{1-4}$$

如果对于每个观测值赋予不同的权,即对于所有观测量有权阵 Q^{-1},则误差方程的最小二乘解为

$$\hat{X} = (A^{\mathrm{T}}Q^{-1}A)^{-1}A^{\mathrm{T}}Q^{-1}l \tag{1-5}$$

上述解算过程涉及测站的概略坐标,如果测站概略坐标与真实坐标相差比较大(如数千米),为了获得较高的定位精度,一般要有一个迭代过程,直到坐标的改正量足够小。

1.3.5.2　精度评定与精度衰减因子

在导航中,卫星在天空的几何配置,会大大地影响定位的准确度,经常用精度衰减因子(Dilution of Precision,DOP)来表示卫星空间图形的贡献。

DOP 分为空间精度(GDOP)、水平方向(HDOP)、垂直方向(VDOP)与位置(PDOP)等,其中主要应用 GDOP 表示空间卫星配置对导航定位精度的影响程度。其定义可根据导航定位平差计算得到的方差协方差矩阵对角线元素解算。空间精度衰减因子 GDOP 为

$$\mathrm{GDOP} = \sqrt{\mathrm{trace}(Q)} = \sqrt{q_{11}+q_{22}+q_{33}+q_{44}} \tag{1-6}$$

定位精度若要越高,定位误差越小,DOP 值就要越小,即定位精度和 DOP 值成正比,一般规定 GDOP 值应小于6。如果所接收的卫星在天空的配置极佳,则 GDOP 值有可能达到 2 以下。反之,如果只能接收到 4 颗卫星,而且这些卫星都集中在天空的一角,则 GDOP 值可能达到 10 以上。通常在地面定位时,GDOP 值在 4 以下,大概可以得到相当满意的定位精度,而 GDOP 值在 7 以上时,则不会被使用。图 1-13 为 GDOP 与卫星在空中分布关系图。

1.3.5.3　卫星导航主要误差

卫星导航定位精度的高低,不仅取决于站星距离测量误差,而且取决于该误差放大系数 GDOP 的大小。后者通过选择合适的定位星座可以获得较小的 GDOP 值,站星距离测量误差受多种因素影响。2000 年,克林顿宣布 SA 政策取消之前,美国实行 SA 政策使得 GPS 标准定位服务 SPS 的实时单点定位精度降

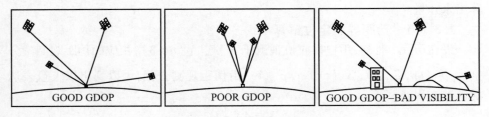

图 1 - 13　GDOP 与卫星在空中分布关系图

为 100m(水平方向)和 150m(垂直方向)。

除 SA 影响外,按误差来源可分成三部分误差:

(1)与卫星有关的误差,如卫星钟误差、星历误差;

(2)与传播路径有关的误差,如电离层折射延迟误差、对流层折射延迟误差;

(3)与用户接收设备有关的误差,如内部噪声、通道延迟、多径效应等。

按照性质可划分为以下几种:

(1)系统误差:主要包括轨道误差、卫星钟差、接收机钟差和大气折射误差等;

(2)偶然误差:主要包括信号的多路径效应和观测误差等;

(3)粗差:包括对中、整平等误差。

各类误差的组成与量级大小如表 1 - 6 所列。

表 1 - 6　卫星导航定位误差的量级

误差来源		对距离测量的影响
与卫星有关的误差	星历误差	1.5 ~ 15m
	星钟误差	
	相对论效应误差	
与信号传播路径有关的误差	对流层折射延迟误差	1.5 ~ 15m
	电离层折射延迟误差	
	多路径效应	
	地球自转效应误差	
与接收机有关的误差	观测误差	1.5 ~ 5m
	相位中心变化	

根据误差的性质不同,误差可分为系统误差和偶然误差,偶然误差包括多路径效应和观测误差。系统误差主要包括卫星的星历误差、卫星钟差、接收机钟差、对流层折射延迟误差以及电离层折射延迟误差等。其中,系统误差无论从误

差的大小还是对定位结构的危害性都比偶然误差大得多,它是卫星定位的主要误差源。同时系统误差有一定的规律可循,可以采取一定的措施加以消除。

消除或削弱系统误差影响的主要方法和措施有:

(1)建立误差改正模型。误差改正模型的建立通常有两种方式:①通过对误差特性、机制以及产生的原因进行分析研究,推导建立起的理论公式;②通过大量观测数据的分析,拟合而建立起来的经验公式。

(2)求差法。利用误差在观测值之间的物理相关性或定位结果之间的相关性,通过求差来消除或大幅度削弱其影响的方法。

(3)平差法。引入相关的未知参数,在平差过程中连同其他未知数一并解算。

(4)选择较好的观测条件和较好的软件、硬件。

(5)简单地忽略某些系统误差的影响。

1.3.6　卫星差分定位

1.3.6.1　卫星差分定位的基本原理

卫星差分定位的目的在于消除公共项,包括公共误差和公共参数。其基本思想是:在坐标为已知的基准站安置卫星接收设备,对所有可见的卫星进行连续地观测,可得基准站的卫星观测量。与此同时,根据基准站的已知坐标和所测卫星的已知瞬间位置,也可以计算出卫星差分改正信息,以该值作为修正值播发给流动站的用户。流动站根据修正值来改正同步观测的相应观测量,进而计算流动站的瞬间位置。

卫星差分定位系统由一个基准站和多个用户站组成。基准站与用户站之间的联系,即由基准站计算出的改正数发送到用户站的过程是靠数据链完成的。数据链由调制解调器和电台组成。

目前,市场上出售的卫星接收设备中,有许多已具备实时差分的功能。不少接收机的生产销售厂商已将卫星差分定位的数据通信设备作为接收机的附件或选购件一并出售。商业性的差分卫星定位服务系统也纷纷建立。这些都标志着差分卫星系统已进入实用阶段。

卫星差分定位技术的发展十分迅速。从初期仅能提供坐标改正数或距离改正数发展为目前能将各种误差影响分离开来,向用户提供卫星星历改正、卫星钟钟差改正和大气延迟模型等各种改正信息。数据通信也从利用一般的无线电台发展为利用广播电视部门的信号中的空闲部分来发送改正信息或利用卫星通信手段来发送改正信息,从而大幅度增加了信号的覆盖范围面。差分改正信号的结构、格式和标准几经修改,也日趋完善。卫星差分定位系统从最初的单基准站差分系统发展到具有多个基准站的区域性差分系统和广域差分系统,接着又出现了广域增强系统和地基增强系统等,以更好地满足不同用户的需求。

1.3.6.2　卫星差分定位的分类

1. 局域差分定位

局域差分定位技术按基准站发送的信息方式不同可分为位置差分和伪距差分。

1）位置差分

基准站上的卫星接收设备通过观测 4 颗以上的卫星后可进行三维定位,解算出基准站的坐标。由于存在轨道误差、时钟误差、大气影响、多路径效应、接收机噪声等,解算出的基准站坐标与已知坐标存在误差,通过两个坐标值取差获得改正数。基准站通过数据链将此改正数发送出去,用户站接收后对其解算的用户站坐标进行改正,从而获得准确的用户站位置。

这样,位置差分定位有效地削弱导航中系统误差源的影响,如卫星钟差误差、卫星星历误差、电离层传播延迟误差等。而影响削弱的效果取决于两个因素:一是对于两个站的观测量,其系统误差是否等值,其差值愈大则效果愈差;二是所测卫星相对于两个站的几何分布是否相同,相差愈大则效果愈差。

位置差分定位的主要问题是要求用户站和基准站解算坐标采用同一组卫星,否则会在用户站解算中带入不同卫星误差。这项要求在近距离内可以做到,但距离较远时很难得到保证。

这种差分方式的优点是计算方法简单,适用于大部分型号的卫星接收机。

2）伪距差分

伪距差分是目前使用最为广泛的一种技术。其基本原理是基准站上的接收机求得它至卫星的距离,并将计算得到的距离与含有误差的测量值加以比较;然后将所有的可视卫星的测距误差传输给用户,用户利用此测距误差来修正其伪距观测量;最后,用户利用改正后的伪距求解自身的位置,就可以达到消去公共误差、提高定位精度的目的。

这种差分是在取得基准站伪距修正值后解算的,在解算过程中只取与基准站共同观测的卫星进行解算,这就解决了位置差分因两个站在坐标解算中采用不同卫星而产生的精度不稳定的问题。它的优点有:基准站提供所有观测卫星的改正数,用户选择任意 4 颗卫星就可完成差分定位;基准站提供 $\Delta\rho^j$ 和 $\Delta\dot{\rho}^j$,这使得用户在未得到改正数的空隙内,也可以进行差分定位;测码伪距修正量的数据长度短,更新率低,对数据链要求不高,就目前数据传输设备而言,很容易满足要求。

伪距差分能将两站公共误差抵消,但是随着用户到基准站的距离的增加又出现了新的系统误差,这种系统误差是任何差分方法都不能消除的。

2. 广域差分定位

局域差分技术在处理过程中都是把各种误差源所造成的影响合并在一起加以考虑的,而实际上不同的误差源对差分定位的影响方式是不同的。例如,卫星星历误差对差分定位的影响可视为与用户离基准站的距离成正比,而卫星钟钟差对差分定位的影响则与用户离基准站的距离无关,主要取决于差分改正数的时延及改正数变化率的精确程度。因此,如果不把各种误差源分离开来,用一个统一的模式对各种误差源所造成的综合影响统一进行处理,就必然会产生矛盾,影响最终的精度。随着用户离基准站距离的增加,各种误差源的影响将变得越来越大,从而使上述矛盾变得越来越显著,导致差分定位精度迅速下降。

局域差分技术虽然在其覆盖范围内定位精度比较均匀,但应保障基准站的分布均匀、密度充分。因此,在广大区域内,为了提高导航精度,目前已成功发展了一种广域差分技术。广域差分技术和局域差分技术的区别不在于地域的广阔和局部,而在于其数据处理的方法不同。事实上可以有地域较广的局域差分,也可以有地域不是很大的广域差分。

广域差分技术的基本思想是对卫星观测量的误差源加以区分,并单独对每一种误差源分别加以“模型化”,然后将计算出的每一误差源数值,通过数据链播发给用户,对卫星定位的误差加以改正,达到削弱这些误差源影响,改善用户定位精度的目的。具体而言,它集中表现在三个方面。

(1) 星历误差:广播星历是一种外推误差,精度不高,它是卫星定位的主要误差来源之一。广域差分技术依赖区域精密定轨,确定精密星历以取代广播星历。

(2) 大气延迟误差(包括电离层延迟和对流层延迟):常规卫星差分技术提供的综合改正值,包含基准站处的大气延迟改正,当用户距离基准站很远时,两地大气层的电子密度和水汽密度不同,对卫星信号的延迟也不一样,这时使用基准站处的大气延迟量来代替用户的大气延迟必然引起误差。广域差分定位技术通过建立精确的区域大气延迟模型,能够精确地计算出其作用区域内的大气延迟量。

(3) 卫星钟差误差:精确改正上述两种误差后,残余误差中卫星钟差误差影响最大,常规差分技术利用广播星历提供的卫星钟差改正数,这个改正数仅近似反映了卫星钟与各个卫星定位系统标准时间的物理差异,而广域差分定位技术可以计算出卫星钟各个时刻的精确钟差值。

广域差分定位系统主要由监测站、主站、数据链和用户设备组成,如图 1 - 14 所示。

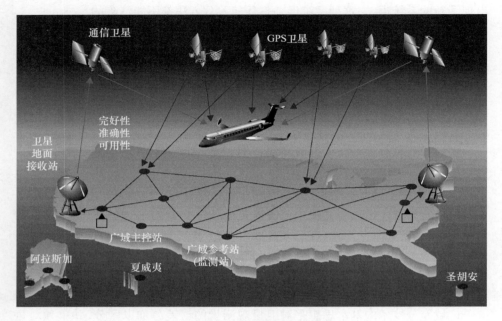

图 1 – 14　广域差分定位系统的组成

　　监测站,一般设有一台铯钟和一台能跟踪所有可见卫星的双频 GPS 接收机。各监测站的 GPS 观测量,均通过数据链实时地发射到主站。监测站的数量一般应不少于 4 个。

　　主站,根据各监测站的 GPS 观测量,以及各监测站的已知坐标,计算 GPS 卫星星历的修正量、时钟修正量及电离层的时延参数,并将这些修正量和参数,通过适当的传输方式实时地发送给用户。

　　用户设备,主要包括用户 GPS 接收机和数据链的用户端,以便在接收 GPS 卫星信号的同时,接收主站发射的上述修正量和电离层的时延参数信息,用以修正其所观测 GPS 卫星的相应参数和电离层的时间延迟。

　　数据链,通常根据实际情况可选用通信卫星、无线电台等数据传输系统,其中以卫星传输最为有效,但目前费用较高。

　　广域差分技术具有以下特点:

　　(1) 主站和用户站的间隔可以从 150km 增至 1000～1500km,而且定位精度没有显著降低;

　　(2) 削弱 SA 的影响,广域差分技术的效果要比局域差分技术好;

　　(3) 广域差分系统的覆盖区域可扩展到一些困难地区,如海洋、沙漠;

　　(4) 系统维护费用高;

（5）技术复杂，协同性要求高，因此运行功能中的可靠性和安全性可能不如单个的局域差分系统。

1.3.6.3 差分定位精度分析

差分卫星定位对各类卫星用户可明显地改善定位的完善性，因为它降低了卫星定位用户可以遭受由未检测出来的系统故障而产生的不可接收的位置误差的概率（完善性是指用户显示位置处于规定的或预计误差范围内的概率）。在SA条件下，应用差分卫星定位对定位精度也有明显改善，GPS标准定位服务其垂直方向误差将会达到50多米，水平误差将会达到40多米；而对于距基准站50km以内的差分GPS定位垂直误差将减为2~3m，水平误差将减为1~2m。

1.3.6.4 广域差分系统的简介

1991年，航空无线电技术委员会（RTCA）在美国制定了一个GPS作为辅助手段的最小运行性能标准（MOPS），不要求有地面增强，但要求在视野内用5颗以上的GPS卫星以应用接收机自主监测（RAIM）技术验证系统的完好性。RAIM要求使用5颗以上的GPS卫星又使得要求的导航性能（RNP）不能满足。1992年，美国联邦航空局（FAA）以美国斯坦福大学为研究基地，开始了NSTB（National Satellite Test Bed）试验，作为WAAS概念的验证。美国斯坦福大学的Bradford W. Parkinson和Changdon Kee提出了将伪距误差分离为星历误差、电离层误差和卫星钟差三部分，然后分别进行差分的思想。1993年，他们进行静态试验，试验选用了7个IGS跟踪站12天的数据，以6个站作为参考站，1个站作用户站，用户站到参考站的距离均大于1500km。试验结果表明，广域差分的定位精度可达1m左右，而用广播星历进行单点定位的精度为几十米。与此同时，英国诺丁汉大学的Ashkenazi也做了广域差分的静态原理试验，取得了类似的结果。此后，全球兴起了研究广域差分技术的热潮。当前广域差分特别是广域增强系统以美国的WAAS、欧洲的EGNOS和日本的MSAS最有代表性，下面分别说明。

1. 美国的广域增强系统（WAAS）

WAAS是美国联邦航空局（FAA）建造，覆盖全美国，包括阿拉斯加、夏威夷和波多黎各，目的是为GPS用户提供的完好性、附加精度和附加可用性满足直至I类精密进近的NRP要求。项目于1992年启动，包括4期：I期为试验场试验期；II期为系统职能验证期；III期为初态WAAS，包括2个主站、24个参考站、3个GEO和6个地面地球站，计划1997年达到初态WAAS，初态WAAS能够提供到非精密进近的所有飞行阶段的WARS服务，还可以作为对ILS的补充着陆系统提供I类精密进近的能力；IV期为终态WAAS，可能包括48个参考站、6个GEO，终态WAAS将能够在服务区内任何地方提供I类精密进近。

2. 欧洲地球静止卫星导航重叠系统(EGNOS)

欧洲空中导航安全组织、欧洲空间局和欧委会正在投资 2 亿多美元联合执行一个欧洲卫星导航的计划,目的是建立一个独立满足陆地、海上和空中所有用户(无论静态和动态)要求的全球导航卫星系统(GNSS)。在欧洲,GPS、GLO-NASS 和它们的增强称为 GNSS1,独立的民用全球卫星导航系统称为 GNSS2。在 GNSSl 内,广域差分、完好性监测和测距三者组合对 GPS 和 GLONASS 的增强称为欧洲地球静止卫星导航重叠系统(EGNOS)。

3. 日本基于 MTSAT 卫星的增强系统(MSAS)

MTSAT 是提供航空通信、监视服务、GNSS 完好性信道和航空气象服务的多功能卫星,第一颗卫星计划 1999 年发射,系统完成时由两个空间段(MTSAT-1,MTSAT-2)、两座地面地球站(GES)和两座测控跟踪站组成,GES 分别设在两个不同的地点,相距 500km,采用热备份的主备方式工作。

4. 我国的广域差分 GPS 建设情况

我国学者从 20 世纪 90 年代初期开始对广域差分 GPS 技术进行了跟踪研究,中期开始对广域差分 GPS 特别是广域增强系统工程进行了大量研究、论证,取得了大量研究成果。国家测绘局陈俊勇院士、刘经南院士等根据我国通信技术的现状提出了很有特色的分布式广域差分思想。

为在我国沿海地区实现 DGPS 定位,满足海洋测绘、海上安全管理、引航等高精度用户的需要,交通部安全监督局从 1996 年开始在我国沿海建立了 20 个差分台站,构成无线电信标差 GPS 系统(RBN/DGPS),在我国沿海开展差分 GPS 服务。

原总参测绘局从 1995 年开始就基于"北斗"一号卫星的广域差分 GPS 系统进行反复论证,取得了大量研究成果。1998 年正式立项建立我国广域差分 GPS 系统"卫星导航增强系统"。卫星导航增强系统一期工程在我国建立了 11 个参考站,用"北斗"一号卫星向用户提供差分信息广播。目前,系统已投入试运行,定位精度 5m 左右。

5. 其他广域差分 GPS 系统

印度建立的 WAAS 项目,是以 FANS 发展计划为背景,由一个国家级的特别任务班子提出的国家级系统。其目的是为印度领空、陆地和海洋导航及精密定位提供唯一手段支持。印度 WAAS 将包括 9 个 DGPS 参考和完好性监测站,2 个主控站,一个主控站为另一个的 100% 备份。空间载荷或者用 Inmarsat-3(及其在印度的 GES 热备份),或者用日本的 MTSAT,也在 2000 年发射的印度的第一个地球静止卫星 INSAT-3 上搭载导航载荷。它的阶段执行计划是:①建立一个监测站,估计考虑电离层条件的差分改正适用的范围;②建立包括 4 个地面监测站和 1 个主控站的实验 WAAS,数据发送到国际服务提供者从印度洋区域的国际卫星(INMARSAT 或 MTSAT)下行,为了尽快获得信心,开始阶段,导航电文用 C 波段上行到 INSAT - 2C,用 S 波段代替 L1 波段下行,这样测距功能暂不试验;③提供空间段,并将试验系统扩展为印度 WAAS 的完整配置。如果研究/试验结果要求有附加监测站,计划再增加 5 个站以提供要求的精度。

1994 年美国 Pulsearch 公司开发了 ACC - Q - POINTJL 广域差分系统[JamesMcLellan,1994],利用调频副载波作为向用户发送广域差分改正数据的手段,开展商业性服务,定位精度为分米级。

1995 年 SATLOC 公司建立了星基广域差分网。1997 年 5 月向美国用户提供差分改正信息。

第 2 章
卫星导航系统简介

↘ 2.1　GPS 卫星导航系统

GPS(Global Positioning System)是随着卫星技术、无线电技术及其他高新技术的发展而建立起来的新一代卫星导航定位系统。它继承和发展了子午仪卫星导航定位系统,其英文全称为 Navigation by Satellite Timing And Ranging / Global Positioning System(Navstar/GPS),是一种既能导航定位又能测时测速的多功能系统,具有显著的特点其他导航定位系统无法比拟的优势。

1957 年,随着人类第一颗人造卫星发射升空,空间科技的发展进入了一个崭新的时代。空间技术的发展,同时也推动了其他学科(如通信、气象、资源勘探、遥感、地球动力学、大地测量等)的发展,也使得导航进入了一个新的变革时期。1958 年,美国海军着手建立利用人造地球卫星进行导航的天基无线电导航系统,提出了"海军导航卫星系统"(Navy Navigation Satellite System,NNSS),系统的卫星轨道都通过北极,有时也称为"子午(Transit)卫星系统",系统于 1964 年建成投入军方使用。1967 年,美国政府宣布该系统解密,提供民间服务。该系统不受天气影响,并且有较好的测量精度,一经投入使用,即显示出空间技术的优势。

但是子午卫星系统由于采用的是"单星、测速、低轨"的体制,在导航定位应用中存在一定的缺点和不足。例如,只能进行二维定位,不能满足空军等其他军种的需求;子午卫星的高度低,只有 1000km 左右,定轨精度较差,所以用子午卫星系统的定位精度不高。为了满足军事中高精度实时定位的需要,美国军方在 NNSS 建成后不久就提出了新的导航计划,其中以美国海军的 Timation 和美国空军的 621B 计划为代表。这两个计划虽然出发点和目的不尽相同,但其指导思想是一致的,都采用"多星、高轨、测距"体制,较 NNSS 有了很大的改进。美国无力支持两个计划的庞大开支,于 1973 年 12 月综合两个计划,由美国三军共同研制新一代的导航系统——全球定位系统。1978 年 10 月,美国开始发射 Block Ⅰ

试验卫星,至 1985 年发射完毕,前后共计 11 颗卫星。试验完毕后,工作卫星的发射计划因"挑战者"号航天飞机失事而推迟。直至 1989 年 2 月起,才开始发射 Block Ⅱ(或 Block ⅡA)工作卫星。全球定位系统采用的是伪随机码测距技术,24 颗卫星高度约为 2 万 km,分布在 3 个轨道上。后由于经费问题,改为 18 颗,最后又改成 21 + 3 颗,即 21 颗工作卫星、3 颗备用卫星,分布在 6 个轨道面上。全球定位系统于 1995 年 4 月 27 号正式投入全运行。

2.1.1　GPS 系统结构

GPS 由空间星座部分、地面监控部分和用户接收机部分三部分组成。

2.1.1.1　空间星座部分

全球定位系统卫星星座共有 24 颗卫星,其中包括 3 颗备用卫星(图 2 – 1)。卫星分布在 6 个轨道面上,每个轨道面上有 4 颗卫星。每个轨道面的倾角约为 55°,相邻轨道面的升交点的赤经相差 60°,在相邻轨道上,卫星升交角相差 30°(图 2 – 2)。轨道的平均高度为 20200km。卫星的运行周期为 11h58min(0.5 个恒星日)。在地球上某一点几天内观测到的星座基本相同,对某颗星来讲,每天出现的时间提前 4min。

图 2 – 1　GPS 卫星星座分布

GPS 星座的这种分布,保证了在任何地方任何时刻都能观测到至少 4 颗 GPS 卫星,最多时可达 11 颗,但在个别地方的个别时刻,只能观测到 4 颗分布图形很差的卫星。

迄今为止,GPS 卫星已经出了三代:Block Ⅰ、Block Ⅱ(或 Block ⅡA)、Block Ⅲ(或称 Block ⅡR)。Block Ⅰ是实验卫星,现已停止工作;Block Ⅱ是正式工作卫星,Block ⅡA 是 Block Ⅱ的改进型,其存储能力大大提高;Block Ⅲ则是智能化卫

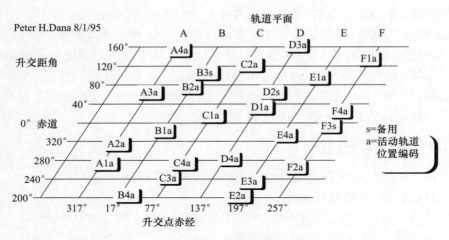

图 2 - 2　GPS 设计星座

星,能进行自主导航。Block Ⅲ 的每颗卫星可以定期地与其他卫星进行距离联测并播发相应的距离修正值,各颗卫星利用修正值计算出轨道参数的改正值,以改善用户定位精度。Block Ⅲ 卫星在没有地面干预的情况下,可以独立地工作 6 个月。

　　GPS 卫星的主要功能有:接收并执行地面监控站发射的指令;接收和存储地面监控站发来的导航信息;利用星载处理器进行必要的数据处理;利用高精度星载铯钟和铷钟提供高精度的时间标准;向用户发射卫星信号,GPS 卫星图如图 2 -3所示。

图 2 -3　GPS 卫星图

2.1.1.2　地面监控部分

地面监控部分包括监测站、主控站、注入站。

监测站(或称监控站)设有双频接收机、高精度的原子钟以及气象数据采集设备。其功能主要是将接收到的 GPS 卫星播发信号,连同气象资料,进行必要的数据处理后传输给主控站,GPS 监测站分布如图 2-4 所示。

图 2-4　GPS 监测站分布

主控站是整个系统的核心部分,主要任务是:根据本站和监测站的观测数据及气象资料,推算编制各卫星的星历、钟差以及大气折射影响的修正参数等,并把数据传输到注入站;提供全球定位系统的时间标准。各监测站和卫星的钟都应与主控站的时钟保持一致;调整卫星轨道,启用备用卫星,GPS 地面部分信息流程如图 2-5 所示。

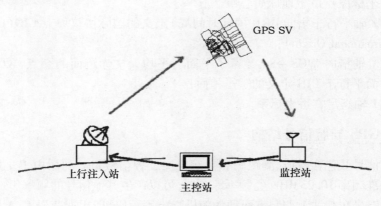

图 2-5　GPS 地面部分信息流程

注入站的主要任务是接收由主控站传播过来的卫星参数、卫星钟差等数据,并按一定格式发射给 GPS 卫星。

2.1.1.3 用户接收机部分

用户接收机部分的功能是:接收卫星发射的无线电信号,以获取必要的定位信息及观测量,经数据处理后完成定位工作,如图 2-6 所示。

图 2-6　GPS 接收机

2.1.2　GPS 的时间系统和坐标系统

2.1.2.1　GPS 时间系统

为了精密导航和测量的需要,GPS 建立了专用的时间系统,一般用 GPST 表示,该系统由 GPS 主控站的原子钟控制。

GPS 时属原子时系统,其秒长与原子时相同,UTC 与 GPS 时的时刻,规定与 1980 年 1 月 6 日 0 时相一致。

2.1.2.2　GPS 坐标系统

GPS 采用的坐标系为 WGS-84。根据 ICD-GPS-200F 对 WGS-84 坐标系的定义为:

(1)坐标原点位于地球质心;

(2) Z 轴平行于指向 BIH(国际时间局)定义的国际协议原点 CIO(Conventional International Origin);

(3) X 轴指向 WGS-84 参考子午面与平均天文赤道面的交点,WGS-84 参考子午面平行于 BIH 定义的零子午面;

(4) Y 轴满足右手坐标系。

2.1.3　GPS 导航信号结构

GPS 信号共包含载波、测距码和导航电文三种信号量。利用由卫星原子钟维持的基准频率 10.23MHz,经频率综合器,可以产生其他信号的频率。

GPS 卫星在载波上调制有两种伪随机噪声测距码,即粗捕获码 C/A 码和精密测距码 P 码,这两种码都可用于测距,P 码的测距精度较高,而 C/A 码的测距精度较低。

GPS 导航电文调制于 L1、L2 载波上,传输速率为 50b/s。其主要作用是向用户提供诸如卫星在观测瞬间的位置和卫星钟的钟差等信息,用户应用这些信息进行导航解算,GPS 导航信号产生示意图如图 2 - 7 所示。

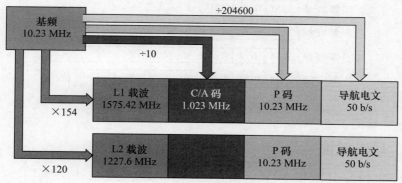

图 2 - 7 GPS 导航信号产生示意图

导航电文包括卫星的钟差、卫星轨道参数、大气的折射影响以及由 C/A 码捕获 P 码的信息等导航信息以及卫星的工作状态等信息,这些信息以 50b/s 的数据流形式调制在载波上。

导航电文是二进制文件,它是按一定格式组成数据帧(Data Frame),并按帧向外播送。每一数据帧长度为 5 个子帧(Subframe),每个子帧长 300bit,完整的导航信息由 25 帧数据组成,全部播完需 12.5min,如图 2 - 8 所示。

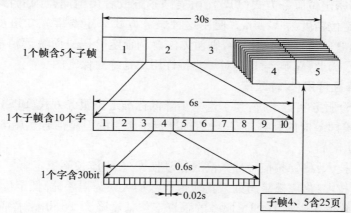

图 2 - 8 GPS 导航电文的组成格式

每个子帧含有 10 个字(Word),每字 30bit,其中最后 6bit 是奇偶校验位(Check Bits),用以检查传递数据是否出错,并能纠正错误,故又称纠错码。

每帧导航电文中,各子帧的主要内容如图 2 - 9 所示。

第1子帧	TLM	HOW	数据块-Ⅰ 卫星钟修正参数等
第2子帧	TLM	HOW	数据块-Ⅱ 星历表(1)
第3子帧	TLM	HOW	数据块-Ⅱ 星历表(2)
第4子帧	TLM	HOW	数据块-Ⅲ 卫星星历等(1)
第5子帧	TLM	HOW	数据块-Ⅲ 卫星星历等(2)

图 2 - 9　GPS 导航电文内容

2.1.4　GPS 政策

由于 GPS 定位技术与美国的国防现代化发展密切相关,因而美国从自身的安全利益出发,限制非特许用户利用 GPS 的定位精度。GPS 系统除在设计方面采取了许多保密性措施外,还对 GPS 用户实施 SA 与 A - S 限制性政策。

1. 对不同的 GPS 用户提供不同的服务方式

GPS 系统在信号设计方面就区分了两种精度不同的定位服务方式,即标准定位服务方式(SPS)和精密定位服务方式(PPS)。

(1)标准定位服务方式(SPS):通过美国军方已经公开的卫星识别码(C/A 码)解调广播星历的导航电文,进行定位测量,其单点定位精度为 20 ~ 40m。

(2)精密定位服务方式(PPS):由美国军方或者美国同盟国的特许用户使用,其单点定位精度为 2 ~ 4m。使用这种服务方式一定要事先知道加密码(W 码)和精码(P 码)的编码结构,否则便无法解调锁定 P 码进而解读精密星历,实施精密测距,因此,W 码与 P 码对于非特许用户是绝对保密的。

2. 选择性可用(SA)政策

对(SPS)服务实施干扰:为了进一步降低标准定位服务方式(SPS)的定位精度,以保障美国政府的利益与安全,对标准定位服务的卫星信号实施 δ 技术和 ε 技术的人为干扰。

(1)δ 技术:将钟频信号加入高频抖动使 C/A 码波长不稳定。

(2)ε 技术:将广播星历的卫星轨道参数加入人为误差,降低定位精度。

在 SA 政策的影响下,SPS 服务的垂直定位精度降为 ±150m,水平定位精度降为 ±100m。科学家利用 GPS 差分技术,可以明显削弱 SA 政策导致的系统性误差的影响,但对于使用精密定位服务(PPS)的特许用户,则可以通过密匙自动消除 SA 影响。

SA 政策于 1991 年 7 月 1 日实施,因影响美国商业利益,于 2000 年 5 月 1 日取消。

3. 反电子欺骗(A-S)技术

对 P 码实施加密:尽管 P 码的码长是一个非常惊人的天文数字(码长为 2.35×10^{14} bit),至今无法破译,但是美国军方还是担心一旦 P 码被破译,在战时敌方会利用 P 码调制一个错误的导航信息,诱骗特许用户的 GPS 接收机错锁信号——导致错误导航。为了防止这种电子欺骗,美国军方将在必要时引入机密码(W 码),并通过 P 码与 W 码的模二相加转换为 Y 码,即对 P 码实施加密保护:$P \oplus W = Y$。由于 W 码对非特许用户是严格保密的,所以非特许用户将无法应用破密的 P 码进行精密定位和实施上述电子欺骗。

↘ 2.2　GLONASS 卫星导航系统

1976 年,苏联国防部宣布开发 ГЛОНАСС(GLONASS)系统。GLONASS 俄文全称为 Глобальнан Навигационная Спутниковая Система,英文全称是 GLobal Orbiting NAvigation Satellite System(全球卫星导航系统)。

1982 年 10 月 12 日,苏联首次发射 GLONASS 卫星。自此以后的 13 年间,虽然遭遇了苏联的解体,由俄罗斯接替部署,但始终没有终止或中断 GLONASS 卫星的发射。1995 年底,俄罗斯完成了 24 颗卫星加 1 颗备用星座的布局,经过数据加载、调整和检验,于 1996 年 1 月 18 日,俄罗斯政府宣布整个系统正常运行,正式投入使用。

俄罗斯研制 GLONASS 的目的是为民间和军队用户提供实时、全球、全天候的不限量的海洋、陆地、空中三维定位、测速和测时服务。

2.2.1　GLONASS 系统结构

GLONASS 系统的组成与美国 GPS 全球定位系统类似,也是由空间星座部分、地面监控部分、用户设备部分三大部分组成,但在某些方面与 GPS 又不完全相同,基本结构如图 2-10 所示。

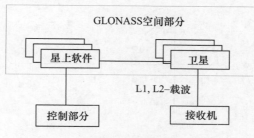

图 2-10　GLONASS 基本组成框图

2.2.1.1 空间星座部分

GLONASS 系统的空间星座部分,由 23 + 1 颗卫星组成,其中 23 颗为工作卫星,1 颗为备用卫星。卫星分布在 3 个等间隔的椭圆轨道面内,每个轨道面上分布有 8 颗卫星,同一轨道面上的卫星间隔 45°,如图 2 − 11 和图 2 − 12 所示。卫星轨道面相对地球赤道面的倾角为 64.8°,轨道偏心率为 0.001,每个轨道平面的升交点赤经相差 120°。卫星平均高度为 19100km,运行周期为 11h15min,地迹重复周期为 8 天,轨道同步周期为 17 圈。由于 GLONASS 卫星的轨道倾角大于 GPS 卫星的轨道倾角,所以在高纬度(50°以上)地区的可见性较好。在星座完整的情况下,在全球任何地方、任意时刻最少可以观测 5 颗 GLONASS 卫星。

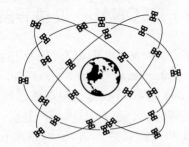

图 2 − 11 GLONASS 卫星星座图

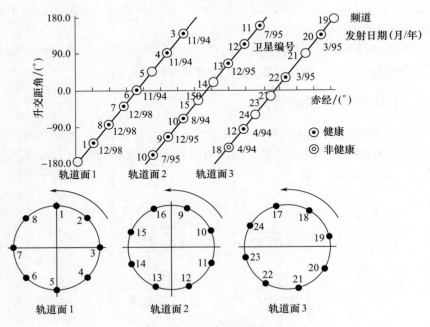

图 2 − 12 GLONASS 卫星分布

1982 年 10 月 12 日,苏联在哈萨克斯坦的 Baikonur 发射基地,用质子号运载火箭一次发射三颗 GLONASS 卫星进入轨道。第一代 GLONASS 卫星采用三轴稳定体制,整星质量 1400kg。图 2 – 13 为苏联公布的 GLONASS 卫星模型。

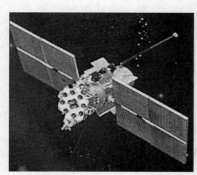

图 2 – 13　GLONASS 卫星模型

GLONASS 卫星上装有精密铯原子钟和计算机。铯原子钟用于产生卫星上高稳定性时标,并向所有星载设备提供同步信号。星载计算机将接收到的从地面控制站发来的专用信息进行处理后,生成导航电文以广播的形式向用户发送。导航电文包括:①卫星星历参数;②卫星钟相对于 GLONASS 时间基准 UTC(SU)的偏移值;③时间标记;④GLONASS 卫星历书。另外,每颗卫星上都装有一个小反射镜,用于地面控制部分的激光测距。

GLONASS 卫星发射 L 波段的 L1、L2 两种载波信号。L1 载波频率为 1.062 ~ 1.616GHz,L2 频率为 1.246 ~ 1.256GHz。L1 载波上调制有可用于民用的测距信号,L2 载波上调制的测距信号只能军用或其他特许用户使用。测距信号格式为伪随机噪声扩频信号,测距码用最长序列码。GLONASS 系统也有两种测距码,类似于 GPS 的 C/A 和 P 码,分别称为标准精度信号和高精度信号。C/A 码,码频率为 0.511MHz,码长 511 码元,码元长 586.7m。

GLONASS 系统卫星识别方式与 GPS 完全不同。GLONASS 采用频分多址(Frequency Division Multiple Access,FDMA)方式,每颗 GLONASS 卫星播发的导航信号载波频率是不相等的。L1 载波频率间隔为 0.5625MHz,L2 载波频率间隔为 0.4375MHz。FDMA 方式占用频段较宽,24 颗卫星的 L1 频道占用约 14MHz。为了降低带宽,减少频率通道数,GLONASS 计划在一个轨道面上位于相对位置的两颗卫星使用同一个载波频率,这样卫星载波频率通道数就减少为 12。

GLONASS 采用频分多址体制,卫星靠频率不同来区分,每组频率的伪随机码相同。由于卫星发射的载波频率不同,GLONASS 可以防止整个卫星导航系统同时被敌方干扰,因而具有更强的抗干扰能力。

2.2.1.2　地面监控部分

地面监控部分包括位于莫斯科的系统控制中心和分布在全俄罗斯境内的 4 个指令跟踪站 CTS 组成的网络。每个 CTS 站内都有高精度时钟和激光测距装置,它的主要功能是跟踪观测 GLONASS 卫星,进行测距数据采集和监测。系统控制中心的主要功能是收集和处理 CTS 采集的数据。最后由 CTS 将 GLONASS 卫星状态、轨道参数和其他导航信息上传至卫星。

2.2.1.3　用户设备部分

用户设备部分由接收机和处理导航信号的处理器组成。主要功能是接收、处理卫星信号,为用户提供坐标、速度和时间等数据。

GLONASS 接收机接收卫星发出的信号并测量其伪距和速度,同时从卫星信号中选出并处理导航电文。接收机的计算机对所有输入的数据进行处理后,推算出位置坐标、速度矢量的三个分量和时间。

2.2.2　GLONASS 时间系统和坐标系统

GLONASS 系统是一个测时测距系统,卫星的信号、运动、坐标都与时间密切相关。为了实现精密导航、测量和时间传递的需要,GLONASS 系统建立了专用的时间系统。

2.2.2.1　GLONASS 时间系统

GLONASS 时间(GLONASST)是整个系统的时间基准,它属于 UTC 时间系统,但是以俄罗斯(苏联)维持的世界协调时 UTC(SU)作为时间度量基准。UTC (SU)与国际标准 UTC、UTC(BIPM)相差在 $1\mu s$ 以内。GLONASST 与 UTC(SU) 之间存在 3h 的整数差,在秒上,两者相差在 1ms 以内,导航电文中有相关 GLO-NASS 时间与 UTC(SU)的相关参数($1\mu s$ 以内)。

GLONASS 时间是基于 GLONASS 同步中心(Central Synchronize,CS)时间产生的,同步中心的氢钟稳定性可达 $5\times10^{-14}/d$。GLONASS 卫星上装有高精度铯原子钟,产生卫星上高稳定时标作为卫星时间/频率基准,并向所有星载设备提供同步信号。卫星钟的稳定性优于 $5\times10^{-12}/d$,两颗 GLONASS – M 卫星的时间差在 $20ns(1\sigma)$ 以内。

GLONASST 属于 UTC,存在闰秒。GLONASST 根据国际时间局 BIPM 的通知进行闰秒改正,一般闰秒($\pm1s$)每 1 年或 1.5 年进行一次,日期为 UTC 时间的 1、4、7、9 月 1 日的 00 时 00 分 00 秒进行。

GLONASS 用户可从相关通报、通知、导航电文等途径,提前知道闰秒日期(至少提前 8 周)。目前 GLONASS 卫星的导航电文中没有闰秒信息,

GLONASS – M 型卫星的导航电文计划加入此信息。

由于有闰秒改正,所以 GLONASST 与 UTC(SU)不存在整秒差,但是存在 3 个小时的时差:$t_{\text{GLONASS}} = t_{\text{UTC(SU)}} + 03^{\text{d}} 00^{\text{min}}$。

2.2.2.2 GLONASS 坐标系统

GLONASS 卫星导航系统在 1993 年以前采用苏联的 1985 年地心坐标系 (1985 Sovit Geodetic System),简称 SGS – 85。1993 年后改用 PZ – 90(Parameters of the Earth)坐标系,它是俄罗斯进行地面网与空间网联合平差后,用来取代 SGS – 85 坐标系的,PZ – 90 属于地心地固(Earth Center,Earth Fix,ECEF)坐标系。

GLONASS ICD—2014 定义 PZ – 90 坐标系如下:

(1)坐标原点位于地球质心;

(2)Z 轴指向 IERS(International Earth Rotation Service)推荐的协议地极原点(Conventional Terrestrial Pole),即 1900—1905 年的平均北极;

(3)X 轴指向地球赤道与 BIH 定义的零子午线交点;

(4)Y 轴满足右手坐标系。

由该定义可以看出,PZ – 90 坐标系与国际地球参考框架 ITRF 一致。

PZ – 90 大地坐标系采用的参考椭球参数和其他参数如表 2 – 1 所列。

表 2 – 1 PZ – 90 坐标系参数

参数名称	参数值
地球旋转角速度	7292115×10^{-11} rad/s
地球引力常数(GM)	$398600.44 \text{km}^3/\text{s}^2$
大气引力常数(fM_a)	$0.35 \times 10^9 \text{ m}^3/\text{s}^2$
光速(c)	299792458m/s
参考椭球长半径(a)	6378136m
参考椭球扁率(f)	1/298.257839303
重力加速度(赤道)	978032.8mgal
由大气引起的重力加速度改正值(海平面)	-0.9mgal
重力位球谐函数二阶带谐系数(J_2)	108262.57×10^{-8}
重力位球谐函数四阶带谐系数(J_4)	$-0.2370.9 \times 10^{-5}$
参考椭球面正常重力位(U_0)	$62636861.074\text{m}^2/\text{s}^2$

2.2.3 GLONASS 导航信号结构

GLONASS 卫星播发 L1、L2 两种载波信号,并且在载波上调制用于测距的伪随机码和用于定位计算的导航电文。

L1 载波上调制的信号有伪随机测距码（C/A、P 码）、导航电文、辅助随机序列；L2 载波上调制的信号有伪随机测距码（P 码）、辅助随机序列。GLONASS - M 型卫星计划增加导航电文，还计划在 L2 载波上也调制 C/A 码，以提高民用导航精度。

与 GLONASS 定位服务相对应，分别为用于标准精度通道服务 CSA 的标准精度测距伪随机码（C/A 码）和用于高精度通道服务 CHA 的高精度测距伪随机码（P 码）。P 码用一种特殊的码进行加密，只能用于俄罗斯特许用户。

C/A 码由 511 个码元组成，码频率为 0.511MHz，周期为 1ms。P 码由 5.11×10^6 个码元组成，码频率为 5.11MHz，周期为 1s。由于采用了频分多址方式识别卫星，所以所有卫星的伪随机码完全相同。

GLONASS 卫星识别采用频分多址 FDMA 方式，按照系统的初始设计，每颗卫星播发的 L1、L2 载波信号的频率是互不相同的。每个 GLONASS 卫星的 L1、L2 载波频率设计如下：

$$f_{K1} = f_{01} + K \cdot \Delta f_{01}$$
$$f_{K2} = f_{02} + K \cdot \Delta f_{02}$$
$$f_{01} = 1602\text{MHz}, \Delta f_{01} = 562.5\text{kHz}$$
$$f_{02} = 1246\text{MHz}, \Delta f_{02} = 437.5\text{kHz}$$

式中：K 为 GLONASS 频率号（频率通道号）。L1、L2 载波设计频率如表 2 - 2 所列。

表 2 - 2　GLONASS 卫星的载波设计频率

通道号	L1 频率/MHz	L2 频率/MHz	通道号	L1 频率/MHz	L2 频率/MHz
13	1609.3125	1251.6875	02	1603.125	1246.875
12	1608.75	1251.25	01	1602.5625	1246.4375
11	1608.1875	1250.8125	00	1602.0	1246.0
10	1607.625	1250.375	- 01	1601.4375	1245.5625
09	1607.0625	1249.9375	- 02	1600.8750	1245.1250
08	1606.5	1249.5	- 03	1600.3125	1244.6875
07	1605.9375	1249.0625	- 04	1599.7500	1244.2500
06	1605.375	1248.625	- 05	1599.1875	1243.8125
05	1604.8125	1248.1875	- 06	1598.6250	1243.3750
04	1604.25	1247.75	- 07	1598.0625	1242.9375
03	1603.6875	1247.3125			

GLONASS 导航电文包括瞬时和非瞬时数据。瞬时数据是与播发该导航电

文的卫星有关的数据(卫星星历),非瞬时数据是与所有 GLONASS 卫星有关的数据(卫星历书)。导航电文的传输速率为 50b/s,并以 Module－2 的形式加载到 C/A 码和 P 码上。

　　C/A 码的导航电文包括卫星钟相对于 GLONASS 时间系统的偏差和变率,给定参考时刻卫星星历:卫星坐标、速度、加速度,以及其他信息如同步位、卫星健康状况、GLONASS 时间与基准时间 UTC(SU)的偏差,所有卫星的历书等。UTC(SU)是由俄罗斯国家时间和频率服务 NTFS 组织维护的 UTC 时间。播发一个完整的导航电文需 2.5min,星历和钟差信息每 30s 重复一次。播发一个完整信息的 P 码导航电文需 12min,星历和钟差信息更新率为 10s,俄罗斯未公开 P 码导航电文的详细结构。

　　GLONASS 卫星发射的导航信号中含有导航电文。导航电文为用户提供有关卫星的星历、卫星工作状态、时间系统、卫星历书等必不可少的数据,是利用卫星进行导航的数据基础。

　　GLONASS 导航电文所含数据可分为实时数据和非实时数据两类。实时数据是与发射该导航电文的 GLONASS 卫星相关的数据,包括卫星钟面时、卫星钟钟面时与 GLONASS 时间的差值、卫星信号载波实际值与设计值的相对偏差、星历参数。非实时数据为整个卫星导航系统的历书数据,包括:所有卫星的状态数据(状态历书)、每颗卫星的钟面时相对于 GLONASS 时间系统的近似改正数(相位历书)、所有卫星的轨道参数(轨道历书)、GLONASS 时间相对于 UTC(SU)的改正数。

　　GLONASS 导航电文是一种二进制码,并按汉明码(Hamming Code)方式编码向外播送。一个完整的导航电文由 1 个超帧(Superframe)组成,而每个超帧由 5 个帧(Frame)组成,每个帧又由 15 个串(String)组成,串相当于 GPS 导航电文中的子帧(Subframe)。

　　播发一个超帧历时 2.5min,播送速度为 50b/s。每帧时长 30s,每串时长 2s。每个超帧内含有 24 颗 GLONASS 卫星历书的全部内容。其基本结构如表 2－3 所列。

表 2－3　超帧的基本结构

帧号	串号		数据位	检效码	时标
I	1	0	卫星实时数据	KX	MB
	2	0		KX	MB
	3	0		KX	MB
	⋮	⋮	5 颗卫星的非实时数据(历书)	⋮	⋮
	15	0		KX	MB

（续）

帧号	串号		数据位	检效码	时标
			Ⅱ、Ⅲ、Ⅳ帧与Ⅰ帧完全相同		
V	1	0		KX	MB
	2	0	卫星实时数据	KX	MB
	3	0		KX	MB
	⋮	⋮	4颗卫星的非实时数据（历书）	⋮	⋮
	14	0	保留	KX	MB
	15	0	保留	KX	MB

2.2.4　俄罗斯的 GLONASS 政策

1991 年,俄罗斯首先宣称:GLONASS 系统可供世界范围国防、民间使用,不带任何限制,也不计划对用户收费,该系统将在完全布满星座后遵守已公布的性能运行至少 15 年。民用的标准精度通道(CSA)精度数据为:水平精度为 50 ~ 70m(99.7%),垂直精度为 75m(99.7%),并声明不引入选择可用性(SA)措施;测速精度为 15cm/s(99.7%);授时精度为 1μs(99.7%)。俄罗斯空间部队的科学信息协作中心(Coordination Scientific Information Center, CSIC)已作为 GLONASS 状态信息的用户接口,正式向用户公布 GLONASS 咨询通告。

1995 年 3 月 7 日,俄罗斯联邦政府颁布了第 237 号法令“有关 GLONASS 面向民用的行动指南”,此法令确认了 GLONASS 系统由民间用户使用的可能性。

GLONASS 提供两种类型的导航服务:标准精度通道(Channel of Standard Accuracy,CSA)和高精度通道(Channel of High Accuracy,CHA)。CSA 类似于 GPS 的标准定位服务 SPS,主要用于民用。CHA 类似于 GPS 的精密定位服务 PPS,主要用于特许用户。GLONASS 标准定位服务精度如表 2-4 所列。

表 2-4　GLONASS、GPS 标准定位精度比较

定位误差	GLONASS/CSA	GPS/SPS(SA)	GPS/SPS(无 SA)
水平	20m(99.7%)	100m(95%)	10m(95%)
垂直	15m(99.7%)	159m(95%)	15m(95%)

↳ 2.3　GALILEO 卫星导航系统

欧洲的 GNSS 计划分为两个阶段实施:第一阶段是建立一个能与美国 GPS 和俄罗斯 GLONASS 兼容的第一代全球导航卫星系统 GNSS-1,称为 EGNOS 系

统。该系统主要由 3 颗地球同步卫星和一个包括 34 个监测站、4 个主控制中心和 6 个陆地导航地面站的复杂网络组成,是一个广域差分增强系统,利用 GPS 卫星信号进行服务,目前该系统已基本建成,2004 年进入试运营。第二阶段是建立一个完全独立于 GPS 和 GLONASS 的第二代全球导航卫星系统 GNSS – 2,即"GALILEO"计划。其总体战略目标是建立一个高效、经济、民用的全球卫星导航定位系统,使其具备欧洲乃至世界交通运输业可以信赖的高度安全性,并确保未来的系统安全由欧洲控制和管理。

　　GALILEO 计划分为 4 个阶段:系统可行性评估和定义阶段(1999—2001年),论证计划的必要性、可行性以及具体的实施措施;系统研制和在轨验证阶段(2001—2005 年),其任务是研制卫星及地面设施,进行系统在轨验证;系统部署阶段(2006—2007 年),包括制造和发射卫星,建成全部的地面设施;系统运行阶段(2008 年以后),提供运营服务,按计划更新卫星并进行系统的维护等。

　　GALILEO 系统的设计能够与美国的 GPS、俄罗斯的 GLONASS 系统相互兼容,提供更高精度和更为可靠的民用全球导航定位服务。该系统的建立不仅能够使欧洲在空间信息技术的发展和交通管理基础设施的建设等方面摆脱对美国和俄罗斯的依赖,还将促进欧洲卫星导航应用服务产业的发展,创造许多全新的就业机会和社会经济效益。欧盟委员会前主席普罗迪称赞 GALILEO 计划是一场技术革命,对欧盟来说,它带给人们的自豪感绝不亚于"空中客车"和"阿丽亚那"火箭。它将开创欧洲航天事业的新阶段,也为欧盟在政治、经济、军事和外交等领域奠定了坚实的基础。

2.3.1　GALILEO 系统结构

　　GALILEO 系统的核心是其全球设施部分,此外,系统还包括局域设施、区域设施、服务中心以及用户部分,如图 2 – 14 所示。它们将为 GALILEO 系统在运营中提供数据完好性信息、差分校正、特殊服务的信号增强、导航信息服务、与其他系统的联合服务等功能。

　　GALILEO 系统的全球设备又分为空间部分和地面部分。空间部分即系统的卫星星座,由均匀分布在 3 个中高度地球轨道上的 30 颗卫星组成,轨道高度为 23616km,轨道倾角约 56°,每个轨道面上有 1 颗备用卫星。

　　系统的地面部分主要包括 2 个位于欧洲的 GALILEO 控制中心和 29 个分布于全球的 GALILEO 传感器站,还有分布于全球的 5 个 S 波段上行站和 10 个 C 波段上行站,用于控制中心与卫星之间的数据交换。

　　此外,地面部分还提供与服务中心、增值商业服务、通信系统、其他外部系统以及国际搜索与救援系统(COSPAS/SARSAT)间的接口,为系统用户提供多种

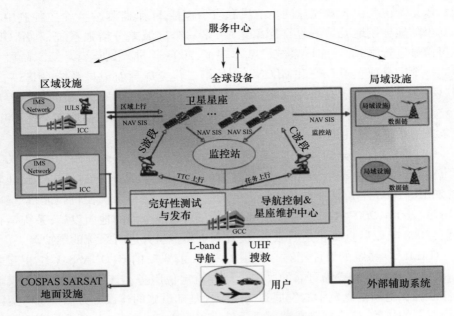

图 2 - 14   GALILEO 系统的组成

模式的导航和定位服务(COSPAS,搜索和营救卫星系统;SARSAT:Search and Rescue Satellite Aided Tracking,搜索与救援卫星辅助跟踪系统)。

系统的区域设施主要是为了实现卫星导航系统的增强和完好性监测,在某些国家或区域内布设的地面设施。其主要任务是,通过完好性上行数据链或经由全球设备的地面部分设施,将区域完好性数据上行传送到卫星,其中也包括搜救服务提供的数据。GALILEO 系统是全球卫星导航系统,完好性监测遍布全球,最多可设 8 个区域性地面设施。欧洲地球同步导航增强服务(EGNOS),即区域增强系统,是 GALILEO 系统区域构成的一部分,2004 年开始试运行。EGNOS 利用地球静止卫星向用户播发 GPS 和 GLONASS 的完好性信息与差分校正信息。

GALILEO 系统的局域设施是在某些局部区域布设的卫星导航信号增强和增值服务设施,以满足机场、港口、铁路、公路及市区等局部地区对定位精度、完好性报警时间、信号捕获等性能有更高要求的用户。局域设施将为用户提供差分校正信息、完好性报警(≤1s)信息、导航信息、位置信号不良地区(如地下停车场)的增强定位信号以及移动通信等服务。

GALILEO 系统服务中心提供用户和附加服务提供商之间的接口。根据系统用户的需求,中心可以提供各种导航、定位和授时服务,并依据不同的服务模式进行收费。

用户部分主要是 GALILEO 系统卫星信号的接收设备。根据市场需求以及 GALILEO 系统提供的多种服务模式,同时考虑将与 GPS、GLONASS 的导航信号一起组成复合型卫星导航系统,因此 GALILEO 系统的用户接收机将设计为多用途、兼容性接收机。

2.3.1.1 卫星星座部分

GALILEO 系统的卫星星座由 30 颗中高度轨道卫星(MEO)构成,平均分布在 3 个轨道面上,每个轨道面上有 10 颗卫星,其中 9 颗工作卫星,1 颗备份卫星,如图 2 - 15 所示。当系统中某颗正常工作的卫星失效或出现问题时,备份卫星将被迅速启用,接替其工作,其星座参数如表 2 - 5 所列。

表 2 - 5 GALILEO 卫星星座参数表

卫星参数	参数值
每个轨道卫星数	10(9 + 1)
卫星轨道面数	3
轨道倾角	56°
轨道高度	23616km
运行周期	14h 4min
卫星寿命	20 年
卫星重量	680kg
电量供应	1.6kW
载波中心频率	1176.45MHz、1207.140MHz、1278.75MHz、1575.42MHz

图 2 - 15 GALILEO 系统卫星星座

2.3.1.2 地面监控部分

GALILEO 系统地面监控部分的主要任务是:承担卫星的导航控制和星座管

理;为用户提供系统完好性数据的检测结果;保障用户安全、可靠地使用 GALI-LEO 系统提供的全部服务,如图 2-16 所示,地面监测站分布如图 2-17 所示。

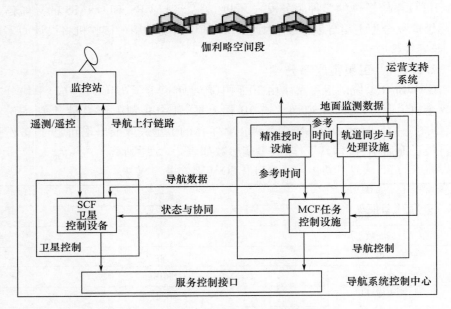

图 2-16　GALILEO 地面控制系统

图 2-17　地面监测站分布图

2.3.1.3　用户设备部分

GALILEO 系统用户设备部分主要由导航定位模块和通信模块组成,包括用于飞机、舰船、车辆等载体的各种用户接收机。

2.3.2　GALILEO 时间系统和坐标系统

2.3.2.1　GALILEO 时间系统

GALILEO 系统的时间(GST)采用原子时,起点为 UTC 的 1999 年 8 月 22 日 00 时。

GALILEO 系统的时间相对国际原子时(TAI)而言是一连续的坐标时间轴, 它们之间将有小于 30ns 的偏移。GST 相对 TAI 的偏移,在一年 95% 的时间内限 制在 50ns。GST 与 TAI、GST 和 UTC 之差将向用户播发。

2.3.2.2　GALILEO 坐标系统

GALILEO 系统的坐标参考框架(GTRF)是国际地球旋转服务中心局 (IERS)建立的国际大地参考系(ITRF)的一个实际的、独立的应用。ITRF 的建 立基于来自 VLBI、LLR、SLR、GPS 和 DORIS 的一组站坐标和速度。GALILEO 系 统的坐标参考框架需要用与 GPS 类似的基于地球重力模型来建立。GPS 使用 的 WGS84 坐标系,也是 ITRF 的一个实际应用,由 GPS 控制站实现。WGS84 和 GTRF 的误差预计只有几厘米。

所有 GNSS 系统的共用性预示着在可实现的准确度范围内,WGS84 和 GTRF 是相同的,而且这种准确度对一般导航用户来说已经足够了。如果需要 的话,GALILEO 系统外置的大地参考服务提供商可以提供转换参数,但目前尚 不会将这些信息放在导航数据中。

2.3.2.3　GALILEO 导航信号结构

GALILEO 系统的卫星信号频率和信号结构设计由欧盟的 GALILEO 信号特 别研究小组(STF)负责,经过与美国就 GPS 的兼容共用问题所进行的广泛讨论, STF 于 2001 年向世界公布了 GALILEO 系统的频率结构和信号结构。GALILE- O、GLONASS 和 GPS 的频段划分如图 2 - 18 所示,GALILEO 系统的载波频率如 表 2 - 6 所列。

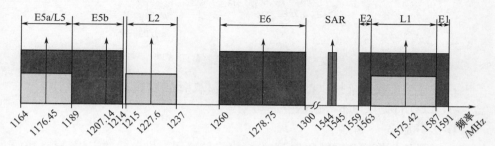

图 2 - 18　GALILEO、GLONASS 和 GPS 的频段划分示意图

表2-6 GALILEO系统的载波频率

载波	中心频率/MHz
E5a(L5)	1176.450
E5b	1207.140
E6	1278.750
E2-L1-E1	1575.420

注:E2-L1-E1置于L1的上下边带以外,相当于(L1±14×1.023)MHz

2.3.3 GALILEO系统的服务

GALILEO系统在军事和民用等领域都具有十分广阔的应用前景,可提供免费服务和有偿服务两种服务模式。免费服务的定位精度预计为10m,与现有的GPS民用信号相当;有偿服务的定位精度可达1m以内,将为民航等用户提供高可靠性和高精度的导航定位服务,比目前美国GPS系统和俄罗斯GLONASS系统的军用定位精度更高,其服务示意图如图2-19所示。

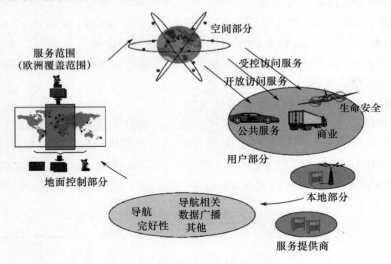

图2-19 GALILEO系统服务示意图

通过直接接收系统提供的卫星导航信号,或者与地面装置(本地构成)联合,GALILEO将提供以下导航服务。

1. 公开服务

公开服务分单频和双频两种,为大规模导航应用提供免费的定位、导航和授时服务,如车辆导航和移动电话定位。当用户在固定点使用接收机时,可为网络同步和科学应用提供精确授时服务。公开服务和现有的 GPS 和 GLONASS 系统的类似服务相兼容，"GALILEO"接收机也能够接收 GPS 和 GLONASS 的信号,但其服务精度更高。

2. 生命安全服务

生命安全服务将提供全球完好性信号,可以被加密,是公开服务信号的一部分。它的性能与国际民航组织(ICAO)要求的标准和其他交通模式(地面、铁路、海洋)相兼容。GALILEO 的这种服务和当前得到 EGNOS 校正增强的 GPS 系统相结合,或者与将来得到改进的 GPS 和 EGNOS 相结合,将能满足更高的要求。

3. 商业服务

商业服务主要涉及专业用户,是对公开服务的一种增值服务,以获取商业回报。它具备加密导航数据的鉴别功能,为测距和授时专业应用提供有保证的服务承诺。商业服务大部分与以下服务内容相关联:

(1) 分发开放服务中的加密附加数据;

(2) 非常精确的局部差分应用,使用开放信号覆盖 PRS 信号 E6;

(3) 支持 GALILEO 系统定位应用和无线通信网络的良好性领航信号。

商业服务中包含集成信息,时间信号的精度将会高达 100ns。商业服务采取准入控制措施,其实现将通过接收机上的"进入匙"(类似于移动通信中的 PIN 码)来保证,这样将无须使用昂贵的信号编码技术。

4. 公共特许服务

公共特许服务是为欧洲/国家安全应用专门设置的,以专用的频率向欧共体提供更广泛的连续性服务,其卫星信号更为可靠耐用,并受成员国控制。公共特许服务主要用于:欧洲/国家安全,应急服务,全球环境和安全监测,其他政府行为,某些相关或重要的能源、运输和电讯应用,对欧洲有战略意义的经济和工业活动等。成员国采取准入控制技术对用户进行授权。

5. 本地构成提供的导航服务

本地构成(区域增强系统)能对单频用户提供差分修正,使其定位精度小于 ±1m,利用 TCAR 技术可使用户定位的偏差在 ±10cm 以下;公开服务提供的导航信号,能增强无线电定位网络在恶劣条件下的服务。

6. GALILEO 其他服务

除导航服务外,GALILEO 将提供搜救服务,在现有的搜救服务(全球海洋灾难与安全系统:COSPAS – SARSAT)的基础上,GALILEO 将改进灾难信号的侦察时间和位置精度,并对接受灾难信息的用户提供补偿。GALILEO 搜救服务将与现有的 COSPAS – SARSAT 服务进行协调,并同时与 GMDSS 和跨欧运输网络兼容。

2.4 北斗卫星导航系统

2.4.1 北斗一号卫星导航系统

北斗一号卫星定位系统的方案于1983年提出,突出特点是构成系统的空间卫星数目少、用户终端设备简单、一切复杂性均集中于地面中心处理站。北斗一号卫星定位系统是利用地球同步卫星为用户提供快速定位、简短数字报文通信和授时服务的一种全天候、区域性的卫星定位系统。

双星定位是卫星无线电定位的一种,它利用两颗地球同步卫星及相应的地面设备即可实现对各种地面运动载体的精确导航定位和双向数据通信。因此,该技术受到世界上很多国家的关注,并投入大量的人力与物力进行深入研究和试验,取得了很大成果。1989年9月,我国首次利用自己的两颗地球同步卫星进行了双星快速定位通信演示试验,获得了圆满成功。随着近几年我国同世界上其他国家和公司的技术交流与合作,大大丰富了双星定位系统的研制和开发,并于2000年10月31日和12月21日发射了自己的两颗导航定位卫星,从而形成了我国第一代卫星导航定位系统——北斗一号导航定位系统,真正揭开了我国卫星导航事业发展的新篇章。2003年5月25日零时34分,我国在西昌卫星发射中心用"长征三号甲"运载火箭,成功地将第三颗北斗一号导航定位卫星送入太空,这次发射的是导航定位系统的备份星。它与前两颗北斗一号工作星组成了完整的卫星导航定位系统,确保全天候、全天时提供卫星导航信息。

北斗一号的建成及其稳定运行,标志着我国成为继美国全球卫星定位系统(GPS)和苏联的全球导航卫星系统(GLONASS)后,世界上第三个建立了完善的卫星导航系统的国家,该系统的建立对我国国防和经济建设将起到积极作用。

2.4.1.1 系统结构

北斗一号卫星导航定位系统由空间星座部分、地面监控部分和用户设备部分三部分组成,如图2-20所示。

1. 空间星座部分

空间部分由3颗地球同步卫星组成,其中2颗为工作卫星,1颗为备份卫星。它们的任务是完成中心控制系统和用户收发机之间的双向无线电信号转发。因此,每颗卫星上主要载荷是变频转发器、S天线(两个波束)和L天线(两个波束)。两颗卫星的4个S波束分区覆盖全服务区,每颗卫星的两个L波束分区覆盖全服务区,备份星的S/L波束可随时替代任一颗工作卫星的S/L波束。除此以外,两颗卫星还具有执行测控子系统对卫星状态的测量和接受地面中心

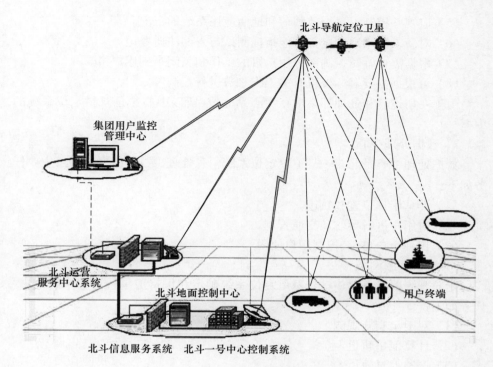

图 2 - 20 北斗一号系统结构

控制系统对有效载荷的控制命令的能力与任务。

北斗一号系统后期一共发射了 5 颗地球同步卫星,用户随机响应两颗卫星的信号用来进行定位和通信。

2. 地面监控部分

地面部分由地面控制中心、数据处理中心、定轨观测网络和标效站组成。

1) 地面控制中心

地面中心控制系统(下面简称中心站)是北斗一号卫星定位系统的控制和管理中心,具有全系统信息的产生、搜集、处理与工况测控等功能。它主要由信号收发分系统、信息处理分系统(包括定轨子系统和加密子系统)、时统分系统、监控分系统和信道监控分系统等组成。它的主要任务如下:

(1) 产生并向用户发送询问信号和标准时间信号(出站信号),接收用户响应信号(入站信号)。

(2) 确定卫星实时位置,并通过出站信号向用户提供卫星位置参数。

(3) 向用户提供定位和授时服务,并存储用户有关信息。

(4) 转发用户间通信信息或与用户进行报文通信。

（5）监视并控制卫星有效载荷和地面应用系统的工况。

（6）对新入网用户机进行性能指标测试与入网注册登记。

（7）根据需要临时控制部分用户机的工作和关闭个别用户机。

（8）可根据需要对标校机有关工作参数进行控制等。

由于一切计算和处理都集中在中心站完成,所以中心站是双星定位系统的中枢。

2）数据处理中心

数据处理中心是北斗一号卫星定位系统信息处理、数据计算的中心,主要任务如下：

（1）计算用户位置和轨迹。

（2）对用户进行导航和交通管制。

（3）识别用户身份、控制用户使用。

3）定轨观测网络

定轨观测网络是北斗一号卫星定位系统确定和保持卫星轨道的中心,主要任务如下：

（1）对卫星实施观测。

（2）计算卫星轨道。

（3）调整卫星轨道。

4）标效站

标校站也称为校准站,是北斗一号地面的重要组成部分,由分设在服务区内若干已知点上的各类标校站组成。标校系统包括定轨标校站、定位及测高标校站,它们一般均为无人值守的自动数据采集站,在运行控制中心的控制下工作。标校系统利用中心控制系统的统一时间同步机理,完成中心经卫星至标校机的往返距离和测量,为卫星轨道确定、电离层折射延迟校正、气压测高校正提供距离观测量和校正参数。

标校站按其用途分为测轨、定位和测高三类标校站。测轨标校站为系统确定卫星实时位置提供观测数据;定位标校站为系统采用差分定位技术提供标准观测数据,以消除系统误差对定位精度的影响;测高标校站为系统计算用户参考高程所需气压、温度和湿度数据,以消除定位多值解。

3. 用户设备部分

用户终端部分由混频电路、放大电路、信号接收天线、发射装置、信息输入键盘和显示器等组成。其主要任务是接收中心站经卫星转发的询问测距信号,经混频和放大后注入有关信息,并由发射装置向两颗（或一颗）卫星发射应答信号。凡具有这种应答电文能力的设备都叫用户终端,又称为用户机。根据执行任务的不同,用户终端分为通信终端、卫星测轨终端、差分定位标校站终端、气压测高标校站终端、校时终端和集团用户管理站终端等,如图 2 - 21 所示。

北斗一号指挥型
用户机

海上救生型
用户机

北斗一号授时型
用户机

图 2 - 21　北斗一号用户机

依据北斗用户机的应用环境和功能的不同,可将北斗用户机分为五类。

1)基本型

适合于一般车辆、船舶及便携等用户的导航定位应用,可接收和发送定位及通信信息,与中心站及其他用户终端双向通信。

2)通信型

适合于野外作业、水文测报、环境监测等各类数据采集和数据传输用户,可接收和发送短信息、报文,与中心站和其他用户终端进行双向或单向通信。

3)授时型

适合于授时、校时、时间同步等用户,可提供数十纳秒级的时间同步精度。

4)指挥型

适合于小型指挥中心指挥调度、监控管理等应用,具有鉴别、指挥下属其他北斗用户机的功能。可与下属北斗用户机及中心站进行通信,接收下属用户的报文,并向下属用户播发指令。

5)多模型

既能接收北斗卫星定位和通信信息,又可利用 GPS 系统或 GPS 增强系统导航定位,适合于对位置信息要求比较高的用户。

2.4.1.2　工作原理

北斗一号系统定位工作的简要过程如下:中心站以高稳定时钟作为参考,按规定帧格式生成连续不断的导航信号(出站信号),发向两颗卫星,再由两颗卫星转发至波束覆盖的地面服务区。用户机开机后,会自动搜索并锁定在卫星下发的出站信号上,实现与出站信号的帧同步。当用户要求定位时,用户机会在某一帧同步脉冲来到时刻,准确地向两颗星发出定位申请信号,经卫星转发至中心站(入站信号),其简要示意图如图 2－22 所示。该定位申请的帧格式中包含有发出定位申请时所对应的出站信号帧号和用户所在高程。中心站收到入站信号之后,根据出、入站信号之间的时延便可得到用户至两颗星的距离。这样,分别以两颗星为球心,以用户至两颗星的距离为半径作出的两个球面和以地心为球心,以地球半径＋高程为半径作出的第三个球面交于一点,即可算出用户位置。由中心站算出用户位置后,通过出站信号的电文传给用户,如图 2－23 所示。

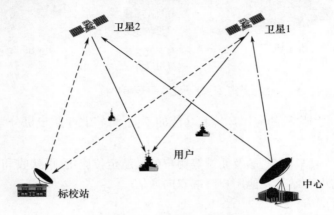

图 2－22　北斗一号系统简要示意图

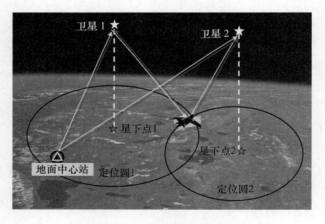

图 2－23　北斗一号定位原理图

　　从以上所述的北斗系统定位过程可以看出,由于系统只有两颗卫星,北斗一号卫星导航系统只能通过双向信号传输,由中心站进行收发时间比对并为用户算出所在位置。每次定位信号要由地到星往返两次,即传输约 14 万 km,用 0.5s时间,再加上地面站的计算和响应时间,即使是最高优先级的用户,一次定位至

少也要 1s。而且最高优先级的用户数量是有限的。在某些作战场合下,这样一个定位过程会突出表现出 4 个方面的不足:

(1) 用户终端有源,用户要不断发射信号,战时隐蔽性差。

(2) 定位不实时,最少有 1s 延迟。

(3) 不能高频度连续导航,定位频度受限(最快为 1 次/s)。

(4) 用户容量受限。

由于存在这 4 个不足,北斗一号曾被认为不适用于高动态目标的导航。

利用北斗一号连续导航用户机可以实现在北斗一号系统下无源连续导航功能。

北斗一号信号格式可用来测距。基于本地接收机时钟作为时间标准形成一个超帧格式循环,与卫星 A、B、C 下传的超帧格式作差值,可以求出北京中心站到卫星再到用户机的距离。同时北斗一号信号格式上调制有卫星星历信息,解调后可用来计算卫星位置。

连续导航用户机同时接收 3 颗卫星信号,加上气压测高仪得到高程信息,共 4 个参量,根据这 4 个参量可以求出 4 个未知量 (X_U, Y_U, Z_U, dt_r),其中,(X_U, Y_U, Z_U) 为用户位置,dt_r 为接收机时钟与北斗一号系统时钟不相同造成的差值。

利用北斗一号连续导航用户机进行连续导航,首先需要提供下面 4 个条件:

(1) 三颗卫星的伪距观测值或载波相位观测值。

(2) 利用气压测高等手段,提供用户机的高程观测量。

(3) 解调三颗卫星的星历,并利用星历计算此时三颗卫星的坐标值。

(4) 用户机的近似坐标(几十千米的精度),用于非线性方程的线性化。

北斗一号系统无源导航原理如图 2 - 24 所示。

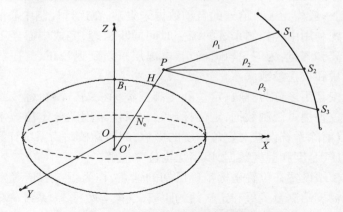

图 2 - 24　北斗一号系统无源导航原理

图中：P 为用户机，坐标为 (X_U, Y_U, Z_U)；S_1、S_2、S_3 为卫星，坐标分别为 $(X_{S_1}, Y_{S_1}, Z_{S_1})$、$(X_{S_2}, Y_{S_2}, Z_{S_2})$、$(X_{S_3}, Y_{S_3}, Z_{S_3})$；$\rho_1$、$\rho_2$、$\rho_3$ 为伪距观测值；O' 坐标为 $(0, 0, -N_e e^2 \sin B)$；H 为用户机高程。

伪距和高程的观测方程为

$$\rho_1 = \sqrt{(X_{S_1} - X_U)^2 + (Y_{S_1} - Y_U)^2 + (Z_{S_1} - Z_U)^2} + c \cdot dt_r$$

$$\rho_2 = \sqrt{(X_{S_2} - X_U)^2 + (Y_{S_2} - Y_U)^2 + (Z_{S_2} - Z_U)^2} + c \cdot dt_r$$

$$\rho_3 = \sqrt{(X_{S_3} - X_U)^2 + (Y_{S_3} - Y_U)^2 + (Z_{S_3} - Z_U)^2} + c \cdot dt_r$$

$$H = \sqrt{X_U^2 + Y_U^2 + (Z_U + N_e e^2 \sin B)^2} - N_e$$

式中：c 为光速；dt_r 为用户机时钟与北斗一号系统时钟的差值。4 个观测值 ρ_1、ρ_2、ρ_3、H，解 4 个未知参数 X_U, Y_U, Z_U, dt_r。

首先，基于近似坐标 $X_{U0}, Y_{U0}, Z_{U0}, dt_r$，将观测方程线性化，并形成误差方程：

$$V = A \cdot \delta \check{X} - l$$

式中：V 为观测值残差向量；A 为设计矩阵；$\delta \check{X}$ 为未知参数的改正数向量；l 为改正后的观测值向量。

然后，基于最小二乘准则，可获得未知参数估值：$\delta \check{X} = (A^{\mathrm{T}} A)^{-1} A^{\mathrm{T}} l$

用户机位置解：$\check{X}_U = \check{X}_{U0} + \delta \check{X}$

2.4.1.3 标校原理

标校站也称为校准站，是北斗一号标校系统的重要组成部分，由分设在服务区内若干已知点上的各类标校站组成。标校系统包括定轨标校站、定位及测高标校站，它们一般均为无人值守的自动数据采集站，在运行控制中心的控制下工作。标校系统利用中心控制系统的统一时间同步机理，完成中心经卫星至标校机的往返距离和测量，为卫星轨道确定、电离层折射延迟校正、气压测高校正提供距离观测量和校正参数。

标校站按其用途分为测轨、定位和测高三类标校站。测轨标校站为系统确定卫星实时位置提供观测数据；定位标校站为系统采用差分定位技术提供标准观测数据，以消除系统误差对定位精度的影响；测高标校站为系统计算用户参考高程所需气压、温度和湿度数据，以消除定位多值解。

测轨标校站设置在位置坐标精确已知的地点，作为卫星轨道确定的位置基准站。测轨标校站测量卫星和定轨站的距离、气象等数据，为系统确定实时位置提供数据。测轨标校站从地理位置上、设备可靠性上充分考虑了备份功能，其地域分布广泛，不但有良好的几何特性，还具有相互备份能力，具有抗击自然灾害和抗人为摧毁的能力。

定位标校站分布在系统覆盖范围内,位置坐标精确已知。定位标校站为系统采用差分定位技术时提供标准观测数据,中心控制系统将计算的标校站位置坐标与标校站的实际位置坐标相减,求得的差值作为用户定位修正值,以提高用户定位的精度。一个定位标校站的作用范围一般在 100～200km 的区域内。

测高标校站。系统在计算无数字地形图地区的用户位置、空中用户位置,处理定位多值解和在低纬度地区需要提供高精度定位时,采用气压测高方法获取用户高程。测高标校站用气压式高度计测量所在地区的海拔高度。通常一个测高标校站测得的数据粗略地代表其周围 100～200km 地区的海拔高度。测高标校站的设备及其工作方式与用户机雷同。

标校站的工作原理如图 2－25 所示,标校站设备包括标校机主机、天线、气象测量设备、电源和仪器柜等。根据标校机的不同用途,由中心控制系统设定主机的工作参数,如发射功率、服务频度等。

标校机主机响应中心控制系统发射的经卫星转发的询问信号,向中心控制系统发射入站信号,在入站信号中携带标校站采集的气压、温度、湿度等数据。

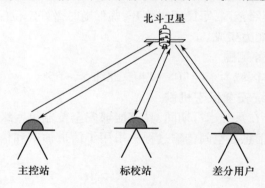

图 2－25　标校示意图

2.4.1.4　主要功能

北斗一号系统具有快速定位、实时导航、简短通信和精密授时四大功能。

（1）定位（导航）:快速确定用户所在点的地理位置,向用户及主管部门提供导航信息。在标校站覆盖区定位精度可达到 20m,无标校站覆盖区定位精度优于 100m。

（2）通信:用户与用户、用户与中心控制系统之间均可实现最多 120 个汉字的双向简短数字报文通信,并可通过互联网、移动通信系统互通。

（3）授时:中心控制系统定时播发授时信息,为定时用户提供时延修正值。定时精度可达 100ns（单向授时）和 20ns（双向授时）。

1）首次定位快

北斗一号系统用户定位、电文通信和位置报告可在几秒内完成。GPS 首次定位一般需要 1~3min。

2）集定位、授时和报文通信为一体

美国的 GPS 和俄罗斯 GLONASS 系统只解决了用户在何时、在何地的定位和授时问题。北斗一号系统是世界上首个集定位、授时和报文通信为一体的卫星导航系统,解决了"是谁,何时,在哪里"的相关问题,实现了位置报告、态势共享。

3）授时精度高

美国 GPS 的精密定位服务(PPS)的授时精度为 200ns 。北斗一号系统的单向授时精度达到 100ns,还具有双向定时功能,定时精度达到 20ns。

4）保密性好

采用扩频通信体制,位置和报文信息的传输采取一机一密、一次一密,保密等级达到机密级。

5）可实现分类保障

可划分使用等级范围,军民用户分开,确保随时做好定位保障能力的部署调整、优先权调配和能力集成。

2.4.1.5　服务范围

北斗一号服务区域为东经 70°~140°,北纬 5°~55°。

2.4.1.6　系统安全保密机制

北斗一号系统在系统运行期间,具有能够安全传输机密级及机密级以下信息的能力。为此,信息在空间传输过程中采用了信道加密和信息源加密两重加密处理。

1. 信道加密

信道加密是指对每一个用户都选用一对一的伪随机码对载波信号进行扩频,按一户一码设计,即一个 ID 号对应一个伪随机码,所有密钥控制在中心控制系统,送给某用户的信息只有该用户才能解扩接收。

信道加密采用扩频通信方式。扩频通信是将待传送的信息数据被伪随机编码调制,实现频谱扩展后再传输;接收端则采用相同的编码进行解扩及相关处理,恢复原始信息数据。

扩频通信方式与常规的窄道通信方式的区别在于:一是信息的频谱扩展后形成宽带传输,有用信号淹没在噪声中,降低了被截获的概率;二是经过解扩处理后,有用信号可恢复为窄带信息数据。

2. 信息加解密

北斗一号系统为了向用户提供安全保密的定位、通信服务,防止用户信息被敌人截获、分析或篡改,建立了地面应用系统加解密子系统。

信息加解密子系统完成信息传输的加密保护,由以下三部分组成:

(1)地面中心加解密设备。地面中心加解密设备完成地面控制中心发送给用户信息的加密保护、用户发给地面控制中心加密信息的解密处理和用户之间简短数字报文的解密和再加密转发处理。

(2)用户机加解密部件。用户机加解密部件可完成接收信息的解密和发送信息的加密处理。加解密部件包括两类:一类为保密模块加存储器卡,保密模块具有加解密运算功能,存储器卡可存储加解密算法和用户信息;另一类为 CPU 卡,CPU 卡本身即具有加解密运算和信息存储功能。

(3)密钥管理中心。密钥管理中心是用来完成加解密部件和地面中心加解密设备主密钥的管理,包括主密钥的产生、检验、分配、更换、销毁、审计管理和安全管理等任务。

信息加解密包括定位信息加解密和通信信息加解密,工作过程如下:

(1)定位信息加解密过程。所有加密用户的定位信息在系统中进行运算处理,得到定位结果后送地面加解密中心,用该用户的密钥再次加密,最后系统将加密的定位结果发送给用户。

(2)通信信息加解密过程。所有加密用户之间的通信信息以密文形式发送到中心控制系统,系统收到通信信息后送地面加解密中心,地面加解密中心用发信方用户的密钥对信息进行解密,得到收信方用户地址,再以收信方密钥对通信内容进行加密,由系统将加密后的通信信息发送给收信方用户。

3. 身份认证

随着北斗一号卫星导航定位系统在军用和民用领域的进一步推广使用,系统面临迅速增长的用户需求。为防止非法用户对系统正常运行造成威胁,使合法用户的权益受到保护,更好地为广大用户提供服务,确保系统在良好的工作状态下运行,系统建立了一套用户身份认证系统,为北斗一号系统的良好运行提供进一步的技术保障。

身份认证功能具体包括:

(1)对注册入网的北斗一号用户机的入站信息进行合法性认证,防止非法用户的入侵。

(2)对非法用户进行屏蔽、记录、存储、监视并报警。

(3)对合法用户进行认证登记并分发身份确认信息。

(4)对已注册入网的合法用户使用授权(包括用户机服务频度、通信等级和指挥型用户机的查询)的核对,为权限使用内的用户提供服务,拒绝为越权使用的用户提供服务并报警。

4. 遥毙功能

在确保信息安全性的同时,针对用户机失控的情况,设计了中心控制系统对用户机采取遥毙控制的功能,具体操作过程是:中心控制系统对指定用户发送"遥毙"指令,用户机收到指令后自动向系统发射"关闭确认"信号,然后自毁操作系统和加解密处理器核心软件,中心控制系统收到确认后在系统数据库中注销该用户。

系统通过遥毙功能实现对用户机的掌控,确保了用户机的安全使用。

2.4.1.7 系统特点

与 GPS 和 GLONASS 相比,北斗一号卫星导航系统属区域定位系统,并需辅以地(海)面地形资料,不能满足高动态用户需求。但是,它有星数少(地球同步轨道上的 2~3 颗静地卫星),用户终端简单,且附带简短通信功能,故而受到一些邻海国家的青睐,主要用于海洋石油开采、轮船入港、海船导航等。地球同步卫星定位系统具有下列 4 个突出特点:

(1)能够提供 24h 全天候的功能服务。地球同步卫星相对于地面静止,微波的大气穿透能力强,这为能够 24h 全天候提供定位、导航、通信和授时提供了条件。

(2)定位精度一般为几十米,采用差分定位技术,可提高到 10m 左右。地球同步卫星定位用于地面导航定位的系统运作要复杂得多,需要建立服务区域内的数字高程模型(DEM)数据库(下面简称高程数据库)。这种两星加高程的定位方法除了没有多余观测量以外,突出的缺点是受高程误差的影响比较大,尤其是在低纬度地区,如纬度 5°区,高程误差可以 10 倍于定位误差传递给用户,即使采用差分技术也难以消除。但是考虑到经济成本和数据采集的速度,现在通常以大比例尺线划图和现有的 GIS 为正常高的获取手段。由于地图采样精度和高程异常的误差,用上述方法得到的大地高精度一般不能优于 10m,因而成为该系统进一步提高定位精度的一大障碍。另外,这种定位方法在地形复杂地区还可能导致多值解的发生,使系统解算结果的可靠性降低。

(3)观测量的取得及定位解算均在地面中心站进行;卫星载荷和用户机较为简单,仅需具有转发或收发信号功能。

(4)仅需 2~3 颗卫星,投入小,性能投入比高。双星定位系统的不足之处在于:①地球同步卫星导航系统是一个区域导航定位系统;②地球同步卫星导航系统本身是两维导航系统,仅靠卫星的观测量尚不能定位,它需要高程或高程数据库的支持;③由于同步卫星位于地球赤道平面内,因此赤道附近的测站点位精度差;④从用户发出定位请求到获得定位结果,信号要两次往返于地面与同步卫星,这使得定位有一定的延迟;⑤测站必须发射信号才能完成定位和通信,对于军事用户会暴露目标;⑥系统采用集中式管理模式,计算都由中心完成,信道一定时用户数量受到限制。

2.4.2　北斗二号卫星导航系统

2.4.2.1　系统组成

北斗二号卫星导航系统由空间星座部分、地面监控部分、用户设备部分三大部分组成。

1. 空间星座部分

空间星座由覆盖一定区域或全球的分布在若干轨道面内的若干颗卫星组成,如图 2 – 26 所示。星座的设计应满足,在服务区域内用户能同时观测到实现卫星导航功能的最少卫星数。其主要功能如下:

（1）接收和存储由地面监控站发来的导航信号,接收并执行监控站的指令控制。

（2）卫星上设有的计算机,进行部分必要的数据处理工作。

（3）通过星载的高精度铷钟和铷钟提供精密的时间标准。

（4）向用户发送导航信息。

（5）在地面监控站的指令下,通过推进器调整卫星的姿态和启用备用卫星。

北斗二号基本空间星座由 5 颗 GEO 卫星、5 颗 IGSO 卫星和 4 颗 MEO 卫星组成,并视情部署在轨备份卫星。GEO 卫星轨道高度为 35786km,分别定点于东经 58.75°、80°、110.5°、140°和 160°;IGSO 卫星轨道高度为 35786km,轨道倾角为 55°;MEO 卫星轨道高度为 21528km,轨道倾角为 55°。

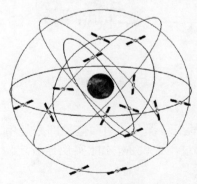

图 2 – 26　北斗二号空间星座

2. 地面监控部分

地面控制段负责系统导航任务的运行控制,主要由主控站、时间同步/注入站、监测站等组成,如图 2 - 27 所示。

主控站是北斗系统的运行控制中心,主要任务包括:

(1)收集各时间同步/注入站、监测站的导航信号监测数据,进行数据处理,生成导航电文等。

(2)负责任务规划与调度和系统运行管理与控制。

(3)负责星地时间观测比对,向卫星注入导航电文参数。

(4)卫星有效载荷监测和异常情况分析等。

时间同步/注入站主要负责完成星地时间同步测量,向卫星注入导航电文参数。

监测站对卫星导航信号进行连续观测,为主控站提供实时观测数据。

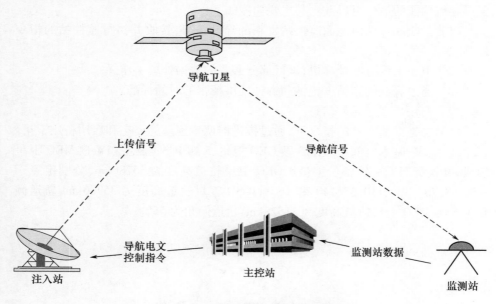

图 2 - 27　地面监控部分数据通信链

3. 用户设备部分

卫星导航系统的空间卫星部分和地面监控部分是用户应用该系统进行导航定位的基础,用户只有通过用户设备,才能实现导航定位的目的,其型谱和主要技术指标如表 2 - 7 所列。

用户设备的主要任务是:接收导航卫星发射的无线电信号,以获得必要的定位信息及观测量,并经数据处理完成导航定位工作。

表 2 - 7　北斗二号用户机型谱和主要技术指标

典型机型	主要战技指标	主要应用范围
基本导航型	中低动态(300m/s,4g),具有 RNSS 单频差分定位、导航和测速功能	单兵、车辆等基本导航应用
高动态导航型	高动态(4000m/s,10g),具有 RNSS 单频差分定位、导航和测速功能	导弹、飞机等高动态武器平台应用
抗干扰导航型	中低动态,具有 RNSS 双频定位、导航和测速功能	舰艇、飞机、指挥车等复杂环境应用
双模型	中低动态,具有 RNSS/RDSS 双模定位、测速、位置报告和双向报文通信功能	既有导航又有通信和位置需求的用户应用
定时型	中低动态,具有 RNSS 单向和 RDSS 单、双向定时功能	有时间同步需求的用户应用
兼容型	中低动态,具有 RNSS/GPS 和 RNSS/RDSS 星座兼容无源导航、定位、测速功能	对完好性、人性化要求高的用户应用

2.4.2.2　时空基准

1. 坐标基准

CGCS2000 属于地心地固坐标系,其定义如下:

(1) 坐标原点位于地球质心。

(2) Z 轴平行于指向 IERS 参考极(IRP)方向。

(3) X 轴指向 IERS 参考子午面(IRM)与通过原点且同 Z 轴正交的赤道面的交线。

(4) Y 轴满足右手坐标系。

CGCS2000 原点也用作 CGCS2000 椭球的几何中心,Z 轴用作该旋转椭球的旋转轴。

2. 时间基准

北斗时间系统 BDT 是一个连续的时间系统,它的秒长为国际单位值 SI 秒,起始点为 2006 年 01 月 01 日 UTC 零点。

北斗卫星导航系统时间溯源到国家授时中心保持的协调世界时 UTC(NTSC),与 UTC 之间存在跳秒改正差。BDT 与 UTC 的偏差保持在 $1\mu s$ 以内。

在 BD - 2 卫星播发的导航电文中播发有 BDT 与 UTC 的转换参数。

2.4.2.3　信号结构

卫星播发的导航信号是卫星导航接收机进行导航定位的基础。根据不同导航原理设计的卫星导航系统提供的导航信号结构也不尽相同。北斗二号卫星导航系统的导航信号由载波及调制在载波上的导航电文、测距码等组成,其信号结构如图 2 – 28 所示。

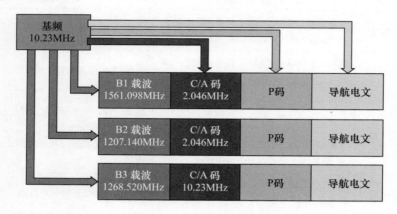

图 2 – 28　北斗二号信号结构

　　卫星导航系统载波频率一般选择 L 波段,是因为选择 L 波段工作波长可避开大气层中氧、水汽等的最大谐振吸收,有利于较经济地接收卫星导航信号,降低卫星信号播发功率,从而减小卫星的功耗。另外,从地面用户设备的角度说,可降低用户设备功耗和信号接收灵敏度的要求。北斗二号系统采用 B1、B2 和 B3 三种频率的载波就属于 L 波段。

　　导航电文,就是包含有关卫星的星历、卫星工作状态、时间信息、卫星钟运行状态、轨道摄动改正和其他用于实现导航定位所必需的信息,是利用卫星进行导航的数据基础。

　　测距码是一种调制在载波信号上用于测量卫星至地面用户设备间距离的二进制码。北斗二号卫星导航系统中的测距码为伪随机码,在不同频率载波上调制了不同的测距码。

　　北斗卫星导航系统采用两种测距码,即 C/A 码和 P 码,其中 P 码为军用测距码,为授权用户提供服务,C/A 码又称粗捕获码或民用测距码,在不同频率上播发不同的 C/A 码。

　　C/A 码是一组短码,易于捕获。为了给所有卫星赋以不同的码序列,BDS 的 C/A 码采用两个具有良好互相关特性的同族码序列构成的 Gold 码。BDS 卫星所用的 C/A 码是一种 Gold 组合码。

1. 导航电文格式

　　BDS 根据速率和结构不同,导航电文分为 D1 导航电文和 D2 导航电文, MEO/IGSO 卫星播发 D1 导航电文,速率为 50b/s,GEO 卫星播发 D2 导航电文,速率为 500b/s。

1）D1 导航电文的格式

D1 导航电文由超帧、主帧和子帧组成。每个超帧为 36000bit,历时 12min,每个超帧由 24 个主帧组成（24 个页面）；每个主帧为 1500bit,历时 30s,每个主帧由 5 个子帧组成；每个子帧为 300bit,历时 6s,每个子帧由 10 个字组成；每个字为 30bit,历时 0.6s。

D1 导航电文包含有基本导航信息,包括:本卫星基本导航信息（包括周内秒计数、整周计数、用户距离精度指数、卫星自主健康标识、电离层延迟模型改正参数、卫星星历参数及数据龄期、卫星钟差参数及数据龄期、星上设备时延差）、全部卫星历书信息及与其他系统时间同步信息（UTC、其他卫星导航系统）。整个 D1 导航电文传送完毕需要 12min。

D1 导航电文主帧结构及信息内容如图 2 - 29 所示。子帧 1 至子帧 3 播发基本导航信息；子帧 4 和子帧 5 分为 24 个页面,播发全部卫星历书信息及与其他系统时间同步信息。

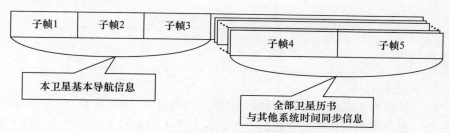

图 2 - 29 D1 导航电文主帧结构与信息内容

2）D2 导航电文的格式

D2 导航电文由超帧、主帧和子帧组成。每个超帧为 180000bit,历时 6min,每个超帧由 120 个主帧组成,每个主帧为 1500bit,历时 3s,每个主帧由 5 个子帧组成,每个子帧为 300bit,历时 0.6s,每个子帧由 10 个字组成,每个字为 30bit,历时 0.06s。

每个字由导航电文数据及校验码两部分组成。每个子帧第 1 个字的前 15bit 信息不进行纠错编码,后 11bit 信息采用 BCH(15,11,1)方式进行纠错,信息位共有 26bit；其他 9 个字均采用 BCH(15,11,1)加交织方式进行纠错编码,信息位共有 22bit。

D2 导航电文包括:本卫星基本导航信息,全部卫星历书信息,与其他系统时间同步信息,北斗系统完好性及差分信息,格网点电离层信息。主帧结构及信息内容如图 2 - 30 所示。子帧 1 播发基本导航信息,由 10 个页面分时发送,子帧

2~4信息由6个页面分时发送,子帧5中信息由120个页面分时发送。

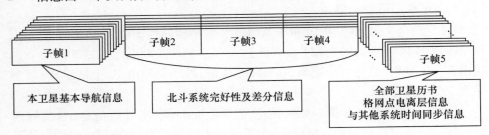

图2-30 D2 导航电文主帧结构与信息内容

2. 导航电文的内容

每一子帧的第1~11bit为帧同步码(Pre),由11bit修改巴克码组成,其值为"11100010010",第1bit上升沿为秒前沿,用于时标同步。

每一子帧的第16~18bit为子帧计数(FraID),共3bit,具体定义如表2-8所列。

表2-8 子帧计数编码定义

编码	001	010	011	100	101	110	111
子帧序列号	1	2	3	4	5	保留	保留

1)周内秒计数

每一子帧有20bit的周内秒计数(SOW),每周日北斗时00点00分00秒从零开始计数。周内秒计数所对应的秒时刻是指本子帧同步头的第一个脉冲上升沿所对应的时刻。

2)整周计数

整周计数(WN)共13bit,为北斗时的整周计数,其值范围为0~8191,以北斗时2006年1月1日00点00分00秒为起点,从零开始计数。

3)用户距离精度指数

用户距离精度(URA)用来描述卫星空间信号精度,单位是m,以用户距离精度指数URAI表征,URAI为4bit,范围从0~15,与URA之间的关系如表2-9所列。

表2-9 4URAI值与URA范围对应关系

URAI	相应的URA值/m	URAI	相应的URA值/m
0	0.00~2.40	8	48.00~96.00
1	2.40~3.40	9	96.00~192.00
2	3.40~4.85	10	192.00~384.00

（续）

URAI	相应的 URA 值/m	URAI	相应的 URA 值/m
3	1.85 ~ 6.85	11	384.00 ~ 768.00
4	6.85 ~ 9.65	12	768.00 ~ 1536.00
5	9.65 ~ 13.65	13	1536.00 ~ 3072.00
6	13.65 ~ 24.00	14	3072.00 ~ 6144.00
7	24.00 ~ 48.00	15	>6144 或无精度预报

4）卫星自主健康标识

卫星自主健康标识（SatH1）共1bit，其中"0"表示卫星可用，"1"表示卫星不可用。

5）卫星钟参数

BDS 时间系统是以地面监控系统主控站的主原子钟为基准的连续的时间尺度。由于 UTC 时间系统的跳秒和主控站主钟的不稳定性，BDS 时间和 UTC 时间之间存在着变化差值。它由地面监控系统予以监测，其大小用导航电文播发给广大用户。BDS 卫星钟差改正数采用二阶多项式的形式给出，用户用于确定在数据发送时刻（BDS 系统时）有效卫星 PRN 码相位相对于天线相位中心的偏差，计算公式为

$$\Delta t_{SV} = a_{f0} + a_{f1}(t - t_{oc}) + a_{f2}(t - t_{oc})^2$$

式中：a_{f0} 为星钟偏差，相对于 BDS 时间系统的时间偏差；a_{f1} 为钟速，相对于实际频率的偏差系数；a_{f2} 为钟速变化率、钟漂、时钟频率的漂移系数。

正常情况下，钟差参数的更新周期为1h，且在 BDT 整点更新，t_{oc} 值取整点时刻。

6）星历参数

卫星星历（Ephemeris）是主要向用户提供有关计算卫星位置的参数，包括 $\sqrt{A}$、e、i、ω、Ω、$t_{toe}(\tau)$ 6 个轨道参数，还包括 i、$\dot{\Omega}$ 等参数的变化率，以及有关卫星摄动的参数，如 C_{uc}、C_{us}、C_{rc}、C_{rs}、C_{ic}、C_{is}。

星历参数描述了在一定拟合间隔下得出的卫星轨道，它包括 15 个轨道参数、1 个星历参考时间。星历参数更新周期为1h。

7）与其他时间系统同步参数

包括北斗时（BDT）与协调世界时（UTC）、GPS 系统时间、GALILEO 系统时间、GLONASS 系统时间之间的同步参数。

2.4.2.4　服务能力

根据《北斗卫星导航系统公开服务性能规范（1.0）》，目前北斗二号具备的

主要功能和服务能力如表 2 – 10 所列。

表 2 – 10　北斗系统服务区内公开服务定位/测速/授时/通信精度指标

服务精度		参考指标 95% 置信度		约束条件
定位精度	水平	≤10m		服务区任意点 24 小时的定位/测速/授时误差的统计值
	高程	≤10m		
测速精度		≤0.2m/s		
授时精度(专用授时设备)		≤50ns		
通信能力	通信能力	120 个汉字		单次通信能力
	通信间隔	60s		公开服务通信间隔

2.4.2.5　服务范围

北斗二号服务区域:南北纬 55°,东经 55° ~ 180°(东至斐济群岛,西至阿联酋的迪拜,南至新西兰的奥克兰群岛,北至俄罗斯的腾达)。

第3章
卫星导航应用设备检测行业概述

➥ 3.1 质量检测行业概述

质量检测是指检查和验证产品或服务质量是否符合有关规定的活动。它分为空气质量检测、工程质量检测、产品质量检测、环境质量检测等。质量检测有时也可以称为测试或实验,是指对给定的产品、材料、设备、生物体、物理现象、工艺过程或服务,按照规定的程序确定一个或多个特性或性能的技术操作,是检查和验证产品或服务质量是否符合有关规定的活动。根据检测对象和检测内容的不同,检测行业主要可分为电子电气产品(包括电子信息设备、家用电器、照明器具及其他产品)、日用消费品(包括玩具、纺织品、服装及鞋材等产品)、食品、药品、新能源产品、农林牧渔、建材家具、交通运输等检测细分市场。我国检测市场按照参与者性质可划分为政府检验检测、企业内部检测与独立第三方检测。为确保检测结果准确到一定程度,质量检测必须在规定的检测范围内,按照规定程序进行,检测结果应记录在案,通常是采用检测报告或检测证书等方式。

目前,欧美等发达国家的检验、检测服务市场已经趋于完善,并诞生了一批国际范围内具有悠久历史和强大品牌影响力的综合性检测机构,如瑞士 SGS(瑞士通用公证行)、法国 BV(必维国际检验集团)、英国 Intertek(天祥)等。而以中国为代表的新兴市场国家得益于全球化和国际贸易的迅速增长,其第三方检测市场规模蓬勃发展,本地综合性检测机构已初步具备较强的综合竞争力。

检验检测行业是现代服务业的重要组成部分和高端环节,是创新驱动发展的新引擎、新动力,是培育和发展战略性新兴产业、提升和发展传统优势产业的重要创新和服务平台,是创新链中的重要环节,对推动产业转型升级、培育壮大高技术产业具有"催化"作用。同时,检验检测行业也属于国家倡导和扶持的高技术服务业,是国务院明确的八个高技术服务业之一,是生产性服务业的高端环节,也是产业链中的关键一环,具有人才密集、技术先进、附加值高、带动性强等行业优势,是近年来我国发展最具潜力的产业之一。

随着中国经济持续快速增长和日益融入全球化发展趋势,中国检测市场呈快速增长态势,检测行业业务逐渐市场化。我国质量检验检测行业主要由国有机构、民营机构和外资机构三部分组成。国有检测机构资金雄厚、装备先进,服务项目齐全、服务范围广泛,主要开展政府指定的强制性质量检验检测任务,凭借传统垄断优势,占据 50% 以上的市场份额;外资检测机构凭借丰富的运营经验和强大的品牌影响力占据 30% 以上市场份额;民营检测机构普遍起步较晚,资本实力弱,占据 10% 以上的市场份额。凭借灵活的经营机制、本土化的市场策略、扩张能力较强,民营检测机构近年来市场占有率不断上升,而国有检测机构和外资检测机构市场占有率则呈下降趋势。但整体来看,目前民营检测机构龙头企业较少,中小企业居多,竞争较为激烈。截至 2018 年年底,全国取得资质认定的民营检验检测机构共 19231 家,较 2017 年同比增长 15.43%。2014—2018 年,民营检验检测机构数量占机构总量的比重持续上升,分别为 31.59%、40.16%、42.92%、45.86%、48.72%,将近超过半数,预示着我国检验检测市场的格局将进一步发生结构性改变。2018 年民营检验检测机构全年取得营收 929.28 亿元,较 2017 年同比增长 33.56%,高于全国检验检测行业 18.21% 的平均年增长率。

根据市场监管总局公布的 2018 年检验检测服务业统计结果,截至 2018 年年底,我国共有检验检测机构 39472 家,较 2017 年增长 8.66%,全年实现营业收入 2810.5 亿元,较 2017 年增长 18.21%。从业人员 117.43 万人,较上年增长 4.91%;共拥有各类仪器设备 633.77 万台套,较上年增长 10.1%;仪器设备资产原值 3195.54 亿元,较上年增长 11.29%。2018 年共出具检验检测报告 4.28 亿份,同比增长 13.83%,平均每天对社会出具各类报告 117.26 万份。检验检测机构数量及检验检测市场规模保持同步增长。

尽管在某些领域,如食品、新材料等行业,我国检验检测技术已经走在了世界前列,却还不是"世界强国"。但我国正在向质量强国迈进,积极改善行业面临的突出问题,正在打造全球品牌和国家级的旗舰队伍,培养重点领域相对专业和大型的质检机构。2018 年全国检验检测服务业年营业收入 5 亿元以上机构有 37 家,比 2017 年多 10 家;收入 1 亿元以上机构有 354 家,比 2017 年多 60 家;收入 5000 万元以上机构有 899 家,比 2017 年多 158 家。全行业规模以上年收入 1000 万元以上的检验检测机构有 5051 家,占全行业的 12.8%,营业收入达到 2148.8 亿元,占全行业的 76.5%。近两年,规模以上检验检测机构年均增幅超过 12%,年度营业收入平均值达到 4254 万元,人均年产值达到 46.5 万元,接近外资检验检测机构的人均产值水平。这表明在政府和市场双重推动之下,一大批规模大、水平高、能力强的中国检验检测品牌正在快速形成,一大批有实力的检验检测机构正在崛起,检验检测机构集约化发展取得成效。截至 2018 年底,全国检验检测服务业上市企业 97 家,同比去年增长 12.79%,检验检测行业进入资本市场的速度进一步加快。

近年来,我国质量检验检测领域逐渐延伸,随着质量检验检测技术的进步和研发水平的提高,检验检测不断突破传统的范畴,并逐渐形成新的领域。例如,生物工程和环保领域,生物电流和生物磁场的计量测试、脑神经活动的探测、基因遗传密码的破译等三个方面以及国家对环保的提倡使质检行业在环境工程领域的计量测试得到重视。

另外,我国质量检验检测手段也可能出现颠覆,在当今网络化的时代,在人工智能以及互联网的成功和突破背景下,检验检测技术的发展自然也离不开互联网,网络化测量和控制已经成为检验检测技术发展的必然趋势。

除了智能化方向,政策的开放会进一步推动我国质检行业由企业内部检测和"法检"逐渐向第三方检测过渡,如有些食品检测已经向第三方检测机构开放。未来第三方检测会是行业的主流。

随着检测行业的快速发展,市场竞争的加剧,市场开始关注检测机构在检验检测各个环节的"一站式服务"能力和水平。"一站式服务"可以使客户在发展过程中满足仪器或产品的质量检验检测服务,还可满足现场校准、修理、维护企业的在用计量器具,咨询、培训、建标,客户企业所经营行业的行业信息需求,培训需求、研发需求、实验室咨询、人才培养、质量体系认证、验货等高质量的综合服务。如果客户能从一家质量检验检测机构获得以上所有或绝大多数服务内容,就不会浪费时间和精力去寻找多家质量检验检测服务机构。检测机构应顺应市场需求,加强自身能力建设,强化自身的经营模式。

从检验检测市场规模看,我国已是检测行业的"世界大国"。2019 年,检验检测业务量已突破 3000 亿元人民币。由于检验检测准入"门槛"低,近年来,民营检验检测机构数量高速增长,成为推动检验检测市场发展的新生力量。结合近几年的发展前景,预计未来社会的各方面发展对质检行业的需求仍会增加,市场规模也会进一步扩大,按近年的平均增速来看行业市场规模有望达到 4800 亿元。

3.2　质量检测产业发展历程

我国质量检验检测行业是在政府逐步放松管制的基础上逐步发展起来的,其发展进程与政府对行业的相应政策紧密相关。1989 年前,我国政策限制有关产品质量检测需由国家质检机构统一承担。到 1989 年后,政策逐渐开放,质检行业民营企业开始发展,近 10 年,我国私营检测机构数量迅速增加,行业集中度较低,随着质检标准的不断提升,行业中许多企业面临被淘汰的局面,经过市场筛选,2020 年后形成自由市场,行业发展趋于成熟。

我国检测行业发展历程如表 3 - 1 所列。

表 3 - 1　我国检测行业发展历程

时间	简介
起步	
20 世纪初至新中国成立	以检验农畜产品起步
新中国成立后	国家颁布了《商品检验暂行条例》《输出输入商品检验暂行条例》《现行实施检验商品种类表》等规章条例,对进出口商品的质量进行规范化管理
1978 年	成立了专门的计量机构国家计量总局和标准机构国家标准总局
1988 年	国务院将国家标准局、国家计量局、国家经委质量局合并后组建国家技术监督局,国内检测行业初步发展
1989 年 4 月 1 日	《中华人民共和国标准化法》正式实施,其中明确规定将标准划分为强制性标准和推荐性标准,不符合强制性标准的产品禁止进行生产、销售和进口
1993 年	《中华人民共和国产品质量法》开始实施,对不符合国家标准的产品规定了明确的处罚措施。国家各级质量技术监督部门以及各行业纷纷开始设立检测机构,对相关产品的质量管理提供检验检测服务
2000 年	《关于修改〈中华人民共和国产品质量法〉的决定》获得通过,其中第一次明确提到了从事产品质量检测、认证的社会中介机构。"实验基地建设"和"技术监督"作为国家重点鼓励发展的产业列入《当前国家重点鼓励发展的产业、产品和技术目录(2000 年修订)》。社会化的第三方检测机构开始逐步得到国家的认可,检测行业在国家政策的鼓励下逐步发展壮大
快速发展期	
2001 年加入 WTO	我国政府加入世贸组织的承诺,加入 WTO 后四年内(最迟到 2005 年 12 月 11 日)允许外资进入中国的服务贸易市场。外资检测机构凭借雄厚的资本实力和丰富的运作经验全面进入中国检测市场,成为中国检测市场的重要部分。外资检测机构与民营检测机构成独立第三方检测的主体,国有检测机构利用其传统垄断优势占据了政府强制性检测市场。政府强制性检测市场主要包括各部委的质检、商检、环保、卫生等各种认证要求的强制性认证及各级政府(含省、市、县、镇等)的各种认证要求的强制性检测,目前该部分市场占全部检测市场的 55% 左右。独立第三方检测是政府强制性检测之外的全部检测内容,占全部检测市场的 40% 左右。我国政府逐渐放开对检测市场的监管,国内第三方检测机构越来越得到认可和重视

（续）

时间	简介
2011 年 12 月	国务院发布了《关于加快发展高技术服务业的指导意见》，要求重点推进包括检验检测在内的高技术服务业发展，到 2015 年成为国民经济的重要增长点。《指导意见》明确指出，推进检验检测机构市场化运营，提升专业化服务水平；培育第三方的质量和安全检验、检测、检疫、计量、认证技术服务；鼓励检验检测技术服务机构由提供单一认证型服务向提供综合检测服务延伸等发展方向
2012 年 2 月	科技部发布了《现代服务业科技发展"十二五"专项规划》，提出围绕生产性服务业、新兴服务业、科技服务业等重点领域，加强商业模式创新和技术集成创新，突破一批共性关键技术，形成一批系统解决方案，建立完善现代服务业技术支撑体系、科技创新体系和产业发展支撑体系。在对"科技服务业"的描述中指出，"开展区域产业共性技术创新平台建设，为科技型企业提供委托研发、检验测试、技术培训等服务"
2012 年 2 月	国务院发布的《质量发展纲要（2011—2020 年）》提出，全面提高各行各业的质量管理水平，在夯实质量发展基础方面，要加快检验检测技术保障体系建设。推进技术机构资源整合，优化检验检测资源配置，建设检测资源共享平台，完善食品、农产品质量快速检验检测手段，提高检验检测能力。建立健全、科学、公正、权威的第三方检验检测体系，鼓励不同所有制形式的技术机构平等参与市场竞争

3.3 相关法律法规与政策

3.3.1 质量检测行业相关的法律法规

质量检测行业相关的法律法规如表 3-2 所列。

表 3-2 质量检测行业相关的法律法规

实施时间	类别	名称	相关内容
实体性规范			
1986 年施行 2018 年修订	法律	《中华人民共和国计量法》	在中华人民共和国境内，建立计量基准器具、计量标准器具，进行计量检定、制造、修理、销售、使用计量器具，必须遵守本法
1987 年施行 2018 年修订	行政法规	《中华人民共和国计量法实施细则》	使用实施强制检定的工作计量器具的单位和个人，应当向当地县（市）级人民政府计量行政部门指定的计量检定机构申请周期检定。 企业、事业单位应当配备与生产科研、经营管理相适应的计量检测设施，制定具体的检定管理办法和规章制度，规定本单位管理的计量器具明细目录及相应的检定周期，保证使用的非强制检定的计量器具定期检定

79

（续）

实施时间	类别	名称	相关内容
1993年施行 2009年修订	法律	《中华人民共和国产品质量法》	在中华人民共和国境内从事产品生产、销售活动，必须遵守本法。 本法所称产品是指经过加工、制作，用于销售的产品
2011年施行	部门规章	《产品质量监督抽查管理办法》	省级质量技术监督部门负责制定本行政区域年度监督抽查计划。 组织监督抽查的部门应当依据法律法规的规定，指定有关部门或者委托具有法定资质的产品质量检验机构承担监督抽查相关工作
2015年施行	部门规章	《产品质量监督抽查实施规范（2015版）》	依据《产品质量监督抽查管理办法》，结合产品质量监督抽查实施规范的执行情况和产品标准变化情况，组织对已发布的监督抽查实施规范进行了全面修订，并组织制定了部分新产品的监督抽查实施规范，形成了《产品质量监督抽查实施规范（2015版）》，共涉及234类产品
1989年施行 2017年修订	法律	《中华人民共和国标准化法》	为了发展社会主义商品经济，促进技术进步，改进产品质量，提高社会经济效益，维护国家和人民的利益，使标准化工作适应社会主义现代化建设和发展对外经济关系的需要，制定本法
1990年施行	行政法规	《中华人民共和国标准化法实施条例》	依据《中华人民共和国标准化法》制定
1989年施行 2014年修订	法律	《中华人民共和国环境保护法》	为保护和改善环境，防治污染和其他公害，保障公众健康，推进生态文明建设，促进经济社会可持续发展，制定本法。 国家建立、健全环境监测制度。国务院环境保护主管部门制定检测规范，会同有关部门组织监测网络，统一规划国家环境质量检测站（点）的设置，建立监测数据共享机制，加强对环境监测的管理
程序性规范			
2015年施行	部门规章	《检验检测机构资质认定管理办法》）	国家认证认可监督管理委员会负责检验检测服务机构资质认定的统一管理，组织实施、综合协调工作。 各省、自治区、直辖市人民政府质量技术监督部门负责所辖区域内检验检测服务机构的资质认定工作。 县级以上人民政府质量技术监督部门负责所辖区域内检验检测服务机构的监督管理工作

3.3.1.1　计量法

（1）实施时间和主要内容：《中华人民共和国计量法》于 1986 年 7 月 1 日起实施,2018 年 10 月第五次修正。其主要内容是：计量单位制度和法定计量单位,量值传递和计量器具的管理,政府计量行政部门的法律地位、职责、权利和义务,计量监督和计量检定体制,以及违法行为应负的法律责任等。计量法的调整对象,是国家机关、社会团体、企业、事业单位、个人之间的在计量方面所发生的各种关系。具体包括建立计量基准、标准,进行计量检定、校准,制造、修理、销售、使用计量器具等。

（2）计量法律体系：分为三个层次。第一个层次是法律,也就是计量法;第二个层次是法规,包括行政法规、地方法规;第三个层次是规章,包括原国家质检总局制定的在全国执行的规章,和各省市自治区政府以及省市政府所在地的市政府和国务院批准的较大市的市政府制定的规章。

3.3.1.2　标准化法

（1）实施时间：标准化法于 1989 年 4 月 1 日起实施,2017 年 11 月修订。

（2）标准的分级：分为国家标准、行业标准、地方标准、团体标准和企业标准。

（3）标准的分类：分为基础标准、产品标准、方法标准、安全卫生与环境保护标准等四类。

（4）标准的性质：保障人体健康、人身财产安全的国家标准和法律、行政法规规定强制执行的标准是强制性标准,其他标准是推荐性标准。强制性标准必须执行,不符合强制性标准的产品,禁止生产、销售和进口。推荐性标准国家推荐企业自愿采用。一项推荐性标准一旦纳入国家指令性文件,在一定范围内该标准就具有强制推行的性质;如果一项推荐性标准被企业明示作为组织生产和交货依据时,便可作为标准化行政管理部门对该企业贯彻执行标准情况的监督检查依据之一,具有了强制性。

（5）标准法律体系：和计量法律体系一样,也是由法律、法规、规章三个层次组成。

3.3.1.3　产品质量法

1）实施时间和主要内容

产品质量法是第七届全国人民代表大会常务委员会第 30 次会议于 1993 年 2 月 22 日通过,2018 年 12 月 29 日第十三届全国人民代表大会常务委员会第七次会议修订。产品质量法规定产品质量监督管理以及生产经营者对其生产经营的缺陷产品所致他人人身伤害或财产损失应承担的赔偿责任等问题。产品质量法对产品质量检验机构的条件和能力、资格考核、出具公正数据、一般行为规范以及法律责任等作出了明确规定。

2）产品质量法的调整范围

产品质量法中的产品是一个特定的概念，有特定的范围，它仅指经过加工、制作，用于销售的产品。这里所称的产品有两个特点：一是经过加工制作，也就是将原材料、半成品经过加工、制作，改变形状、性质、状态，成为成品，而未经加工的农产品、狩猎品等不在其列；二是用于出售，也就是进入市场用于交换的商品，不用于销售仅是自己为自己加工制作所用的物品不在其列。

3）产品质量监督管理的基本格局

产品质量法是一部为了加强对产品质量的监督管理而制定的法律，在这部法律的制定和修改过程中，反复研究了对产品质量实施监督管理的体制，确定了不同主体之间的职能分工，形成产品质量监督管理的基本框架。

（1）产品质量管理的主体是企业，产品质量是企业活动的结果，因此规定生产者、销售者应当建立健全内部产品质量管理制度，依法承担产品质量责任。

（2）政府应当对产品质量实施宏观管理，将提高产品质量纳入国民经济和社会发展规划，加强统筹规划和组织领导，引导、督促生产者、销售者加强产品质量管理，提高产品质量。

（3）政府产品质量监督部门主管产品质量监督工作，国家对产品质量实行监督检查制度。

在这种框架中，企业对产品质量管理的权利和义务，政府部门宏观管理的职能，国家对产品质量实施监督的权力都是明确的。政府和企业，监督和管理，宏观管理与直接管理之间，职能不同、责任不同，这是符合产品质量特点的，也是符合社会主义市场经济基本要求的，有利于实现对产品质量监督管理的目的。这次对产品质量法修改时，增加了企业管理产品质量、政府引导督促的规定，同时准确地表明国家监督的职能，都是有积极意义的。

4）对产品质量检验机构的基本条件要求

《产品质量法》第十九条规定，产品质量检验机构必须具备相应的检测条件和能力。这里所指的检测条件和能力，主要是指我国按 ISO/IEC 17025 的规定，建立的检验机构的通用要求国家标准中规定的条件和能力，包括组织机构、检验人员、质量体系、检测设备、工作环境、管理制度等，具体如下：

（1）具有能圆满完成技术职能和明确法律地位的组织机构。

（2）检验人员经过必要的教育、培训，具有胜任本职工作的业务能力和熟悉的操作技能。

（3）制定适合检验任务的内部质量保证体系。

（4）具备与所承担的检验任务相适应的仪器设备。

（5）工作环境应保证检测结果的有效性和准确性。

（6）建立健全各项基本的管理制度。

检验机构只有符合上述几方面的基本条件,并经省级以上人民政府产品质量监督管理部门或者其授权部门考核合格后,方可承担产品检验工作。

5）产品检验机构的分类

（1）按照《中华人民共和国标准化法》的规定,产品质量检验机构分为两类,一类是县级以上人民政府产品质量监督部门根据需要依法设置的检验机构;另一类是县级以上人民政府产品质量监督部门授权的其他单位的产品质量检验机构。此外,还有一类检验机构属于社会中介组织性质的,它们不隶属于任何政府部门和事业单位,依法设立,经有关部门考核合格后,依法独立承担产品质量检验任务。

（2）按照我国对产品的管理法规划分,分为法定的产品质量检验机构（包括依法设置、依法授权的质检机构）、专业检验机构（如进出口商品检验、食品卫生检验、药品检验等）、企业质检机构等。

（3）按照质检机构与买方、卖方的关系,分为第一方、第二方和第三方检验机构。

6）产品检验机构的主要职责

（1）承担指定的产品质量检验,各种委托检验及产品质量争议的仲裁检验。

（2）市场产品监督抽查中的质量检验。

（3）承担新产品投产前的质量鉴定检验和产品质量认证检验。

（4）指导和帮助企业建立健全产品质量检验制度。

（5）为实施产品质量监督提供技术保障。

3.3.2　相关政策

自"十二五"规划颁布以来,检验检测行业作为高技术服务业备受关注,国家陆续出台了一系列行业支持政策。近年来,随着国家经济增速放缓,国务院开始着力对供给侧进行结构性改革,而检验检测行业对于我国进行产业升级,提升产品质量、科技水平至关重要,再一次被列入五年规划纲要。目前检测行业的相关政策如表 3-3 所列。

表 3-3　检测行业的相关政策

颁布时间	颁布部门	政策名称	相关内容
2011 年 3 月	全国人大	《中国国民经济和社会发展第十二个五年规划纲要》	以高技术的延伸服务和支持科技创新的专业化服务为重点,大力发展高技术服务业,积极发展检验检测、知识产权和科技成果转化等科技支撑服务

（续）

颁布时间	颁布部门	政策名称	相关内容
2011 年 12 月	国务院办公厅	《国务院办公厅关于加快发展高技术服务业的指导意见》	该意见将检验检测服务业列为国家重点发展的八个高技术服务业领域之一,提出了发展检验、检测、检疫、计量、认可技术服务,实施技术标准战略,加强测试技术和方法等基础能力研究,建设战略性新兴产业等重点行业产品质量检测体系等重点任务。鼓励检验检测技术服务机构由提供单一认证型服务向提供综合检测业务延伸
2012 年 2 月	国务院	《质量发展纲要 2011—2020 年》	加强质量管理、检验检测、计量校准、合格评定、信用评价等社会中介组织建设,推动质量服务的市场化进程
2013 年 3 月	国务院	《计量发展规划 2013—2020 年》	量传溯源体系更加完备,测试技术能力显著提高,进一步扩大在食品安全、生物制药、节能减排、环境保护以及国防建设等重点领域的覆盖范围
2014 年 3 月	中央编办等	《关于整合检验检测认证机构的意见》	到 2020 年,形成布局合理、实力雄厚、公正可信的检验检测认证服务体系,培育一批技术能力强、服务水平高、规模效益好、具有一定国际影响力的检验检测认证集团
2014 年 8 月	国务院	《国务院关于加快发展生产性服务业 促进产业结构调整升级的指导意见》	我国生产性服务业重点发展研发设计、第三方物流、融资租赁、信息技术服务、节能环保服务、检验检测认证、电子商务、商务咨询、服务外包、售后服务、人力资源服务和品牌建设
2014 年 10 月	国务院	《国务院关于加快科技服务业发展的若干意见》	意见再次将检验检测认证业列为重点发展的八项科技服务业之一。意见提出加快发展第三方检验检测认证服务,鼓励不同所有制检验检测认证机构平等参与市场竞争
2015 年 3 月	原国家质检总局	《全国质检系统检验检测认证机构整合指导意见》	到 2020 年,基本完成质检系统检验检测认证机构政事分开、管办分离、转企改制等改革任务,经营类检验检测认证机构专业化提升,规模化整合、市场化运营,国际化发展取得显著成效,形成一批具有知名品牌的综合性检验检测认证集团
2016 年 3 月	全国人大	《中国国民经济和社会发展第十三个五年规划纲要》	以产业升级和提高效率为导向,发展工业设计和创意、工程咨询、商务咨询、法律会计、现代保险、信用评级、售后服务、检验检测认证、人力资源服务等产业

（续）

颁布时间	颁布部门	政策名称	相关内容
2016 年 7 月	原国家质检总局	《质量监督检验检疫事业发展"十三五"规划》	强化计量基础地位,加强检验检测技术能力建设,加强共性检验检测技术和仪器装备开放发展,形成布局合理、实力雄厚、公正可信的检验检测服务体系,打造一批检验检测认证知名品牌
2016 年 11 月	原国家质检总局等 32 部委	《认证认可检验检测发展"十三五"规划》	该规划指出,增强检验检测认证市场主体活力,加快国有检验检测认证机构改革。鼓励引入社会资本参与国有机构改革,推动具备条件的国有检验检测认证机构上市。推动检验检测认证供给侧改革,引导国有检验检测认证资源向关系行业发展的关键领域聚焦,向技术密集、资源密集的基础性、战略性领域集中。总体来看,"十三五"认证认可检验检测服务业将继续保持较快增长,进一步发挥新兴服务业的引领作用,同时在产业结构布局、核心竞争力、创新能力等方面将有显著提升
2018 年 1 月	国务院	《国务院关于加强质量认证体系建设,促进全面质量管理的意见》	培育发展检验检测认证服务业。制定促进检验检测认证服务业发展的产业政策,对符合条件的检验检测认证机构给予高新技术企业认定。鼓励组建产学研用一体化的检验检测认证联盟,推动检验检测认证与产业经济深度融合
2018 年 11 月	国家统计局	《战略性新兴产业分类(2018)》	该分类将检验检测认证服务业列入战略性新兴产业

↳ 3.4　认证相关知识介绍

　　认证是指由认证机构证明产品、服务、管理体系符合相关技术规范、相关技术规范的强制性要求或者标准的合格评定活动。我国目前开展的产品认证按性质可以分为强制性产品认证和自愿性产品认证。

　　国际通行的认证分为体系认证和产品认证两大类,体系认证如 ISO9000 认证、ISO14000 认证等,产品认证如 UL、CE 等,产品认证又分为安全认证和品质认证。

　　根据国外研究,目前全球技术检测认证市场规模约合 6000 亿元人民币。随着技术进步、产品更新换代加快和国际分工深化,全球检测认证行业将保持

15% 左右的快速增长。而伴随快速发展的贸易活动,2002 年以来,检测认证行业成为我国发展前景最好、增长速度最快的服务业之一,其中以民营和外资为主的第三方检测市场最具活力,一直保持 30% 以上的增长速度。

TUV 南德意志集团(简称 TUV SUD)是全球领先的权威认证集团公司,服务范围覆盖了咨询、检验、测试、专家指导、认证和培训服务领域。经过近 40 年的发展,机构规模已经发展到目前的 12000 多人,130 个分支机构遍布全球近 50 个国家和地区,每年检测与认证服务产值约为 16 亿欧元。美国 UL 安全检测实验室、FCC、德国 VDE、瑞士 SGS、英国 BST 等国际知名认证机构在认证业务方面都已规模化、产业化。

2009 年 12 月,国家认证认可监督管理委员会授权中国电子科技集团公司第五十四研究所开展卫星导航产品认证工作,第五十四研究所成为首家在中国境内开展卫星导航产品认证的专业机构。

我国各北斗管理部门也在积极推动北斗卫星应用产品检测认证工作。2012 年 8 月,中国国家认证认可监督管理委员会与中国人民解放军总参谋部测绘导航局在北京签署《共同开展北斗导航检测认证体系建设的战略合作协议》。根据该协议,我国于 2015 年前完成"北斗"导航产品标准、民用服务资质等法规体系建设,形成初步的权威、统一的标准体系。

2013 年 8 月,中国国家认证认可监督管理委员会与中国人民解放军总参谋部测绘导航局联合批准中国电子科技集团公司第五十四研究所成立"国家通信导航与北斗卫星应用产品质量监督检验中心"和"北斗卫星导航产品质量检测中心"。两个中心的主要任务是制定北斗卫星导航及卫星应用标准;研究北斗卫星导航设备检测方法和测试技术;开展北斗卫星导航产品检测认证;提升北斗卫星导航产品质量,推动北斗卫星导航产业发展;向行业主管部门、政府有关部门及广大消费者提供产品质量信息。

3.5　北斗卫星应用产品认证体系

北斗卫星应用产品认证体系以《共同开展北斗导航检测认证体系建设的战略合作协议》为指导思想,首先在全国范围内筹建 3 家国家级北斗卫星导航产品质量检测中心,6 家区域级北斗卫星导航产品质量检测中心,2 家北斗卫星导航产品认证机构,并逐步建立健全北斗卫星导航产品检测认证制度及文件体系;然后,在全国范围内增加 4~6 家行业级中心和 2~3 家区域级中心,提升北斗卫星导航检测体系在全国范围内的检测服务能力。根据国家认监委在官网发布的《北斗卫星导航检测认证 2020 行动计划》,到 2020 年,建成一个至少由 3 个国家级质检中心、8个区域级中心和6个行业级中心组成的北斗卫星导航检测体系。

北斗卫星导航产品检测认证体系建设包括组织体系建设、制度及文件体系建设两部分。组织体系包括管理部门、检测机构、认证机构、用户及产品、报告及证书五个部分(图3−1),其中前三项为主要建设内容。制度及文件体系包括检测认证相关国家法律法规、北斗卫星导航产品检测认证相关规章制度、北斗卫星导航产品检测认证相关标准及实施细则、检测认证机构相关文件4个层级(图3−2),其中后三个层级为主要建设内容。

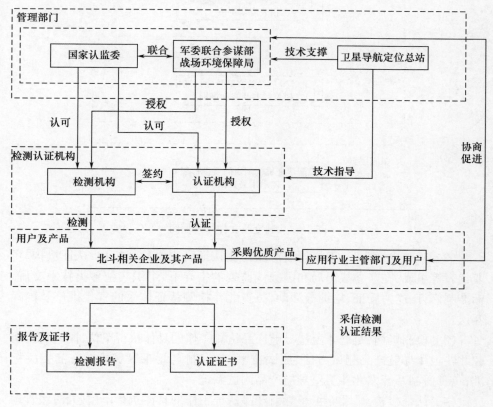

图3−1　组织体系关系图

1. 组织体系建设

(1)管理部门:军委联合参谋部战场环境保障局、国家认监委、卫星导航定位总站。军委联合参谋部战场环境保障局和国家认监委协同负责检测及认证机构的授权、管理、日常监督工作,负责成立北斗检测认证技术专家委员会,负责研究制定北斗卫星导航产品检测认证相关政策等。卫星导航定位总站负责北斗卫星导航产品检测认证体系规划及高端设计等。

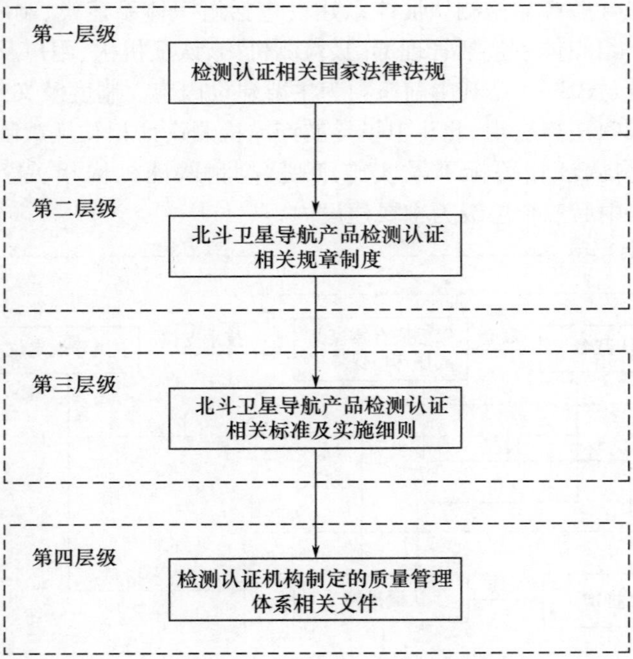

图 3-2　制度及文件体系框图

（2）联盟：中国北斗卫星导航产品检测认证联盟由检测机构、认证机构、企业代表等组成，在联参战保局和国家认监委的指导下，组织实施各类技术交流、标准制修订、能力验证、培训等活动，负责北斗检测认证体系的宣传推广及国际互认。

（3）检测机构：是北斗卫星导航产品检测工作的具体执行单位，同时负责研究北斗卫星导航产品测试方法、测试技术；负责制定北斗卫星导航产品相关标准；负责研制及开发北斗卫星导航产品测试系统。

（4）认证机构：是北斗卫星导航产品认证工作的具体执行单位，同时在管理部门的指导下，负责制定北斗卫星导航产品认证目录；负责制定各类北斗卫星导航产品认证实施细则；负责研究北斗卫星导航产品认证技术；负责设计北斗卫星导航产品认证证书及标志，负责北斗卫星导航产品认证推广及国际互认。

2. 制度及文件体系建设

（1）第一层级：检测认证相关国家法律法规，如《产品质量法》《计量法》《标准化法》《认证认可条例》等。

（2）第二层级：北斗卫星导航产品检测认证相关规章制度，如《北斗卫星导航产品质量检测机构能力要求》《北斗卫星导航产品质量检测机构审查办法》《北斗卫星导航产品认证机构管理办法》《北斗卫星导航产品认证及审查、培训、咨询人员管理办法》《北斗卫星导航产品认证证书及标志管理办法》《北斗卫星导航认证产品目录》等。

（3）第三层级：北斗卫星导航产品检测认证相关标准及实施细则，如《北斗卫星导航通用模块技术要求及测试方法》《北斗卫星导航系统导航型终端通用规范》《北斗卫星导航系统定时型终端通用规范》《北斗卫星导航系统测量型终端通用规范》《北斗卫星导航系统位置报告/短报文型终端通用规范》《北斗卫星导航系统导航型终端认证实施细则》《北斗卫星导航系统定时型终端认证实施细则》《北斗卫星导航系统测量型终端认证实施细则》《北斗卫星导航系统位置报告/短报文型终端认证实施细则》等。

（4）第四层级：检测认证机构制定的质量管理体系相关文件，如各机构为开展北斗卫星导航产品检测、认证业务制定的质量手册、程序文件以及相关检验细则、操作规程等文件。

↘ 3.6 北斗导航应用产品检测机构介绍

军委联合参谋部战场环境保障局和国家认监委协同负责检测及认证机构的授权。截至 2020 年底，已有 3 家机构获国家中心授权，有 7 家机构获区域中心授权，2 家机构获行业中心授权。

已获授权的北斗卫星导航产品质检中心目录如表 3-4 所列。

表 3-4 北斗导航产品质检中心目录

序号	检测中心名称	单位名称	类别
1	国家通信导航与北斗卫星应用产品质量监督检验中心	中国电子科技集团公司第五十四研究所	国家中心
2	国家卫星导航与定位服务产品质量监督检验中心	上海市计量测试技术研究院	国家中心
3	国家卫星导航与应用产品质量监督检验中心	工业和信息化部电子第五研究所	国家中心
4	北斗卫星导航产品 2101 质量检测中心	中国航天科工集团第二研究院二〇三所	区域中心（北京）
5	北斗卫星导航产品 2201 质量检测中心	江苏北斗卫星导航检测中心有限公司	区域中心（南京）

（续）

序号	检测中心名称	单位名称	类别
6	北斗卫星导航产品2301质量检测中心	国防科学技术大学	区域中心（长沙）
7	北斗卫星导航产品2401质量检测中心（筹）	中国电子科技集团公司第七研究所	区域中心（广州）
8	北斗卫星导航产品2501质量检测中心	中国电子科技集团公司第十研究所	区域中心（成都）
9	北斗卫星导航产品2502质量检测中心（筹）	重庆市计量质量检测研究院	区域中心（重庆）
10	北斗卫星导航产品2601质量检测中心	中国电子科技集团公司第二十研究所	区域中心（西安）
11	信息通信产品（电信终端）北斗卫星导航应用质量检测中心（筹）	中国信息通信研究院	行业中心（北京）
12	信息通信产品（无线电发射设备）北斗卫星导航应用质量检测中心（筹）	国家无线电监测中心检测中心	行业中心（北京）

1. 国家通信导航与北斗卫星应用产品质量监督检验中心（北斗卫星导航产品1001质量检测中心）

设立在河北省石家庄市的中国电子科技集团公司第五十四研究所,是中国卫星导航定位应用管理中心与国家认证认可监督管理委员会联合批准建立的国家级北斗卫星导航产品质量检测中心。中心拥有全面的资质和国际先进的测试环境,实验室总面积11800m²,拥有总价上亿元的仪器、设备400多台（套）。中心具备丰富的卫星导航产品测试经验,承担国家质量监督检验、产品质量认证检验、仲裁检验、工业产品生产许可证检验、科研成果鉴定检验等任务;开展测试、检验等技术方法的研究;承担国家/行业/地方标准的制修订等工作;为国内外客户提供检验、测试、测评、培训、咨询等服务。

中心具备资质:

（1）中国人民解放军总参测绘导航局批准的国家级北斗卫星导航产品质量检测中心;

（2）交通部道路运输车辆卫星定位系统平台标准符合性检测机构;

（3）交通部道路运输车辆卫星定位系统车载终端标准符合性检测机构;

（4）交通部北斗兼容车载终端标准符合性检测机构;

（5）全国工业产品生产许可证办公室卫星电视广播地面接收设备审查部、

无线广播电视发射设备审查部；

（6）工信部工业产品（通信导航）质量控制和技术评价实验室；

（7）河北省通信导航工程实验室；

（8）国内唯一的卫星导航产品认证机构。

在卫星导航产品检测认证领域，该中心是首个国家级卫星导航产品专业检测机构和国内目前唯一的认证机构，是交通部道路运输车辆卫星定位系统车载终端、平台标准符合性检测机构，是交通部北斗兼容车载终端检测机构。已建立由多模全球卫星系统模拟器、天线测试室内外场、抗干扰测试系统、批量化测试系统、组合惯导测试系统、定时测试系统等组成的国内功能最全的"卫星导航产品检测服务平台"，提供覆盖北斗一号、北斗二号、GPS、GLONASS、GALILEO 系统下导航型、授时型、高精度测量型、高动态型的芯片、模组、终端、附件等卫星导航产品检测认证服务，提供卫星导航产品研发验证、测试、批量测试、可靠性试验、安全性检测、失效分析、质量提升等一站式解决方案。

2. 国家卫星导航与定位服务产品质量监督检验中心（北斗卫星导航产品 1002 质量检测中心）

国家卫星导航与定位服务产品质量监督检验中心（上海）（以下简称"中心"）由国家质量监督检验检疫总局和国家认证认可监督管理委员会在上海市计量测试技术研究院的基础上批准建立，经中国人民解放军军委联合参谋部战场环境保障局和中国卫星导航定位应用管理中心授权开展北斗卫星导航产品质量检测工作。中心充分发挥已有的技术基础和能力优势，积极把握卫星导航与定位产业加速发展的机遇，建立了 GNSS 授时产品检测系统、GNSS 导航型产品检测系统、GNSS 测量型产品检测系统、A－GPS 与位置服务产品检测系统、天线测试系统、基础性能检测系统等并拥有基线场检测能力。中心设有电子电气、基础性能、机械制造三个专业检测研究室，在浦东新区、徐汇区设有固定实验室场所，实验室面积超过 10000m^2，配置专用仪器设备总值近 2 亿元。中心建有时间频率实验室、卫星导航终端检测实验室、高精度测量终端检测实验室、室内外定位终端检测实验室、通信辅助导航检测实验室以及电磁兼容、环境、安全检测实验室等。中心紧密对接卫星导航产业检测发展，2015 年 10 月，获得了中国船级社对国内首家北斗船用接收机检测机构的资质能力认可。

中心可开展对 GNSS 授时型产品（模块）、GNSS 导航型产品（模块）、GNSS 测量型产品（模块）、组合导航和位置服务终端产品（模块）及天线等五大类共 56 种产品的检测，包括同步时钟、授时接收机、时间频率接收机、导航仪、GNSS 定位定向仪、GNSS 接收机射频模块及基带处理集成电路、GNSS 接收机 OEM 板、船用全球定位系统接收机及船用导航设备、卫星导航船舶监管信息系统船载终端、危化品汽车运输安全监控车载终端、公共交通调度车载终端、汽车行驶记录仪、测地型接收机、高精度手持 GPS 定位仪、CORS 参考站、车载信息终端、船载信息终端、A－GNSS 终端、导航天线、RFID 天线、EMC 天线等。

开展的主要检测项目有定时准确度、定时稳定度、频率稳定度、频率准确度、静态定位精度、动态定位精度、捕获灵敏度、跟踪灵敏度、测速精度、完好性测试、捕获时间、输入电压驻波比、噪声系数、输出馈电电压、1dB 压缩点输入功率、三阶互调抑制度、增益控制范围、总增益、带外抑制、正交特性、A－GPS 辅助导航等。

3. 国家卫星导航及应用产品质量监督检验中心（北斗卫星导航产品 1003 质量检测中心）

国家卫星导航及应用产品质量监督检验中心，以工业和信息化部电子第五研究所（中国赛宝实验室）（简称"电子五所"）的科研和技术服务能力为依托，经原总参测绘导航局及工业和信息化部推荐，由国家认证认可监督管理委员会于 2014 年 2 月批准筹建，并于 2016 年 5 月获得正式授权。

在卫星导航及应用产品领域，具备开展卫星导航及应用产品的性能检测、软件评测、电磁兼容测试、可靠性与环境试验、失效分析和数据分析等能力，检测对象覆盖卫星导航的基础类产品、终端产品、系统集成产品及运营服务。主要能力范围包括导航终端产品的性能与功能检测、导航终端产品的安全检测、导航终端产品的电磁兼容性检测、卫星导航芯片端口特性参数检测、卫星导航芯片射频特性参数检测、卫星导航芯片导航性能检测、卫星导航模块性能检测、导航应用产品的可靠性与环境适应性试验、基础类产品软件质量检测、终端产品软件检测、系统集成产品及运营服务软件检测等。

↘ 3.7　北斗产品检测面临的挑战

国家卫星应用产品质量监督检验中心陈强副总工程师在《北斗导航发展现状和产品测试服务面临的挑战》中提到，对于测试服务，当前测试类别分为验证测试、符合性测试、优化测试等几类，并选择模拟器测试、真实环境测试（采集回放测试）、通用仪器测试中的一种方法对产品的客观真实进行评估、产品之间的整体优劣进行评价、产品缺陷与不足进行分析，在测试过程中，测试方法科学性、数据真实性、结果可信性、分析准确性成为测试难点。具体面临的挑战有：①测试能力及方法方面。高精度测试，随着北斗系统升级、地基增强星基增强建设以及高精度产品高端低用进入大众领域，在实际复杂环境下的动态测试采用传统手段将面临困难；组合导航测试，目前组合导航产品测试是通过更高等级的组合导航系统实现,本身就已经存在测试系统溯源困难的问题,陀螺利用精密转台检定、导航单独测试的方式有明显缺陷;辅助导航测试,国内测试体系尚不成熟,国外测试方案投入大,目前采用专有方案和简化方案实现,测试方法、测试系统待完善;抗干扰测试,测试要求、方法针对不同产品各不相同,差异大、共性少,没有形成完整体系。②评估方面。产品指标体系内容多样,在符合指标要求的基础上如何进一步综合评估优劣没有评价标准,难以综合评价。③有关模拟器与实际环境测试。模拟器导航性能测试结果往往与实际环境中存在较大的差异。实际环境测试结果更为真实可信毋庸置疑,但是也存在不同时间地点测试数据的一致性较差、动态受限、成本高等问题,国内外目前出现了一种采集回放测试的折中方案,解决了一致性较差、成本高等问题。采集回放面临高精度产品测试基准数据的标定与时间同步,增强系统、辅助信息等的集成,组合导航产品的测试等问题;还有就是解决采集回放测试的合法性问题,为大家接受,写入标准。④未来的频点越来越多,欧洲电信标准化协会也在 2017 年刚开始推行 RED 测试,除海、陆、空军队和政府外,其他的都要做干扰和相对频点测试。中国也应该制定类似的标准来规范频点的使用。

第4章
卫星导航设备组成与检测项

卫星导航应用设备主要功能是接收、处理卫星信号,为用户提供位置、速度和时间等数据,根据不同的应用场景,卫星导航接收机可以设计成多种不同形态,从单频到多频、从单系统到多系统、从专业测量型到一般车载导航型,设计接收机时还需要考虑信号带宽、信号调制、伪码速率等技术指标,权衡工作性能、成本、功耗以及自主性等要求。通过前面对 GPS、北斗等卫星定位系统的描述可知,几种卫星定位系统功能与工作原理基本一致,主要包括接收天线、射频前端、基带数字信号处理、应用处理四个单元。本章主要通过对典型卫星导航应用设备的分类、设备组成与信息流程的介绍,使测试人员了解产品分类以及设备的基本原理,以便更好地理解、掌握相关检测技术。

↘ 4.1 卫星导航接收机分类

卫星导航接收机有军用与民用、单频与双频、单模与多模、测量型与授时型等多种分类,在形式上可以是单个卫星导航接收机,也可以集成或嵌入至其他系统中。

根据不同的用途和评价标准,卫星导航接收机可以分成多种类型,按用途可以分为定位/导航型、授时型、大地测量型、差分型四类;按照载波频率可以分为单频接收机、双(多)频接收机;按照通道种类可分为多通道接收机、序贯通道接收机、多路多用通道接收机;按照工作原理可分为码相关型接收机、平方型接收机、混合型接收机;按照接收卫星种类可分为单模接收机、双模接收机、多模接收机。虽然面向不同应用的定位终端在设计构造和实现形式上会存在一些差异,但是它们内部基本软硬件功能块的目标和工作原理却大体相近。

4.2　卫星导航设备结构

4.2.1　接收机结构

卫星导航设备的核心内容是捕获、跟踪、解调信号,译码卫星的星历、时钟偏差校正、电离层误差改正等导航电文数据,用户接收机才能够利用 PRN 码测量出卫星与用户机之间的距离,代入定位方程后才能给出位置、速度和时间等导航解,简称 PVT(Position Velocity and Time)结果,其中位置解算结果分别以导航卫星信号发射天线的接相位中心和用户机的收天线相位中心为参考点。

卫星导航设备接收机组成如图 4 – 1 所示。太空中的导航卫星发射的无线电信号被天线接收,然后通过射频通道将天线获取的电信号进行滤波放大至合适的幅度,并将 L 波段信号转换到合适的频率上以便进行模数转换,之后通过模拟/数字转换器(ADC)将信号变为数字信号,数字信号在处理器中通过去载波、解调、解扩、处理后获取位置、时间、速度信息,然后通过接口电路输送至用户显示设备,用户也可通过接口对导航设备的某些参数进行配置。

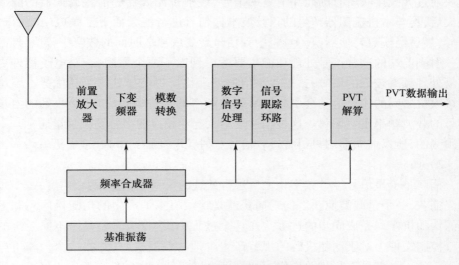

图 4 – 1　卫星导航设备接收机组成

下面以信号流的处理先后顺序具体介绍一下工作流程。

1)射频信号处理

卫星发射的射频信号通过空间的传播被天线接收下来,此时信号已经相当微弱,对于某些特定的场合如密林、室内等,信号功率电平可能低至 – 160dBm。如

95

此之低的射频信号需要精巧的电路处理才能满足被下一级进一步处理的要求。射频信号处理部分主要由以下几个部分组成:低噪声放大器、预选带通滤波器、下变频器、中频放大器、模数转换器。整个电路要完成的工作主要有以下几点:

(1)限制天线接收下来的信号的带宽,将有用信号从其他干扰中隔离出来。

(2)对射频信号进行下变频,使得信号的频率被变换到一个适合模数转换器处理的较低的中频频率。

(3)对信号进行放大,使得信号幅值能够达到模数转换器模拟输入信号的上限,放大工作主要分两部分来做:射频放大部分和中频可变增益放大部分。

射频信号处理电路也被称为射频通道,通道的整体增益要满足接收微弱信号时,模数转换器可以有幅值较大的数字量输出;接收较强信号时,整个通道的一级或多级不能因为输入信号功率太强而饱和。所以,通道应该有随着输入信号功率大小的不同而自动调节整个通道的能力。同时,整个通道的增益分配也是一个需要考虑的问题,即定下来的增益量有多少需要在变频之前实现,有多少需要在变频之后对中频信号实现。另一个需要考虑的问题就是射频通道的整体结构,常见的结构有超外差式、外差式和零中频式,三者各有不同射频前端处理模块通过天线接收所有的北斗卫星的信号,经前置滤波器和前置放大器的滤波放大后,再与本机振荡器产生的正弦波本振信号进行混频而下变频成中频(IF)信号,最后经模数转换器(A/D)将中频信号转变成离散时间的数字中频信号。

射频前端的这些信号处理功能主要考虑到以下两个原因:一是电子器件更容易处理频率较低的信号;二是数字信号处理比模拟信号处理更具优势。卫星与接收机之间的相对运动会引起信号载波频率的多普勒效应,使接收到的卫星信号的载波频率发生偏移。这种相对运动状况和相应的多普勒频移量通常是不可预测的,所以射频前端只得将接收信号从射频下变频到中频(或者近基带)。

2)捕获

捕获是卫星信号经过数字化之后进行处理的第一步,包括两个内容:一个是伪码捕获,一个是载波捕获。伪码捕获就是接收机本地产生的伪随机序列和卫星的伪随机序列完成同步的过程。在这个过程中,接收机需要参照不同系统的接口控制文件中对于伪随机码的规范产生本地的伪随机码,并将这个伪随机码和当前的卫星信号进行相关操作。如果接收机此刻产生的伪随机码正好对应于当前可见的卫星,那么伪随机码的自相关操作会指明粗略的码相位,具体精确到一个码片之内,此时接收机也完成了对这颗卫星的扩频信号的解扩。如果接收机此刻产生的伪随机码不是当前可见卫星所播发的,那么根据伪随机码的互相关特性,两者会产生很小的相关值,当这个相关值达不到捕获门限时,本地伪随机码被丢弃掉,接收机重新选取一个新的、可用的、与现有的伪随机码对应卫星编号不同的伪随机序列产生出来,重新进行相关运算,这一过程将一直持续到找到正确的本地伪码为止。另一方面,由于卫星在轨道上运动时和用户接收机有径向运动的速度分量,注意这个速度分量在用户接收机静止时也存在,所以其播发的信号的频率值会因为多普勒效应发生变化,这种变化被称为多普勒频移。这个变化会透过下变频处理传递到中频信号上,使得中频信号也表现出一定的多普勒频移,接收机要想提取出卫星信号搭载的导航电文,必须获取这个频率偏移值,获取这个频偏值的过程称为载波捕获。载波捕获的一般方法有 FFT 运算和频率扫描等。

综上所述,导航信号的捕获是一个对伪随机码和多普勒频移的二维搜索过程,其目的是保证本地载波的频率和卫星信号的相一致,本地产生的伪随机码和卫星信号的伪码相一致,最终实现本地信号和卫星信号的粗同步。

3)跟踪

信号捕获之后的下一个处理流程就是信号的跟踪。捕获处理实现了本地载波和伪随机码对卫星信号的粗同步,此时二者与卫星信号之间的差异需要保证在跟踪环路能够处理的能力之内,也即跟踪环的牵引带之内。捕获结果可以帮助接收机初始化跟踪环路的值并驱动接收机开始对信号进行跟踪操作。跟踪的目的是为了把中频载波和伪随机码彻底从导航电文上剥离下来。从通信的角度来看,捕获和跟踪共同完成了对 Direct Sequence Spread Spectrum(直接序列扩频,DSSS)信号的解调和解扩处理,得到了实际有用的信息流。与捕获相同,跟踪的对象也有两个,即载波和伪随机码,处理单元分别对应载波跟踪环路和码跟踪环路。载波跟踪环路可以剥离卫星信号的中频载波并完成多普勒频差及载波相位的测量,码跟踪环路可以剥离卫星信号的扩频码并完成码相位及伪距的测量。载波跟踪环路和码跟踪环路的组成结构相同,包含鉴相(频)器、环路低通滤波器和数控振荡器。工作流程如下:鉴相(频)器检测到本地信号和卫星信号之间的相位(频率)差异,经过环路滤波器滤除掉高频分量之后产生数控振荡器的控制信号,数控振荡器响应该信号并产生一个新的本地信号,此时二者的差异应该逐步缩小,最终保持一致,完成同步。具体来看,载波的跟踪要求本地载波同时与卫星中频信号的载波的频率和相位一致,也即要求二者是相干的,所以载波环一般由两个部分组成,一部分是锁频环,一部分是锁相环,这两个环路以锁频环辅助锁相环的方式工作。码跟踪环路的设计则更为精巧,接收机会产生三路时间上具有固定关系的本地伪随机码,分别称为超前码、即时码和滞后码,并将这三路伪随机码同时与卫星信号做相关操作。接收机通过比较相关值就能精确知道本地伪随机码和卫星信号之间的相位关系,并不断调整本地伪随机码,直到和卫星信号相对准,在即时码那一路通道上实现相关值的最大化。

4）解算

经过捕获和跟踪,接收机当前已经获取到卫星播发的导航电文,导航电文以比特流的形式给出。后面还需要完成的工作包括比特同步、帧同步、电文译码和位置方程组的求解。当所有任务完成时,接收机就可以把电文中的内容组装起来以形成测量值,这个测量值的形成需要伪随机码的整周期数、码相位和一些延迟参数的校正等信息,测量值的形成是位置方程组建立的基础。接收机最终通过一定的算法求解出位置方程组,并将得到的结果通过一定格式提供给用户。

4.2.2　接收机天线

接收天线是卫星导航接收机处理卫星信号的首个器件,它将接收到的卫星所发射的电磁波信号转变成电压或电流信号,以供接收机射频前端摄取与处理。卫星导航接收机赖以定位的信息基本上全部来自天线接收到的卫星信号,所以接收天线的性能直接影响着整个接收机的定位性能,它对接收机整体所起的作用与贡献绝对不容忽视。

接收天线作为导航设备中最为重要的模块之一,其接收卫星信号的能力直接影响到设备的工作效率。天线的作用是在卫星和设备之间形成一条转换通道,完成电磁波信号和电信号间的转换,导航设备中天线的作用就是接收卫星从太空中传回的电磁波。由于卫星导航设备会应用到多种不同的环境和场合中,如疾驰的火车,地形条件复杂的深山,气候环境恶劣的南北极等特殊地点,要保证导航定位的准确性,传统的线极化信号难以满足要求。不同于线极化天线,圆极化天线能够接收到的信号并不受极化方式的限制,任意极化方式的信号都能够被接收。因此,装配了圆极化接收天线的导航设备可以尽可能少地避免信号的遗漏,还能抑制雨雾等环境干扰和抵抗多径反射,卫星导航设备一般都采用圆极化天线作为终端天线。

针对导航卫星信号的特点和卫星导航接收机的测量、定位原理,这里首先介绍卫星导航接收天线设计中的几个考量因素,然后再介绍几种常见的卫星导航信号接收天线类型。

增益的指向性是天线的一个主要特征。为了提高其信号接收能力和抗干扰能力,天线在设计上必须具有适于系统的良好的增益分布。例如,对于日常生活中应用的手持式北斗导航接收机来说,我们希望其接收天线是全向性天线,因而不管我们朝哪个方向把持接收机,全向性天线总能均匀地接收到各个方向上的可见卫星信号。然而对于一些基准站等处于静止状态的接收系统来说,因为北斗导航卫星信号经地面反射后一般从斜向上方向进入天线,所以减少天线对地平线以下空间方向上的增益有助于降低对反射信号的接收。事实上,减少低仰角方向上的天线增益正是多路径抑制天线的主要设计原理。

当然,对于天线增益分布的规划还应该考虑其他因素和限制。在基本上不影响接收机的多路径抑制能力的前提下,仍然希望天线在低仰角空间方向上具有一定的接收能力,以改善可见卫星的几何分布,一般要求接收天线具有近似半球的覆盖能力、较高的低仰角增益。在可看到卫星的差不多整个上半球,天线应该提供均匀的振幅响应,这在工程上被称为天线应该具有宽波束特性。之所以在覆盖区内要求有均匀的幅度响应,是为了在地面上不同仰角处的信号接收功率大体相同,并且满足所要求的信噪比,以降低接收机在处理信号时发生互相关干扰的可能性。

除了天线的增益分布,还要考虑不同应用对天线质量和体积的不同要求。天线设计中的一条简单而重要的规则:若天线的尺寸越大,则其接收效果越好。这一规则可表达成以下的文字公式:

$$增益 \times 带宽 \div 体积 = 常数 \tag{4-1}$$

式(4-1)表明,若要增加天线的增益与带宽的乘积,则天线体积必须增大。虽然接收面积越大的天线有着越好的接收效果,但是大多数移动用户却希望天线体积小、质量轻,并且价格低廉。随着集成电路技术的进步,北斗导航接收机的体积正变得越来越小,同时势必要求接收天线也具有更小的尺寸。一种接收天线的设计方案是将手持式接收机的整个机身作为天线的谐振器,但是人体皮肤对天线的近场影响又使得这种设计方法变得困难。另外,为了提高其抵抗多路径的性能,接收天线的尺寸通常会变大,设计也变得更加复杂。

因为导航测量值是相对于接收天线的零相位中心位置点而言的,所以为了降低测量误差,天线的零相位中心点应该保持稳定,并且尽量接近天线的几何中心位置,即要求在接收天线覆盖区域内,天线应提供相位的均匀响应。在天线覆盖区域内对均匀相位响应的要求至关重要,对于相位跟踪接收机则更为重要。在利用直接相位测量的相对定位系统中,对应于卫星的不同方向的天线输出端的相位差会造成相当大的位置误差,这种误差是精确的陆上测量所不能接受的。因此,在设计导航接收天线时应该尽可能地解决零相位中心不一致的问题。

我国的北斗卫星导航系统工作于上行 L 频段和下行 S 频段,因此要求导航天线应具有双频或多频工作特性,且要求天线在各个频率上都具有良好的工作性能,同时各个频率之间应该有足够的隔离度要求,防止各个频率信号电路之间发生相互干扰。另外,由于卫星下发信号是圆极化波,天线应该呈现圆极化特性,并与卫星上圆极化信号的旋向保持一致。

接收天线分为有源天线和无源天线两种。有源天线安装着一个内置的低噪声放大器(LNA),以降低随后的电缆等损耗对信号信噪比的影响。然而,由于有源天线需要从接收机那里获取直流电源,因而当导航接收机由其内置的电池向有源天线提供电能时,接收机有限的电池能量就会被加速消耗掉。无源天线不含低噪声放大器,它也就不需要电源,但是考虑到未经放大的导航信号强度微弱,从无源天线到接收机的电缆长度不能太长,从而限制了无源天线的摆放位置。由于卫星导航信号经过远距离传输,其到达接收天线时信号非常微弱,因此,应当尽可能地先在紧靠接收天线的一端得到功率放大,以改善整个接收信道的噪声性能。因而北斗导航接收机往往倾向于采用有源天线。另外,为了改善卫星的可见度和提高整个接收机的接收灵敏度,导航接收机在条件允许的情况下,一般会对有源天线采取外置的形式,如将天线安装在车辆、建筑物的外部顶端,然后再将天线接收到的信号通过电缆传送到车内、室内的导航接收机。

总结以上特点,为了确保卫星导航设备有较好的接收性能,一般设计卫星终端天线都遵循以下几点要求。

(1)辐射方向图:辐射波束应该尽可能宽,最好能够包含整个上半平面且能量辐射均匀。提供均匀能量辐射可以确保接收机内部电子元件的稳定,这样才能获得较好的信噪比。天线要避免接收由于多径效应和对流层效应产生的误差信号,特别是在低仰角情况下。为了避免外界信号的干扰,一般还要求尽可能消除副瓣和后瓣,典型卫星导航天线辐射方向图如图4-2所示。

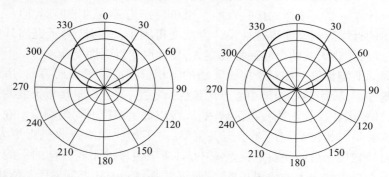

图4-2　典型卫星导航天线辐射方向图(E面和H面)

(2)增益:天线要求宽波束特性,因此决定了其方向图增益偏低。经过长距离传输,卫星发射的电磁波功率损耗殆尽,因此尽量在导航接收天线后端加上低噪放电路(LNA)来放大无线电波信号。

(3)相位方向图:对于借助相位测量原理实现导航功能的设备,必须要考虑信号源方向导致的相位变化,否则定位的坐标将不准确,会降低导航路线的可靠性。所以应该在提供均匀辐射能量的前提下,还要保证相位响应的一致性;在难易程度上,幅度均匀响应实现起来相对容易,而要达到相位均匀响应则十分困难,这和天线的结构及馈电方式紧密相关。

(4)频率特性:北斗导航卫星频率是 L 和 S 等多个频率,接收天线工作频率应该包含导航卫星的各个频率。需要注意的是:双频段工作天线测量精度要优于单频段天线,因为双频工作可以修正无线电波穿越电离层造成的延时误差,前提条件是在两个频段上都要保证天线具有优良的辐射特性。

(5)极化形式:卫星导航信号一般采用右旋圆极化形式,因而终端天线也是右旋圆极化天线。因为电磁波从卫星发射后经过电离层的作用,会产生法拉第旋转效应,这种现象对右旋圆极化信号的影响比较小。由于地球表面环境复杂,卫星导航信号被各种障碍物反射,信号的极化方式会由右旋圆极化形式变成左旋圆极化形式,属于交叉极化信号,不能被右旋圆极化天线接收。因此右旋圆极化天线可以有效地降低这种反射造成的多路径干扰,确保接收信号的准确度。

(6)机械特性:除了要便于安装和机械强度高之外,在市场需求的驱动下,卫星终端天线越来越追求小巧、轻便等特点。不同应用环境下可提供的安装条件会有差异。例如,应用于军舰上的终端天线比较方便安装,没有严格的尺寸要求,其重点关注的是天线性能的优良。而对车载天线及手持移动设备而言,在保证性能达到标准的前提下,天线尺寸应尽量小,质量尽量轻,以便安装和携带。机载天线与弹载天线由于其特殊的应用环境,要同时兼顾尺寸小巧和性能优良,要求比较严苛。

卫星导航技术更新发展的速度非常快,为了实现更快速更精确的导航定位,人们设计出了各种不同大小和结构形式的接收天线。根据导航设备使用场合和环境复杂程度的不同,研制出的卫星终端接收机种类逐渐增多,相应的接收天线类型也多种多样,包括手持式、机载式、车载式和弹载式等,每种天线都有其特定的结构设计要求。

卫星终端接收天线有很多种不同结构形式,如交叉对称振子、四臂螺旋天线、微带天线和扼流圈天线等,如图 4-3 所示。

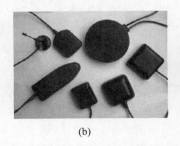

(a)　　　　　　　　　　(b)　　　　　　　　　　(c)

图 4-3　三种常见的卫星导航接收天线实物图
(a)四臂螺旋天线;(b)微带贴片天线;(c)扼流圈天线。

　　不同类型的天线各自有着不同的特点。竖直形状的四臂螺旋天线灵敏度高,且在低仰角处一般也有较高的天线增益,因而比较容易受到多路径的影响,但能比较容易地捕捉到低仰角卫星信号,从而改善可见卫星在空间的几何分布。扼流圈天线能极好地扼制接收低仰角卫星信号,但结构相对过于复杂。而微带贴片天线结构简单且价格便宜,低仰角增益一般较低,有利于抑制多路径。没有一种天线对所有的系统和应用环境都适宜。

　　在各类卫星导航接收天线之中,应用最为广泛的两类为四臂螺旋天线和微带贴片天线,两种天线的性能优缺点对比如表4-1所列。

表4-1　微带贴片天线和四臂螺旋天线对比

天线类型	优点	缺点
微带贴片天线	(1) 结构简单及馈电方便; (2) 有利于抵抗多路径; (3) 易于实现圆极化	(1) 波束宽度较窄; (2) 地板面积较大,不利于小型化; (3) 低仰角性能较差
四臂螺旋天线	(1) 灵敏度高,便于小型化; (2) 宽波束特性; (3) 优良的广角圆极化特性; (4) 容易捕获低仰角卫星信号	(1) 容易受到多路径的影响; (2) 结构较复杂; (3) 加工精度要求较高

4.2.3　射频前端

　　射频前端主要用于接收天线的射频信号,初步放大并下变频到频率相对较低的中频,再进行中频处理由模数转换器(Analog to Digital Converter,ADC)采样处理为数字信号后送给基带电路,这一部分通常采用射频/模拟电路来实现,主要实现3个功能:

　　(1) 接收北斗卫星信号并下变频为模拟中频信号。

　　(2) 输出高质量低相噪的时钟信号可供北斗导航接收机使用。

　　(3) 将中频信号转换为中频数字信号供后级基带处理。

　　射频前端主要分为低噪声放大器、混频器、滤波器和A/D等功能模块,其构成如图4-4所示。

　　低噪声放大器把天线接收的射频信号进行线性放大,确保信号具有足够的增益,且信号不失真输出,同时满足系统噪声系数的指标;混频器用于把射频信号变频到中频频段,便于后续信号处理;本振为混频器提供本振信号,滤波器用于滤掉不需要的谐波杂波和镜频信号;A/D用于把模拟信号转化为数字信号,送到后面的基带信号处理系统。

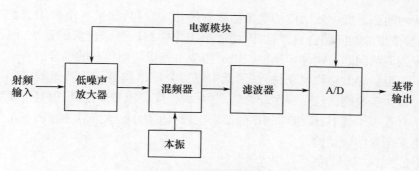

图 4 - 4　射频前端构成图

　　射频前端部分对接收机的性能影响非常大,对电路的要求也最高;一般来说,基带处理部分的工作频率相对来说比较低。射频前端部分如果不能预先处理好射频信号,基带算法再强大有时也无法发挥作用,因此射频前端部分的系统结构对整个接收机的性能有着决定性的影响。

　　常用的射频接收机结构有 4 种:超外差结构、零中频结构、低中频结构和镜像抑制结构。接收机射频前端的 4 种常用结构在性能、单片化集成度和镜像信号抑制等方面的要求和效果都不尽相同。

　　对以上几种接收机结构的比较如表 4 - 2 所列。

表 4 - 2　不同结构接收机性能比较

结构	复杂度	全集成	功耗	特性
超外差	高	需外置镜像抑制和信道滤波器	高	为了满足镜像抑制和信道滤波器性能,中频频率需要仔细选择,具有良好的镜像抑制和信道滤波特性
零中频	低	可以	低	直流漂移会恶化接收机性能,对闪烁噪声非常敏感
低中频	中	可以	中	全面性能较好
镜像抑制	高	可以	中	镜像抑制指标较好
数字中频	射频复杂度低,基带复杂度高	可以	高	架构非常灵活,能满足不同标准、调制方式和频率;缺点是对 ADC 的动态范围要求太高

　　几种接收机结构都具有各自的优势,对于某些要求较高的分立器件接收机,适宜采用超外差结构。零中频和低中频结构更适用于单片化高集成度的射频芯片,因为不需要大量高性能的片外元器件。零中频接收机适于带宽较大的系统,因频率相隔较远,可以采用片上电容、电阻构成高通滤波器,滤除失调的分量,减

弱失调的问题。低中频结构的镜像抑制性能相对较差,如果再出现正交支路的不匹配,镜像抑制问题会更严重,因此适于镜像抑制比要求较低的系统,但不存在直流失调的问题。镜像抑制接收机适用于对镜像抑制较高的场合。

对于卫星导航接收机来说,采用低中频接收机结构是比较理想的单芯片化方案。因为接收到的信号强度非常微弱,对线性度要求相对不高;而且主要频段上也不存在强干扰,对镜像抑制比的要求也较低。因此,大多数主流的卫星导航接收机采用低中频结构。

4.2.3.1 灵敏度

灵敏度表示接收机接收微弱信号的能力,即保证接收机误码率小于某一个值(一般为 1×10^{-5})时的最小信号强度,可接收的信号越微弱,灵敏度越高。灵敏度的高低与系统噪声、接收信号带宽和解调信噪比的要求有关,用 dB 表示灵敏度,有

$$P_{in,min}(dBm) = F_t(dBm) + (SNR)_{o,min}(dB) \qquad (4-2)$$

式中:$P_{in,min}$ 为信号的可检测最小输入功率;F_t 为系统的基底噪声。当 $Ta = T_0$ 时:

$$F_t(dBm) = \frac{k\,T_0\,dBm}{Hz} + NF(dB) + 10\log B =$$

$$-\frac{174\,dBm}{Hz} + NF(dB) + 10\log B \qquad (4-3)$$

由式(4-3)可以看出,系统的基底噪声或所要求信噪比越高,灵敏度就越低。

北斗 S 波段信号的载波频率为 2491.75MHz,带宽为 8.16MHz,到达地面的最低功率为 -127.6dBm,正常时为 -116.8dBm。这样设定接收机射频前端的灵敏度略小于 -116.8dBm,就能够使得大部分情况下接收机都能够正常工作。

北斗 B1 波段信号的载波频率为 1561.098MHz,带宽为 4.092MHz,到达地面的最低功率为 -127.6dBm,正常时为 -116.8dBm。这样设定接收机射频前端的灵敏度略小于 -116.8dBm,就能够使得大部分情况下接收机都能够正常工作。

4.2.3.2 噪声系数

对于无线接收机来说,灵敏度指标是非常重要的,从式(4-2)可以看出接收系统中各个元器件产生的噪声大小决定了接收机的灵敏度。因此接收机的噪声系数(Noise Figure,NF)是一个非常重要的指标。按照噪声来源,可将其分为热噪声、散粒噪声和闪烁噪声等内部噪声,以及人为干扰、天线干扰、宇宙干扰等的外部噪声。噪声系数是有噪系统噪声性能的衡量指标。对于卫星导航接收机

来说,收到的信号非常微弱,几乎埋没在周遭噪声中,为了能有效接收恢复有用信号,对接收机射频前端的噪声系数提出了尽可能小的要求。噪声系数的定义为

$$F = \frac{(\mathrm{SNR})_i}{(\mathrm{SNR})_o} = \frac{P_i/N_i}{P_o/N_o} \tag{4-4}$$

其中,$(\mathrm{SNR})_i$ 和 $(\mathrm{SNR})_o$ 分别指系统输入输出信噪比。噪声系数是系统的固有特性,表明了系统内部噪声带来的信噪比恶化程度,与输入信号无关。在有噪系统下,无论噪声系数性能有多好,输出信噪比都必然会比输入信噪比大,噪声系数不会小于 1。通常,噪声系数用分贝表示:

$$\mathrm{NF(dB)} = 10\log F \tag{4-5}$$

针对无源网络,设输入端信号源内阻为 R_s,可将输入端噪声视为由 R_s 产生,则输入端噪声功率为 $N_{iA} = kTB$;同理,网络输出电阻 R_o,输出端噪声为 $N_{oA} = kTB$。定义无源网络在匹配状态下插入损耗为 L,根据噪声系数定义:

$$F = \frac{P_i/N_{iA}}{P_o/N_{oA}} = \frac{N_{oA}}{G_P \cdot N_{iA}} = \frac{1}{G_P} = L \tag{4-6}$$

这意味着无源网络的噪声系数在数值上与其损耗相等。

对于接收机的射频前端来说,每一级器件诸如滤波器、低噪声放大器等都会产生噪声,因此,有必要对系统的级联噪声系数加以关注。对于 N 个单元级联单元,增益分别为 $G_1, G_2, \cdots, G_N$,噪声系数分别为 $F_1, F_2, \cdots, F_N$,则系统总的噪声系数为

$$F_{\Sigma} = F_1 + \frac{F_2 - 1}{G_1} + \frac{F_3 - 1}{G_1 G_2} + \cdots + \frac{F_n - 1}{G_1 G_2 \cdots G_{n-1}} \tag{4-7}$$

式(4-7)直观地表明,前级器件的噪声系数对整个系统的噪声系数起主要作用,第一级器件的噪声系数更是对整个系统的噪声系数起决定性作用。另外,若前一级增益较大,也会削弱后一级噪声系数对整个系统的影响。通常来说,为了获得较好的系统噪声系数,接收机第一级都会选择插入损耗尽可能小的滤波器,紧跟着选用噪声系数很小放大倍数较大的低噪声放大器。

4.2.3.3　增益系数

由于卫星导航系统接收到的电平非常低,信号微弱,需要对信号进行放大后再送入基带处理模块,因此,增益系数也是射频前端的重要指标。

线性网络的功率传输通常用 S 参数和端口反射系数相关的公式表示,微波线性网络的功率传输示意图如图 4-5 所示。

其中,Γ_{in}、Γ_{out} 分别代表输入输出端反射系数,Γ_S、Γ_L 分别表示源端与负载端反射系数,P_{in} 为放大器输入功率,P_L 为负载吸收功率,P_a 和 P_{La} 分别为输入和输出的资用功率。根据输入输出的匹配情况,将功率增益分为以下 3 种。

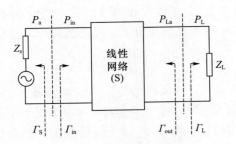

图 4 - 5　线性网络的功率传输

1）工作功率增益

工作功率增益是输入输出端为任意阻抗时,负载的功率与输入网络的实际功率比值:

$$G_{\mathrm{P}} = \frac{P_{\mathrm{L}}}{P_{\mathrm{in}}} = \frac{|S_{21}|^2 (1 - |\Gamma_{\mathrm{L}}|^2)}{|1 - S_{22}\Gamma_{\mathrm{L}}|^2 (1 - |\Gamma_{\mathrm{in}}|^2)} \tag{4-8}$$

2）变换器功率增益

当输入端与信号源共轭匹配时,信号源输入功率最大,将此时输入功率称为资用功率。变换器功率增益就是指输入端阻抗匹配且输出端为任意阻抗时,负载功率与输入端资用功率比值:

$$G_{\mathrm{T}} = \frac{P_{\mathrm{L}}}{P_{\mathrm{a}}} = \frac{|S_{21}|^2 (1 - |\Gamma_{\mathrm{S}}|^2)(1 - |\Gamma_{\mathrm{L}}|^2)}{|1 - S_{22}\Gamma_{\mathrm{L}}|^2 |1 - \Gamma_{\mathrm{S}}\Gamma_{\mathrm{in}}|^2} \tag{4-9}$$

3）资用功率增益

在输入端为资用功率时,输出负载端也做到共轭匹配,负载得到最大功率,称此时的增益为资用功率增益:

$$G_{\mathrm{A}} = \frac{P_{\mathrm{La}}}{P_{\mathrm{a}}} = \frac{|S_{21}|^2 (1 - |\Gamma_{\mathrm{S}}|^2)}{|1 - S_{11}\Gamma_{\mathrm{S}}|^2 (1 - |\Gamma_{\mathrm{out}}|^2)} \tag{4-10}$$

在实际应用过程中,尽量使得输入输出阻抗为 50Ω 匹配,使用资用功率增益,器件的产品手册一般也给出的是资用功率增益。

在不是 50Ω 阻抗的网络中,需要实现 50Ω 阻抗匹配。一般是在负载和信号源之间插入一个无源匹配网络来实现,常用的匹配网络有 T 型、L 型和 π 型。其中 L 型网络是最简单的一种匹配网络,因为所用的元器件最少。按照网络连接关系的不同,可以将 L 型匹配分为 8 种结构,如图 4 - 6 所示。

整个链路的增益包括各有源器件的增益减去可能的损耗,如滤波器插损、混频器转换损耗等。另外,值得说明的是,器件的增益并不是越大越好,要综合考虑三阶交调点以及 1dB 压缩点,在达到总体指标要求的前提下合理分配每一级放大器放大倍数确保其工作在线性范围内。

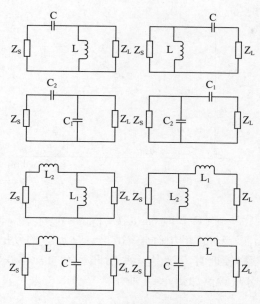

图 4-6　L 型匹配的电路结构

4.2.3.4　非线性

在整个接收链路中,有许多有源器件,如放大器、混频器等。设计时,必须考虑有源器件的非线性,避免有源器件出现增益压缩情况或者产生过多的杂散、交调信号等对整个射频电路产生干扰,增加调试难度。有源器件中,有两个指标需要重点关注。

1）1dB 压缩点

1dB 压缩点是通过增益压缩来度量有源器件非线性度的一个量,其定义是增益相比于线性工作状态小于 1dB 时输入信号的幅度。对放大器来说,当在线性工作区工作时,输出功率会随输入功率的增加线性增加,但输出功率并不会随着输入功率的增大无限增大,当输入功率到一定值的时候,放大器就进入非线性工作区域,此时输出功率出现压缩,当压缩值达到 1dB 时,则称此时输入功率为器件的 1dB 压缩点,如图 4-7 所示。

器件工作在非线性区时,整个性能会发生较大变化,与系统预估值会相差甚远,器件本身也容易损坏,这就要求设计者在电路设计的过程中合理选择各个器件,关注有源器件 1dB 压缩点,保证其工作在线性区。

2）三阶交调点

当输入信号为两个或两个以上时,由于器件的非线性,会产生多个信号之间的相互干扰。假设输入两个信号:

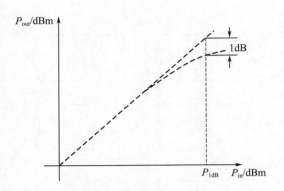

图 4 - 7　1dB 压缩点

$$v_i(t) = V_{1m}\cos\omega_1 t + V_{2m}\cos\omega_2 t \tag{4-11}$$

会产生谐波 $p\omega_1$、$q\omega_2$ 以及许多的组合频率 $|\pm p\omega_1 \pm q\omega_2|$ 的分量(p 和 q 均为正整数)。当两个输入频率较近时,其组合频率分量就有可能落在输入频带内,此时两个单音信号互调分量频谱如图 4 - 8 所示。

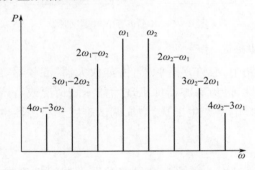

图 4 - 8　互调分量频谱图

从图中可以直观看出,三阶互调分量功率最大,且由于两个差频 $2\omega_1 - \omega_2$、$2\omega_2 - \omega_1$ 距离主频率很近,难以用滤波器滤除,因此成为影响系统线性度的主要因素。

通常,三阶交调分量可以使用输入或输出三阶截点来表示。当失真信号的输出功率与基带输出功率相等时,称此时对应的输出功率为输出三阶截点(OIP_3),输入功率为输入三阶截点(IIP_3),如图 4 - 9 所示。

三阶截点也是每个器件的固有特征,不随输入功率的大小变化。同样,在一个级联系统中,三阶截点也有系统输入三阶截点级联公式:

$$\frac{1}{(\mathrm{IIP}_3)_{\text{total}}} = \frac{1}{(\mathrm{IIP}_3)_1} + \frac{G_1}{(\mathrm{IIP}_3)_2} + \frac{G_1 G_2}{(\mathrm{IIP}_3)_3} + \cdots \tag{4-12}$$

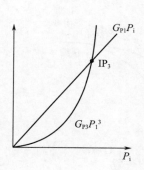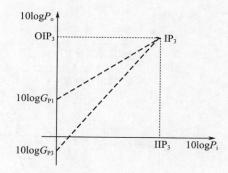

图 4 - 9　三阶截点示意图

从式中可以得到系统的输入三阶截点小于每一级的输入三阶截点,且由于后级的输入信号是经过前几级放大得到的,因此要求后级器件的线性范围更大。

4.2.3.5　动态范围

动态范围的定义是可以保证接收机不失真的最大信号与接收机的灵敏度之比,是保证接收机正常工作的信号强度变化范围。

系统的动态范围一般用 SFDR(Spurious - Free Dynamic Range)来表示,低端受限于噪声,高端受限于线性范围,具体表达式为

$$d_f(\text{dB}) = \frac{2}{3}\left[\text{IIP}_3(\text{dBm}) - G_0(\text{dB}) - P_{\text{in,mds}}(\text{dBm})\right] \qquad (4-13)$$

式中:$P_{\text{in,mds}}$ 为信号输入最小功率。

1)线性动态范围

系统中器件的非线性会影响动态范围,线性动态范围(Linear Dynamic Range)定义为接收机射频前端的输入 1dB 压缩点 $\text{ICP}_{1\text{dB}}$ 与最小可检测信号 S_{MDS} 之比,可以表示为

$$\text{DR}_1(\text{dB}) = \text{ICP}_{1\text{dB}}(\text{dBm}) - S_{\text{MDS}}(\text{dBm}) \qquad (4-14)$$

2)无虚假信号动态范围

无虚假信号动态范围是指接收机的三阶交调等于最小可检测信号时,接收机输入的最大信号功率与信号的三阶交调功率之比。

图 4 - 10 清楚地反映了无虚假信号动态范围的定义过程,$P_{三阶}$(以输出作为参考)表征为三阶交调的功率电平,P_{SF} 表征为接收机的三阶交调等于最小可检测信号时接收机输出的最大信号功率。由图 4 - 10 可以得到无虚假信号动态范围表达式:

$$\text{DR}_{\text{SF}} = \frac{2}{3}(P_1 - P_{\text{MDS}} - G) \qquad (4-15)$$

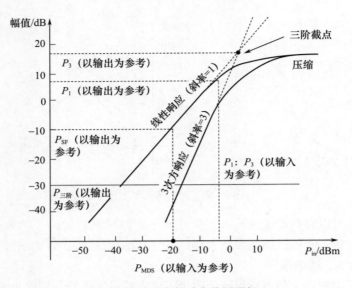

图 4 - 10   无虚假动态范围图解

3）扩大动态范围的方法

根据现代电磁兼容（EMC）与电磁干扰（EMI）文件要求与指标，动态范围表征的接收信号最大、最小波动范围已成为接收机重要指标，尤其是在电磁干扰比较复杂的工作环境中，可以接收高动态范围的射频信号对于高性能指标接收机显得尤为重要，而实现扩展动态范围的途径之一就是自动增益控制技术（AGC）。AGC 电路使用了可控增益放大器，可以实现系统中增益可控，虽然接收机接收到的信号功率大小不定，但是经过 AGC 调节控制后输出的信号功率相对稳定，电路原理如图 4 - 11 所示。

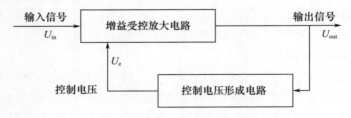

图 4 - 11   自动增益控制电路原理图

由图可知，整个 AGC 电路系统可以由增益受控放大电路和控制电压形成电路组成，增益受控放大电路主要功能是放大输入信号，增益可变，增益的大小随控制电压 U_e 的变化而变化；而控制电压的形成主要是根据输出信号的反馈信号进行整流、检波、滤波、放大等环节处理，最后得到用于控制增益受控放大电路的

控制电压 U_e。当输入信号电压 U_{in} 增大时，U_{out} 也会随之增大，同时 U_e 也在变大，而增益受控放大电路的增益会随着 U_e 的变大而降低，这时 U_{out} 会逐渐变小以趋近我们所需要的稳定值；同理当输入信号 U_{in} 减小时，通过增益电压 U_e 控制可以使 U_{out} 逐渐升高至所需要的稳定值。

4.2.4　基带处理

4.2.4.1　卫星信号捕获

卫星信号捕获就是使本地码的码相位和信号码的码相位相差在一个码片宽度内，且接收和发送码的时钟频率是一致的，同时使本地和信号载波互相对齐，实现卫星信号和本地产生信号同步。捕获模块在接收机中是第一个处理信号的功能模块，后面的信号跟踪、伪距的计算及位置、速度、时间的解算等过程都是在信号捕获成功的条件下才能进行的。

捕获主要是捕获信号中的伪随机码和载波多普勒频率，BDS 卫星的信号调制方式是不同卫星信号采用不同的伪随机码来扩频调制导航电文。为获得某一卫星的导航电文，接收机必须复现该卫星信号的伪随机码，将接收机产生的本地伪随机码与卫星信号做相关运算，使本地伪随机码与卫星的伪随机码码相位相差在一个码片宽度内，这是伪码的捕获过程。载波捕获过程是由于卫星与接收机之间存在相对径向运动，从而产生多普勒效应。这样使得接收到的载波频率是带有多普勒频移的频率，不再是卫星信号原有的频率，如北斗系统的 B1 信号载波到达接收机经过下变频后，它的频率不等于中频频率，而是中频频率加上多普勒频移。为对某一卫星的导航电文进行解调，必须搜索到相应卫星所产生的多普勒频移，搜索到的频率用公式可表示为

$$f = f_i + f_d \tag{4-16}$$

式中：f 为实际频率，f_i 为中频频率，f_d 为载波多普勒频移。

从上述可知，卫星信号捕获其实就是伪随机码相位和载波频率二维搜索的过程。捕获算法有很多种，各种算法都有其优劣，接收机可以根据不同性能的要求及使用条件选择不同的捕获方法。

捕获作为基带数字处理模块的重要组成部分之一，其性能的优劣将直接影响北斗接收机的定位精度和导航的反应速度。从信号处理角度而言，捕获就是对码相位和载波频率进行粗略搜索的过程，从而得到码相位信息和多普勒频移信息，为之后的跟踪环路计算奠定基础。

平均捕获时间在理论上是用来衡量卫星导航接收机在信号捕获环节中快慢程度的标准，但是，实际过程中表示卫星导航接收机从开始搜索到捕获到第一个卫星信号所需消耗的平均时间，从接收灵敏度上反映了接收机的性能。影响信

号捕获的因素可以归结为 4 点,分别是:①卫星信号搜索范围的大小;②卫星信号的强弱;③卫星信号搜索算法的性能;④生成捕获信号的条件。因此,在减小方面,除了算法优化之外,还可以采取更换鉴相器的方法。

卫星导航接收机启动过程中,首次定位时间则可以用来衡量卫星导航接收机的整体性能。首次定位时间(TTFF)是从启动到首次接收到导航卫星定位信息所需要的时间,可以简单地理解为信息解调单周期时间。

4.2.4.2 卫星信号跟踪

卫星导航信号经过捕获后,得到载波多普勒频率和伪随机码的码相位,但这只是粗略值,并不能解调出信号的导航电文,同时卫星与接收机一直存在相对运动,这使得天线接收到的信号的载波多普勒频率和伪码相位会时刻发生改变,则本地载波多普勒频率和伪码也要时刻跟着改变,从而实现本地载波和伪码与信号载波和伪码的同步,这就需要对信号进行跟踪。由于捕获得到的是载波多普勒频率和伪码的粗值,则跟踪环路需要对载波和伪码都进行跟踪,因此跟踪环路可分为载波跟踪环和码跟踪环。

跟踪环路的设计是以锁相环路为基础的,载波跟踪环路和码跟踪环路虽然采用不同形式的锁相环,但它们的数学模型很相似,锁相环的基本原理是相同的。

卫星导航接收机跟踪环路的信号处理过程可以描述为以下几个步骤:

(1)输入的中频采样信号与载波 NCO 复制的两路载波信号混频相乘,得到 I 和 Q 两路信号。

(2)两路混频信号分别与伪码发生器复制生成的超前、即时和滞后码做相关运算。

(3)六路相关结果经积分累加后输出六路相干积分值。

(4)即时支路上的相干积分值作为载波环鉴别器的输入,超前支路和滞后支路上的相干积分值作为码环鉴别器的输入。

(5)载波环和码环分别对它们的鉴别器输出值载波频率差(载波相位差)和伪码相位差进行滤波,并将滤波结果用来调节各自的载波 NCO 和伪码 NCO 的输出频率和相位等状态,使载波环复制的载波与接收信号的载波保持一致,同时使码环复制的伪码即时码与接收信号的伪码保持一致,保证下一时刻接收信号的载波和伪码在跟踪环路中被彻底剥离。

跟踪过程中,载波环根据复制的载波信号状态输出多普勒频移和载波相位测量值,码环根据复制的伪码信号状态输出码相位和伪距测量值,载波环鉴别器还可以解调出卫星信号上的导航电文数据比特,这些数据用于后续对接收机位置、速度和时间的解算。

4.2.4.3　位同步和帧同步

卫星接收机在进行信号捕获和跟踪之后还需要进行位同步和帧同步才能得到导航电文。位同步就是从接收信号中找到数据比特的边缘,位同步又称为比特同步,它是接收通道根据一定的算法确定接收信号中的比特起始边缘位置。北斗导航电文是由帧和子帧组成,所以要想从接收信号中译码出导航电文,就需要确定接收信号的子帧边缘,然后再一步步地译码出导航电文,这就是帧同步。

4.2.4.4　定位解算

卫星信号经过射频前端和基带处理后,完成数据解调和观测量的提取,最后利用这些数据完成定位解算。当跟踪环路能够稳定地跟踪信号以后,I 路就开始输出数据比特,连续的数据比特组成数据流,其中包含了前导字符、子帧的 Z 计数以及卫星的星历和历书数据等内容。通过搜索前导字符和检查校验逻辑,可以正确地解调导航电文数据。同时本地伪码发生器产生的伪码相位和输入信号的伪码相位对齐,结合准确的本地伪码相位和子帧的 Z 计数就能够得到卫星信号的准确发射时间。伪距观测量是利用卫星信号的发送时间减去接收机本地时间得到的,所以伪距观测量的提取必须在得到 Z 计数和本地伪码相位以后才能进行。载波 NCO 的频率值能够给出多普勒观测量,跟踪环稳定在跟踪状态后,接收机完成导航电文解调,解调出历书数据和星历数据,并提取多普勒观测量和伪距观测量用于定位解算。

定位解算是为了得到位置、速度、时间信息(PVT 信息),PVT 信息是导航系统面向用户最终呈现出来的信息,更是实际导航路况导航中不可或缺的重要部分。PVT 信息是接收机将导航卫星信号经过一系列的信号处理和数学计算得出的,流程如图 4 – 12 所示。

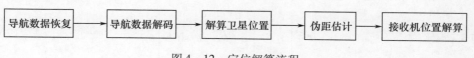

图 4 – 12　定位解算流程

1)接收机位置解算

用户为了确定自身精确的位置信息,往往需要导航卫星的位置信息,因此在接收机位置的解调过程中,明确导航的轨道信息是十分重要的。

在 t 时刻,定义卫星的位置矢量为 r,定义卫星的速度矢量为 v,地球的相对坐标示意图如图 4 – 13 所示。

图中地心 C 的坐标为 $(0,0)$,近地点 P 的坐标为 $(a(1-e),0)$,坐标系的圆心为 $(-ae,a)$,其中 a 表示运行椭圆轨道的半长轴,e 表示该椭圆的偏心率。结合地球相对坐标系和开普勒轨道参数可对卫星实现定轨计算,如表 4 – 3 所列。

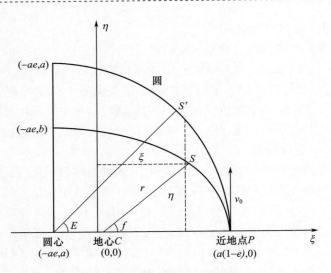

图4-13　地球相对坐标系示意图

表4-3　开普勒轨道参数

符号	参数	释义
a	半长轴	轨道的大小和形状
e	偏心率	
ω	近地点俯角	轨道平面
i	倾角	
μ	平近点角	轨道平面位置

地心C的卫星位置矢量r为

$$r = \begin{bmatrix} \xi \\ \eta \\ \zeta \end{bmatrix} = \begin{bmatrix} a(\cos E - e) \\ a\sqrt{1-e^2}\sin E \\ 0 \end{bmatrix} \tag{4-17}$$

其中，

$$\xi = r\cos f = \frac{a}{b}\sin E = b\sin E = a\sqrt{1-e^2}\sin E \tag{4-18}$$

位置矢量的模（通常a和e基本保持不变，而E随时间t变化）为

$$\|r\| = a(1 - e\sin E) \tag{4-19}$$

多普勒方程：

$$E = \mu + e\sin E \tag{4-20}$$

该矢量按照3D旋转序列旋转到X、Y、Z坐标系中，保持Z轴方向不变，则矩阵为

114

$$R_3(\varphi) = \begin{bmatrix} \cos\varphi & \sin\varphi & 0 \\ -\sin\varphi & \cos\varphi & 0 \\ 0 & 0 & 1 \end{bmatrix} \tag{4-21}$$

绕 X 轴旋转后的矩阵为

$$R_1(\varphi) = \begin{bmatrix} 1 & 0 & 0 \\ 0 & \cos\varphi & \sin\varphi \\ 0 & -\sin\varphi & \cos\varphi \end{bmatrix} \tag{4-22}$$

卫星 k 在 t_j 时刻的地心坐标为

$$\begin{bmatrix} X^k(t_j) \\ Y^k(t_j) \\ Z^k(t_j) \end{bmatrix} = R_3(-\Omega_j^k) R_1(-i_j^k) R_3(-\omega_j^k) \begin{bmatrix} r_j^k \cos f_j^k \\ r_j^k \sin f_j^k \\ 0 \end{bmatrix} \tag{4-23}$$

但是,导航卫星不遵从目前的正常轨道理论,实际中必须应用与时间有关的更加精确的轨道,这个信息就是广播星历。

2) 校正卫星时钟偏移

卫星 k 到达接收机 i 的时间用 t_i^k 表示,c 为真空中的光速。

$$t_i - t^k = t_i^k = P_i^k/c$$

式中:ρ_i^k 为导航接收机和卫星之间的几何距离。因为卫星 k 的时钟、接收机 i 的时钟和卫星时间系会出现制定制度不同的情况。因此,需要引入平衡 3 个数量关系的变量,将这个变量定义为时钟偏移量 $\mathrm{d}t^k$。

$$t^k = (t_i - \tau^k) + \mathrm{d}t^k \tag{4-24}$$

3) 伪距计算

伪距基本观测方程:

$$P_i^k = \rho_i^k + c(\mathrm{d}t_i - \mathrm{d}t^k) + T_i^k + I_i^k + e_i^k \tag{4-25}$$

导航接收机和卫星之间的几何距离 ρ_i^k 为

$$\rho_i^k = \sqrt{(X^k - X_i)^2 + (Y^k - Y_i)^2 + (Z^k - Z_i)^2} \tag{4-26}$$

$$P_i^k = \sqrt{(X^k - X_i)^2 + (Y^k - Y_i)^2 + (Z^k - Z_i)^2} + c(\mathrm{d}t_i - \mathrm{d}t^k) + T_i^k + I_i^k + e_i^k \tag{4-27}$$

方程有 4 个未知数 X_i、Y_i、Z_i 和 $\mathrm{d}t_i$;利用最小二乘法最小化误差项 e_i^k,计算接收机的位置,至少需要 4 个伪距。对于接收机位置 (X_i, Y_i, Z_i) 是非线性的。通过寻找一个接收机的初始位置 $(X_{i,0}, Y_{i,0}, Z_{i,0})$ 进行数学运算,通常情况下定义地心为 $(0, 0, 0)$。

$$f(X_i, Y_i, Z_i) = \sqrt{(X^k - X_i)^2 + (Y^k - Y_i)^2 + (Z^k - Z_i)^2} \tag{4-28}$$

增量 ΔX、ΔY、ΔZ 定义为

$$X_{i,1} = X_{i,0} + \Delta X_i$$
$$Y_{i,1} = Y_{i,0} + \Delta Y_i \qquad\qquad (4-29)$$
$$Z_{i,1} = Z_{i,0} + \Delta Z_i$$

一阶线性观测方程为

$$P_i^k = \rho_{i,0}^k - \frac{X^k - X_{i,0}}{\rho_{i,0}^k}\Delta X_i - \frac{Y^k - Y_{i,0}}{\rho_{i,0}^k}\Delta Y_i - \frac{Z^k - Z_{i,0}}{\rho_{i,0}^k}\Delta Z_i + c(\,\mathrm{d}t_i - \mathrm{d}t^k) + T_i^k + I_i^k + e_i^k$$

$$(4-30)$$

其中,

$$\rho_{i,0}^k = \sqrt{(X^k - X_{i,0})^2 + (Y^k - Y_{i,0})^2 + (Z^k - Z_{i,0})^2} \qquad (4-31)$$

4) 解算接收机位置

矢量形式:

$$P_i^k = \rho_{i,0}^k + \left[-\frac{X^k - X_{i,0}}{\rho_{i,0}^k} \quad -\frac{Y^k - Y_{i,0}}{\rho_{i,0}^k} \quad -\frac{Z^k - Z_{i,0}}{\rho_{i,0}^k} \quad 1 \right] \begin{bmatrix} \Delta X_i \\ \Delta Y_i \\ \Delta Z_i \\ cdt_i \end{bmatrix} - cdt^k + T_i^k + I_i^k + e_i^k$$

$$(4-32)$$

如果大于 4 颗卫星,有唯一解 $\Delta X_{i,1}$, $\Delta Y_{i,1}$, $\Delta Z_{i,1}$。以此循环计算,直到达到米级精度(在精密算法的辅助下甚至会达到厘米级精度)。

最小二乘法作为常规的解算方法在现实接收机中有着广泛的应用,在理论上也是理解其他解算方法的基础。最小二乘法每一次的解算都是基于某一个时元的观测量,这个观测量和以前时元的观测量没有关系。如果将不同时元的观测量的噪声看成是白噪声,那么最小二乘法解算得到的 PVT 结果中包含的误差也可以认为是没有关联的。为了使定位结果平滑,可以采取多种方法,卡尔曼滤波法就是其中一种。

卡尔曼滤波应用于对一个离散时间系统的状态进行最优估算,滤波过程基于相应的卡尔曼滤波模型。假设离散时间系统有 M 个观测变量以及 N 个状态变量,其滤波模型包括一个状态方程和一个测量方程为

$$\boldsymbol{X}(k) = \boldsymbol{\Phi}(k-1)\boldsymbol{X}(k-1) + \boldsymbol{W}(k-1) \qquad (4-33)$$

$$\boldsymbol{Y}(k) = \boldsymbol{H}(k)\boldsymbol{X}(k) + \boldsymbol{V}(k) \qquad\qquad (4-34)$$

其中,$\boldsymbol{X}(k)$ 表示由 N 个状态变量所组成的$(N \times l)$状态矢量,$\boldsymbol{Y}(k)$ 表示由 M 个观测变量所组成的$(M \times l)$观测矢量,$\boldsymbol{W}(k-1)$ 表示由 N 个过程噪声所组成的$(N \times l)$过程噪声矢量,$\boldsymbol{V}(k)$ 表示由 M 个测量噪声所组成的$(M \times l)$测量噪声矢量,$\boldsymbol{\Phi}(k-1)$ 表示$(N \times N)$状态转移矩阵,$\boldsymbol{H}(k)$ 表示$(M \times N)$的测量关系矩阵。

过程噪声矢量 $\boldsymbol{W}(k-1)$ 的协方差矩阵为 $\boldsymbol{Q}(k-1)$，是 $(M \times N)$ 的对称矩阵。测量噪声矢量 $\boldsymbol{V}(k)$ 的协方差矩阵为 $\boldsymbol{R}(k)$，是 $(M \times N)$ 的对称矩阵。k 和 $k-1$ 分别表示离散时间系统的不同历元时刻。

　　卡尔曼滤波通过数学推导，针对系统状态向量做出最优估计，使其最小均方误差值（MMSE）最小。卡尔曼滤波器的计算分为预测和校正两步：预测过程即时间更新过程，估计下一历元的状态矢量 $\boldsymbol{X}(k|k-1)$ 和状态误差协方差矩阵 $\boldsymbol{P}(k|k-1)$；校正过程即测量更新过程，由当前历元实际测量值去校正上一步预测的状态矢量估计值，包括计算滤波增益矩阵 $\boldsymbol{K}(k)$。滤波过程如图 4-14 所示。

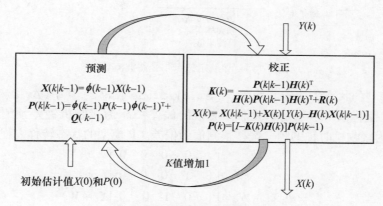

图 4-14　卡尔曼滤波过程示意图

　　在卫星导航领域运用的卡尔曼滤波器通常是扩展卡尔曼滤波（EKF），通过卫星伪距和多普勒频移测量值搭建卡尔曼模型，图 4-15 描述了实现过程。

　　导航领域对于卡尔曼滤波状态矢量的选取，考虑到线性化后的实际伪距观测方程和多普勒观测方程推导出的观测方程关系矩阵，其中对应的状态矢量是一个位置和钟差频漂等值的差值。因此，真正用于卡尔曼滤波计算的状态矢量经常是绝对位置、钟差、频漂值分别与其预测值的差值。这种将时钟模型和用户运动模型结合在一起，并且考虑用状态的差分值作为状态矢量的方式不仅能够减少数据量，还能与观测方程线性化后状态矢量差表示形式相对应。

　　明确了导航定位状态矢量选取方式后，根据接收机一般运动状态，定义了静止用户模型（P 模型）和低动态用户模型（PV 模型）两种不同的模型。

　　1）静止用户模型（P 模型）

　　当接收机处于静态或近乎静态时，因为速度恒定或几乎为 0，所以只需要把位置坐标和时钟作为系统状态。在 P 模型中，位置状态被认为是随机游走过程，状态矢量中总共包括了 5 个状态。

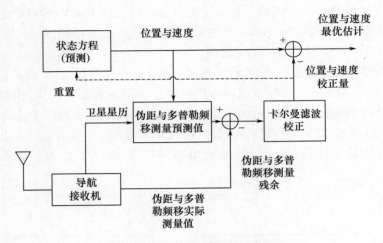

图 4 – 15　导航定位卡尔曼滤波流程

P 模型的状态矢量定义为 $\boldsymbol{X}_5 = \left[\Delta x, \Delta y, \Delta z, \Delta \delta t, \Delta \delta f\right]^{\mathrm{T}}$，其中 $(\Delta x, \Delta y, \Delta z)$ 表示 ECEF 坐标系下卡尔曼滤波器预测值的偏差，$\Delta \delta t$ 为接收机钟差预测值的偏差，$\Delta \delta f$ 为接收机时钟的频率偏移预测值的偏差。P 模型的状态转移方程为

$$\hat{\boldsymbol{X}}_5 = \boldsymbol{\Phi}_5 \boldsymbol{X}_5 + \boldsymbol{W}_5 = \begin{bmatrix} 1 & 0 & 0 & 0 & 0 \\ 0 & 1 & 0 & 0 & 0 \\ 0 & 0 & 1 & 0 & 0 \\ 0 & 0 & 0 & 1 & T_s \\ 0 & 0 & 0 & 0 & 1 \end{bmatrix} \boldsymbol{X}_5 + \boldsymbol{W}_5 \qquad (4-35)$$

式中：T_s 为历元的时间间隔；$\boldsymbol{\Phi}_5$ 为状态转移矩阵；$\boldsymbol{W}_5$ 为过程噪声，其协方差矩阵 $\boldsymbol{Q}_5$ 可表示为

$$\boldsymbol{Q}_5 = \begin{bmatrix} S_p T_s & 0 & 0 & 0 & 0 \\ 0 & S_p T_s & 0 & 0 & 0 \\ 0 & 0 & S_p T_s & 0 & 0 \\ 0 & 0 & 0 & S_f(T_s^3/3) & S_f(T_s^2/2) \\ 0 & 0 & 0 & S_f(T_s^2/2) & S_f T_s \end{bmatrix} \qquad (4-36)$$

S_p、S_f 分别为位置噪声的功率谱密度和接收机时钟的频率噪声功率谱密度。

2）低动态用户模型（PV 模型）

当用户处于低速驾车、步行等低动态情况时，采用 PV 模型更为适合。PV 模型中，速度状态是随机变化的，而位置状态可通过速度分量求积分计算而来，最终状态矢量中总共包括了 8 个状态。PV 模型的状态矢量定义为 $\boldsymbol{X}_8 = \left[\Delta n,\right.$

$\Delta v_n , \Delta e , \Delta v_e , \Delta u , \Delta v_u , \Delta \delta t , \Delta \delta f$]^{T},其中($\Delta n , \Delta e , \Delta u$)表示 ENU 坐标系下卡尔曼滤波器预测值的偏差,($\Delta v_n , \Delta v_e , \Delta v_u$)表示 ENU 坐标系下速度预测值的偏差,为接收机钟差预测值的偏差,$\Delta \delta t$ 为接收机时钟频率偏移预测值的偏差,$\Delta \delta f$ 为接收机时钟频率偏移预测值的偏差。

PV 模型的状态转移方程为

$$\hat{X}_8 = \boldsymbol{\Phi}_8 X_8 + W_8 = \begin{bmatrix} 1 & T_s & 0 & 0 & 0 & 0 & 0 & 0 \\ 0 & 1 & 0 & 0 & 0 & 0 & 0 & 0 \\ 0 & 0 & 1 & T_s & 0 & 0 & 0 & 0 \\ 0 & 0 & 0 & 1 & 0 & 0 & 0 & 0 \\ 0 & 0 & 0 & 0 & 1 & T_s & 0 & 0 \\ 0 & 0 & 0 & 0 & 0 & 1 & 0 & 0 \\ 0 & 0 & 0 & 0 & 0 & 0 & 1 & T_s \\ 0 & 0 & 0 & 0 & 0 & 0 & 0 & 1 \end{bmatrix} X_8 + W_8 \qquad (4-37)$$

式中:T_s 为历元的时间间隔;$\boldsymbol{\Phi}_8$ 为状态转移矩阵;W_8 为过程噪声,其协方差矩阵 Q_8 可表示为

$$Q_8 = \begin{bmatrix} S_{vn}(T_s^3/3) & S_{vn}(T_s^2/2) & 0 & 0 & 0 & 0 & 0 & 0 \\ S_{vn}(T_s^2/2) & S_{vn}T_s & 0 & 0 & 0 & 0 & 0 & 0 \\ 0 & 0 & S_{ve}(T_s^3/3) & S_{ve}(T_s^2/2) & 0 & 0 & 0 & 0 \\ 0 & 0 & S_{ve}(T_s^2/2) & S_{ve}T_s & 0 & 0 & 0 & 0 \\ 0 & 0 & 0 & 0 & S_{vu}(T_s^3/3) & S_{vu}(T_s^2/2) & 0 & 0 \\ 0 & 0 & 0 & 0 & S_{vu}(T_s^2/2) & S_{vu}T_s & 0 & 0 \\ 0 & 0 & 0 & 0 & 0 & 0 & S_f(T_s^3/3) & S_f(T_s^2/2) \\ 0 & 0 & 0 & 0 & 0 & 0 & S_f(T_s^2/2) & S_f T_s \end{bmatrix}$$

$$(4-38)$$

S_{vn}、S_{ve}、S_{vu} 分别表示北向、东向、天向的速度噪声功率谱密度,S_f 为接收机时钟的频率噪声功率谱密度。

导航定位中,卡尔曼滤波器使用的观测量为伪距和多普勒频率。状态矢量与观测矢量之间的关系矩阵就是基于伪距观测方程和多普勒观测方程。

先由伪距观测方程 $\rho^j = \sqrt{(x^j - x)^2 + (y^j - y)^2 + (z^j - z)^2} + \delta t$,将其用泰勒级数在接收机估计位置 (x_0 , y_0 , z_0) 及钟差 δt_0 处展开,并略去高次项,有

$$l^{(j)} \Delta x + m^{(j)} \Delta y + n^{(j)} \Delta z + \Delta \delta t = \rho^{(j)} - R^{(j)} - \delta t_0 \qquad (4-39)$$

式中,$R^{(j)} = \sqrt{(x_0 - x^j)^2 + (y_0 - y^j)^2 + (z_0 - z^j)^2}$,$l^{(j)} = \dfrac{x^j - x_0}{R^{(j)}}$,$m^{(j)} = \dfrac{y^j - y_0}{R^{(j)}}$,

$$n^{(j)} = \frac{z^j - z_0}{R^{(j)}}。$$

因此，对于五状态的 P 模型，线性化后的伪距观测方程为

$$Y_\rho = H_\rho X + V_\rho = \begin{bmatrix} l^{(1)} & m^{(1)} & n^{(1)} & 1 & 0 \\ l^{(2)} & m^{(2)} & n^{(2)} & 1 & 0 \\ \vdots & \vdots & \vdots & \vdots & \vdots \\ l^{(j)} & m^{(j)} & n^{(j)} & 1 & 0 \end{bmatrix} \begin{bmatrix} \Delta x \\ \Delta y \\ \Delta z \\ \Delta \delta t \\ \Delta \delta f \end{bmatrix} + V_\rho \quad (4-40)$$

式中：$Y_\rho = [\, y_\rho^{(1)} \ y_\rho^{(2)} \cdots y_\rho^{(j)} \,]^T$ 为伪距观测矢量，且 $y_\rho^{(j)} = \rho^{(j)} - R^{(j)} - \delta t_0$；$H_\rho$ 为五状态 P 模型伪距观测向量与状态矢量的关系矩阵；V_ρ 为伪距观测噪声，其协方差矩阵为

$$R_\rho = \mathrm{diag}\{\sigma_{\rho 1}^2, \sigma_{\rho 2}^2, \cdots, \sigma_{\rho j}^2\}$$

其中，$\sigma_{\rho j}^2$ 为第 j 颗卫星伪距观测值测量误差，可以通过本章 4.2.5.2 中卫星测量值随机模型近似估计。

对于八状态的 PV 模型，不仅需要伪距观测量，还需要多普勒频移观测量，卡尔曼校正过程依次使用了这两个观测矢量。

在实现时，设计接收机按照当前运动状态自动切换不同的卡尔曼滤波模型。由于五状态 P 模型使用 ECEF 坐标系，八状态 PV 模型使用 ENU 坐标系，因此在模型切换时会涉及坐标系转换。另外还需两个辅助矩阵：

$$\mathrm{Rot} = \begin{bmatrix} S & 0 & 0 \\ 0 & 1 & 0 \\ 0 & 0 & 1 \end{bmatrix} \quad (4-41)$$

$$\mathrm{Trans} = \begin{bmatrix} 1 & 0 & 0 & 0 & 0 \\ 0 & 0 & 0 & 0 & 0 \\ 0 & 1 & 0 & 0 & 0 \\ 0 & 0 & 0 & 0 & 0 \\ 0 & 0 & 1 & 0 & 0 \\ 0 & 0 & 0 & 0 & 0 \\ 0 & 0 & 0 & 1 & 0 \\ 0 & 0 & 0 & 0 & 0 \end{bmatrix} \quad (4-42)$$

当五状态 P 模型转为八状态 PV 模型时，

$$X_8 = \mathrm{Trans} \cdot X_5 \quad (4-43)$$

$$P_8 = \mathrm{Trans} \cdot \mathrm{Rot} \cdot P_5 \cdot \mathrm{Rot}^T \cdot \mathrm{Trans}^T \quad (4-44)$$

当八状态 PV 模型转为五状态 P 模型时，

$$X_5 = \text{Rot}^T \cdot \text{Trans}^T \cdot X_8 \tag{4-45}$$

$$P_5 = \text{Rot}^T \cdot \text{Trans}^T \cdot P_8 \cdot (\text{Rot}^T \cdot \text{Trans}^T)^T \tag{4-46}$$

4.2.5 多模接收机

目前大多数多模 GNSS 接收机,通常由独立的信号接收通道获取各模式下每颗卫星伪距之后,最后采用信息融合技术进行定位解算,得到定位结果。GPS/BD 双模组合定位,就是用一台接收机同时接收和测量 GPS 和北斗两种卫星信号,然后进行数据融合处理,为用户提供比单模系统更稳定、更优良的定位性能。要设计出双模组合接收机,就得考虑 GPS 与北斗两者之间的异同,如时间系统与空间坐标系的不统一、卫星信号频点的不统一等。所以同样地,双模接收机的定位解算技术也有别于单模系统,需要根据两个系统的兼容性合理设计定位解算方法。

4.2.5.1 多模定位原理

由于 GPS、BD 两种导航系统在系统组成、定位原理等方面是基本相似的,所以存在着只用一台接收机同时处理两种卫星信号的可能性。将两个系统卫星用于组合定位,增加了总的可见星数量,改善了卫星几何分布,从而提高了整体的定位精度和定位延续性。

GPS/BD 双模接收机的设计实现要处理好双模系统的一些异同:

(1)接收机本振频率。GPS 和 BD 系统的载波频率和码率是不一样的,双模接收机本振频率要能保证产生所需的双模系统各个频率信号。

(2)空间坐标统一。因为两个系统的空间坐标基准不同,GPS 采用 WGS-84 坐标系,BD 采用 CGCS2000 坐标系,所以在组合解算前要完成空间坐标统一。

(3)时间坐标统一。因为两个系统的时间基准不同步,且两者相对于 UTC 时间的起点也不同,所以在组合解算前要完成时间坐标统一。

针对双模定位解算模块,更多的是要考虑第(2)、(3)两个方面的处理技术,也就是 GPS、BD 两个系统空间和时间坐标的统一。

首先,对于 GPS 和 BD 时间系统,从 GPST 起点 1980 年 1 月 6 日 0 时(UTC),到 BDT 起点 2006 年 1 月 1 日 0 时(UTC),UTC 经历了 14 次跳秒,所以两系统秒级偏差为 14s,而处理秒级以下偏差的方法包括直接获取北斗导航电文中广播的时间差信息,或者通过添加两系统时间差作为又一未知量,同接收机位置坐标联立求解。

对 GPS 与 BD 空间坐标系间的直角坐标转换,因为 WGS-84 与 CGCS2000 两个坐标系的参考椭球的扁率差异造成的坐标偏差极小,所以近似认为在坐标系的实现精度范围里,两者是相容一致的。

GPS/BD 双模导航系统对信息进行融合时,可以采用定位结果融合和伪距融合两种方式,如图 4 - 16 所示。

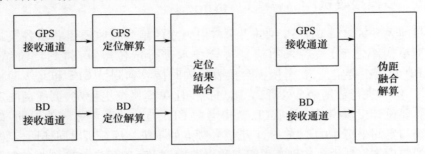

图 4 - 16　定位结果融合与伪距融合示意图

前者依据两系统单模解算结果,由其加权平均值作为最终接收机定位结果。这种方法没有将两系统卫星融合到同一计算公式中,定位效果较差,且必须保证各系统都至少存在 4 颗可见卫星,而伪距融合方式将两系统卫星伪距观测方程统一处理,安置在同一联立方程组求解。通过伪距融合的方式进行解算过程更为复杂,不过其能较好地完成两系统信息融合,因此定位效果更好。下边将介绍双模伪距方程联立及求解的具体方法。

单模与双模最小二乘定位解算的原理基本相似。区别在于双模情况下,由于 GPS 与 BD 系统的时间基准不同,必须将两个系统之间的时间差作为新的未知变量。那么,总共就需要 5 颗以上的卫星方可实现双模定位解算。

GPS/BD 双模导航系统定位解算时,在某一历元时刻可以同时观测到 GPS 和 BD 卫星。因此,设计一个未知量 $\delta t_{\text{gps-bd}}$ 作为 GPS 与 BD 的时间系统钟差,表示 GPS 时间超前了 BD 时间的程度:

$$\delta t_{\text{gps-bd}} = t_{\text{gps}} - t_{\text{bd}} \qquad (4-47)$$

具体实现时,双模系统以 GPS 时间作为基准保存在接收机中,即维护了 GPS 系统时这一时间系统。计算 GPS 卫星伪距时,卫星信号传播时间为接收机接收信号时刻 GPS 时间减去 GPS 卫星信号发射时刻的 GPS 时间:

$$\rho_{c,\text{gps}} = c(t_{u,\text{gps}} - t_{\text{gps}}^{(s)}) \qquad (4-48)$$

不同的是,当计算 BD 卫星伪距时,卫星信号传播时间变成了接收机接收 BD 信号时刻的 GPS 时间减去 BD 卫星信号发射时刻的 BD 时间:

$$\rho_{c,\text{bd}} = c(t_{u,\text{gps}} - t_{\text{bd}}^{(s)}) = c[t_{u,\text{gps}} - (t_{\text{gps}}^{(s)} - \delta t_{\text{gps-bd}})] = c(t_{u,\text{gps}} - t_{\text{gps}}^{(s)}) + c \cdot \delta t_{\text{gps-bd}}$$

$$(4-49)$$

由式(4 - 49)可以看出,将 BD 卫星信号发射时刻的 BD 时间转为相对应的同一时刻的 GPS 时间,式子最右边的第一项为实际的卫星近似距离,第二项是两系统时间差形成的距离。所以严格地说,此时 BD 卫星伪距观测量$\rho_{c,\mathrm{bd}}$是实际 BD 卫星近似伪距加上系统时间差距离的求和。

同样将时间量看成长度量后,与单模系统相比,双模伪距观测非线性方程组变化如下:

$$
\left\{
\begin{array}{l}
\sqrt{(X_{\mathrm{gps}}^{(1)}-x)^2+(Y_{\mathrm{gps}}^{(1)}-y)^2+(Z_{\mathrm{gps}}^{(1)}-z)^2}+\delta t_{u,\mathrm{gps}}=\rho_{c,\mathrm{gps}}^{(1)} \\
\sqrt{(X_{\mathrm{gps}}^{(2)}-x)^2+(Y_{\mathrm{gps}}^{(2)}-y)^2+(Z_{\mathrm{gps}}^{(2)}-z)^2}+\delta t_{u,\mathrm{gps}}=\rho_{c,\mathrm{gps}}^{(2)} \\
\quad\quad\quad\vdots \\
\sqrt{(X_{\mathrm{gps}}^{(n)}-x)^2+(Y_{\mathrm{gps}}^{(n)}-y)^2+(Z_{\mathrm{gps}}^{(n)}-z)^2}+\delta t_{u,\mathrm{gps}}=\rho_{c,\mathrm{gps}}^{(n)} \\
\sqrt{(X_{\mathrm{bd}}^{(n+1)}-x)^2+(Y_{\mathrm{bd}}^{(n+1)}-y)^2+(Z_{\mathrm{bd}}^{(n+1)}-z)^2}+\delta t_{u,\mathrm{gps}}+\delta t_{\mathrm{gps-bd}}=\rho_{c,\mathrm{bd}}^{(n+1)} \\
\sqrt{(X_{\mathrm{bd}}^{(n+2)}-x)^2+(Y_{\mathrm{bd}}^{(n+2)}-y)^2+(Z_{\mathrm{bd}}^{(n+2)}-z)^2}+\delta t_{u,\mathrm{gps}}+\delta t_{\mathrm{gps-bd}}=\rho_{c,\mathrm{bd}}^{(n+2)} \\
\quad\quad\quad\vdots \\
\sqrt{(X_{\mathrm{bd}}^{(n+m)}-x)^2+(Y_{\mathrm{bd}}^{(n+m)}-y)^2+(Z_{\mathrm{bd}}^{(n+m)}-z)^2}+\delta t_{u,\mathrm{gps}}+\delta t_{\mathrm{gps-bd}}=\rho_{c,\mathrm{bd}}^{(n+m)}
\end{array}
\right.
$$

$$(4-50)$$

伪距方程组变为五元非线性方程组,多了 $\delta t_{\mathrm{gps-bd}}$ 这一未知变量。其中,有 n 颗 GPS 卫星,m 颗 BD 卫星。$(x_{\mathrm{gps}},y_{\mathrm{gps}},z_{\mathrm{gps}})$ 为 GPS 卫星位置坐标,$(x_{\mathrm{bd}},y_{\mathrm{bd}},z_{\mathrm{bd}})$ 为 BD 卫星位置坐标,(x,y,z) 为接收机位置坐标,$\delta t_{u,\mathrm{gps}}$ 为 GPS 时间系统基准下接收机的时钟钟差。如此,方程组线性化后的矩阵方程式也产生了变化。

$$
G\cdot\begin{bmatrix}\Delta x\\\Delta y\\\Delta z\\\Delta\delta t_u\\\Delta\delta t_{\mathrm{gps-bd}}\end{bmatrix}=b
\tag{4-51}
$$

4.2.5.2　多模卫星一致性检测

卫星测量值随机模型研究的是各卫星测量值的估计测量误差情况,即对各卫星测量值加权权重的研究,因此也是卫星权重模型。权重越大的卫星,在定位解算中所起的作用应该更大。通常,某颗卫星测量误差越小,那么该卫星对应的权重值应该较大,而权重常取值为卫星测量误差标准差σ_n的倒数。

等权模型、基于仰角的模型和基于信号载噪比的模型为三种常用模型。等权模型假设各颗不同卫星原始观测值误差是相等的,即所占权重是同样大小的,并且互不相关,但是等权模型有时不能满足精密加权定位要求。一方面,由于不同模式系统的扩频码码率不同,其伪距观测精度也因此不同;另一方面,即使是相同模式卫星,因为到达用户的路径和衰减有区别,其信号强度也不同。

由对流层延时、电离层延时和多径影响造成的误差都与卫星的仰角有关,通常卫星仰角越大,其受干扰的程度越小。基于仰角的模型分为三角函数型和指数函数型。三角函数型常有以下 3 种:

$$\sigma_i^s = \frac{1}{\sin(E_i^s)} \tag{4-52}$$

$$\sigma_i^s = \cos(E_i^s) \tag{4-53}$$

$$\sigma_i^s = \sqrt{a^2 + \frac{b^2}{\sin^2(E_i^s)}} \tag{4-54}$$

式中:a 和 b 为经验值;E_i^s 为卫星仰角。

另一种常用模型是基于卫星信号载噪比的模型,其原理是载噪比较大的卫星其信号质量通常较好,测量误差也相对越小。以下是 Brunner 提出的一种模型:

$$\sigma_i^s = \sqrt{C_0 \cdot 10^{-\left(\frac{C/N_0}{10}\right)}} \tag{4-55}$$

其中,常数 $C_0 = 1.1 \times 10^4 \mathrm{m}^2$。

为获得更好的定位结果,一些综合考虑卫星仰角与载噪比的模型被提出:

$$\sigma_i^s = \frac{9}{S}\left[a_0 + a_1 \cdot \exp\left(\frac{-E_i^s}{E_i^0}\right)\right] \tag{4-56}$$

式中,一个缩放因子被引入基于卫星仰角的指数函数模型中,而这个缩放因子是由卫星信号载噪比定义的:

$$S = \begin{cases} 9, \mathrm{int}\left(\dfrac{C/N_0}{5}\right) > 9 \\ \mathrm{int}\left(\dfrac{C/N_0}{5}\right), 其他 \end{cases} \tag{4-57}$$

当卫星信号载噪比高于 45dBHz,该星权重不变。一旦卫星信号载噪比降低,则认为其测量值误差逐渐增大,相应权重降低。

多模组合系统的定权方式较之单模系统还有区别,而同一模式的卫星空间星座组成也可能是不同的,如北斗系统同时由 MEO、GEO 和 IGSO 构成。北斗混合星座设计能够达到区域增强的效果,同时降低了对卫星搭载设备和终端技术的要求。北斗系统 GEO 卫星的静止特性让定轨时卫星钟差较难分离,并且其受光压影响大、外推时间不能太长,这些都造成了同等条件下 GEO 卫星星历误差引入的测距误差高于 MEO 卫星,两者的经验比例为 $\sigma_{\mathrm{geo}}^2 : \sigma_{\mathrm{meo}}^2 = 1.9:1$。

接收机获得的卫星观测值会受到大气延时、多径干扰和接收机噪声等影响,有些可见星受干扰较小,有些则完全偏离了正常值。卫星测量值一致性检测正是用于检测并剔除有明显错误的观测量,其进行计算的基础都是伪距残余。

设某历元伪距观测量为 ρ_{obs},而由接收机估计位置与卫星位置计算出的估计距离为 ρ_{fit}。若测量值较为准确,则 $\rho_{obs} \approx \rho_{fit}$,据接收机估计位置获取历元的异同,伪距残余又分为定位前残余和定位后残余。定位前残余 ρ_{prefit} 与定位后残余 $\rho_{postfit}$ 为上一历元与当前历元接收机定位结果分别同卫星坐标计算出的距离。

4.2.6　差分定位技术

目前我们常用的卫星导航系统是一种高精度无线电导航定位系统,而差分技术是一种通用技术,我们把差分技术在卫星导航定位中的应用,统称为"差分卫星导航定位"或简称为"差分定位"。

4.2.6.1　差分定位基本原理

差分卫星导航定位的工作过程是:在一个已知精确坐标的点上架设用户接收机(该点称为基准站或参考站);基准站上接收机连续观测卫星导航信号,将测量得到的基准站坐标或星地的距离数据与已知的坐标、星地距离数据进行比较,确定相应的差值(改正数);然后将这些改正数据通过数据链播发给覆盖区域内的用户(称为差分用户,也可称流动站),用以改正差分用户的定位结果,如图 4-17 所示。

通过前面学习我们知道,卫星导航用户接收机通过测量接收机天线至导航卫星的伪距,来确定接收机的三维位置和钟差。伪距的测量精度受到众多误差因素影响,可以分为三部分误差:一是各用户接收机所共有的误差,如卫星钟误差、星历误差;二是传播延迟误差,如电离层误差、对流层误差;三是各用户接收机所固有的误差,如内部噪声、通道延迟、多径效应等。利用差分技术,无法消除第三部分误差,但可以完全消除第一部分误差,大部分消除第二部分误差(主要取决于基准站和差分用户之间的距离)。因此,在基准站周围一定范围内的卫星导航定位用户,通过接收差分改正量用以改正自己的误差,可以提高定位精度。

4.2.6.2　差分系统组成

实时差分定位系统由基准站、数据链和用户(流动站)三部分组成,系统的工作模式如图 4-18 所示。基准站的坐标精确已知,在基准站接收所有可视卫星的测距信息,包括伪距、载波相位和导航电文等。由于基准站的坐标已知,可以算出星站之间的真实几何距离,从而得到观测值的改正数。基准站需要发送给流动站的还包括基准站自身的一些信息,如基准站的坐标和天线高等。

数据链是基准站和用户之间的纽带,通过数据链将基准站的差分信号传输

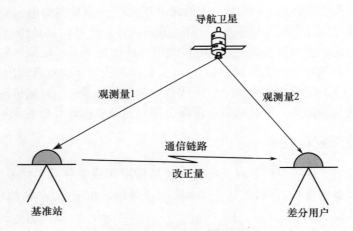

图 4 – 17　差分定位原理图

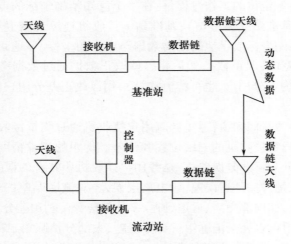

图 4 – 18　实时差分定位系统工作模式

至用户站。数据链由数字通信协议和硬件设备组成,硬件设备包括调制解调器和电台。调制解调器(Modem)将原始观测值或改正数进行编码和调制,然后输入电台并发射出去。用户台将其接收下来,解调后送入接收机进行解码和计算。

电台是将调制后的数据变成强大的电磁波辐射出去,能在作用范围内提供足够的信号强度,使用户台能可靠地接收。发射频率和辐射功率的选择是数据链的重要问题,它是依据作用距离而定。通常的通信设备可分为四大类:第一类为甚高频 VHF(频率为 30 ~ 300MHz)和超高频 UHF(300MHz ~ 3GHz)网络,基准站的天线必须建在高塔之上,能在水平无线电视距以内进行通信,一般作用距离可以达到 2～100km,适用于近距离测量;第二类是地波传输,其中包括中频 MF(300～3000kHz)和低频 LF(30～300kHz),这种信号能沿地球表面传播,能绕过建筑物和山丘,作用距离能达到 1000～2000km,适用于远距离导航和定位,当前广泛使用的沿海无线电信标就是利用地波进行发射,它工作在 283.5～325kHz 波段;第三类是移动卫星传输,广域差分系统通常用移动卫星广播差分校正;第四类是移动通信技术传输,地基增强系统通常用移动通信广播差分校正。

流动站接收机不仅接收卫星信号,同时还接收基准站发送来的信号,将接收到的所有信息送到控制器(如计算机),并利用相应的计算软件实时解算出流动站的坐标。

4.2.6.3 差分定位分类

差分定位技术在卫星导航定位中应用以来,经过多年的研究和发展,形成了多种方式。我们可以按不同的标准进行分类。

(1)按改正观测量不同,可以分为位置差分、伪距差分和载波相位差分等。

(2)按基准站数量不同,可以分为单基站差分和多基准站差分两种。单基站差分系统结构和算法简单,技术上较为成熟,主要用于小范围的差分定位工作。对于较大范围的区域,则应用多基准站差分。

(3)按对误差处理方式不同,可以分为局域差分和广域差分两种。局域差分不对误差进行分类处理,只计算误差的整体影响;广域差分则根据误差的性质不同,进行分类处理,如分别计算轨道误差、星钟误差、电离层误差等。

(4)按差分计算的实时性不同,可以分为实时差分和事后差分。实时差分必须有数据通信链,用于传送差分改正数。事后差分不需要数据通信链,观测结束后,事后进行差分计算。

↘ 4.3 检测系统及检测平台

4.3.1 检测系统结构组成

综上所述,无论卫星导航应用设备应用于何种场合,以哪种形态存在,其主要分为天线、射频通道、接收机模块、信息交互、结构与供配电等。

由于卫星导航终端产品检测为卫星导航终端产品提供产品质量检测和测试的认证服务,要完成卫星导航终端产品的设备单元和整机产品的检测和评估,系统测试功能和范围要求比较全面,根据卫星导航功能单元组成与产品形态,卫星导航终端产品检测系统的各个检测平台应具有若干专用和通用仪器设备和环境,各个检测平台根据测试项目有不同的要素组成。检测系统结构组成如图 4 – 19 所示。

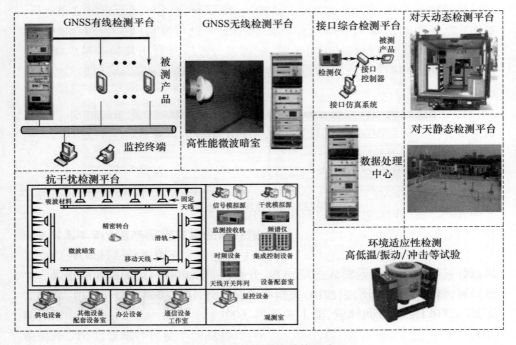

图 4 – 19　检测系统结构组成

4.3.2　检测平台分类及组成

1. GNSS 终端有线检测平台

GNSS 终端有线检测平台可实现对卫星导航应用终端、组合导航系统进行功能、性能有线并行自动化测试和计量检定,并对产品进行环境试验,满足相关标准的测试要求。卫星导航、定位、授时终端检测支持 RDSS、RNSS、GPS、BD、GLONSS 系统的芯片、终端、模块及相关应用和系统涉及的入网指标测试、有线测试、工作温度性能测试,GNSS 终端有线测试平台可由以下子系统组成:

（1）多端口 GNSS 阵列信号模拟子系统。

（2）RDSS 出站信号模拟子系统。

（3）RDSS 阵列信号入站子系统。

（4）干扰信号模拟子系统。

（5）惯导观测数据模拟子系统。

（6）电源测试子系统。

（7）射频模块测试子系统。

（8）环境试验测试子系统。

GNSS 终端有线检测平台设备主要有 GNSS 导航信号模拟器、RDSS 卫星导航信号模拟器、干扰信号源、环境试验设备、时频测试设备、电源分析仪、矢量网络分析仪、频谱仪、相关分析软件。

2. GNSS 终端无线检测平台

GNSS 终端无线检测平台除了可以支持有线性能检测平台所需功能之外，还可以对包含天线的整机性能进行测试。GNSS 终端无线检测平台可由以下子系统构成：

（1）单端口 GNSS 阵列信号模拟子系统。

（2）RDSS 出站信号模拟子系统。

（3）RDSS 阵列信号入站子系统。

（4）干扰信号模拟子系统。

（5）惯性观测数据模拟子系统。

（6）无线闭环接收验证子系统。

（7）暗室与转台子系统。

GNSS 终端无线检测平台包含的设备主要有 GNSS 导航信号模拟器、RDSS 卫星导航信号模拟器、干扰信号源、时间间隔与频率计数器、测量接收机、频谱仪等。

3. 导航天线检测平台

导航天线检测平台完成导航天线无源及有源部件的测试，其中军用技术或有些特殊场所应用还应包括调零天线测试。导航天线检测平台由以下子系统构成：

（1）导航天线远场测试子系统。

（2）导航天线近场测试子系统。

（3）导航天线有源组件测试子系统。

4. 对天静态检测平台

对天静态检测系统用于检测被检导航终端在实际信号接收条件下的静态定位性能，并能对接收终端的精密定位性能和差分定位性能进行评估。对天静态测试的检测方法包含室外对天检测、室内转发信号检测、差分检测三种检测方式。对天静态检测平台可由以下子系统构成：

（1）室外对天检测子系统。

（2）室内转发信号检测子系统。

（3）差分检测子系统。

（4）对天静态测试评估子系统。

5. 对天动态检测平台

对天动态检测平台用于测试被测导航终端在真实信号接收条件下的定位性能，并能对接收终端的精密定位性能和差分定位性能进行评估。对天动态检测平台由以下子系统构成：

（1）对天动态检测车辆子系统。

（2）车载 RNSS 基准子系统。

（3）车载 GNSS/INS 组合导航基准子系统。

（4）车载导航信号采集回放子系统。

（5）对天动态测试评估子系统。

6. 接口综合检测平台

接口综合检测平台主要用于对卫星导航终端进行射频接口、信息接口、电气接口等三类接口进行协议测试。接口综合检测平台可由以下子系统构成：

（1）射频接口测试子系统。

（2）信息接口测试子系统。

（3）电气接口测试子系统。

7. 卫星导航标校

卫星导航标校主要用于检测系统自身重要参数的标定与校准。

8. 导航综合控制

导控系统主要完成系统自检、测试模式选择、测试环境和测试条件配置、试验方案的规划设计、试验过程中对各分系统和设备的控制及试验数据的采集、存储、分析评估。

4.4 室内测试项

4.4.1 室内有线测试项

4.4.1.1 RNSS 测试项

RNSS 测试参数主要包括首次定位时间、灵敏度、定位测速精度、失锁重捕时间、授时精度、通道数与跟踪能力、自主完好性等。

1）首次定位时间

首次定位时间是指卫星导航定位终端从开机到获得满足定位精度要求所需要的时间。根据卫星导航定位终端开机前的初始化条件，可以分为冷启动条件下首次定位时间、温启动条件下的首次定位时间和热启动条件下的首次定位时间。其中冷启动是指卫星导航定位终端开机时,没有当前有效的历书、星历和本机大概位置等信息;温启动指卫星导航定位终端开机时,没有当前有效的星历信息,但是有当前有效的历书和概略位置信息;热启动指卫星定位终端开机时,有当前有效历书、星历和本机概略位置信息。

2)跟踪灵敏度

跟踪灵敏度是指被测设备在捕获信号后,能够保持稳定输出并符合定位精度要求的最小信号电平。

跟踪灵敏度评估要求卫星导航定位终端最低接收功率大于 − 145dBm。

3)捕获灵敏度

捕获灵敏度测试是指在冷启动条件下,被测设备输出定位信息满足精度要求的最低接收信号电平,捕获灵敏度评估要求卫星导航定位终端最低接收信号功率小于 − 138dBm。

4)定位测速精度

定位精度是指卫星导航定位终端接收卫星导航信号进行定位解算得到的位置与真实位置的接近程度,一般表示为水平定位精度和高程定位精度。

测速精度是指卫星导航定位终端接收卫星导航信号解算得到与真实速度的接近程度。

5)授时精度

授时精度是指卫星导航接收机给出的 UTC 时间与国际 UTC 时间的一致程度,对于一般的终端设备主要测试其 1PPS 的输出精度。

6)自主完好性

要求卫星导航定位终端在接收到故障卫星信号时,能正确辨别故障状态,如 6 颗可视卫星中有 1 颗卫星故障,卫星导航定位终端能够给出告警信息,同时很多接收机要求对天线和核心板块也要具备自主完好性监测功能。

7)通道数与跟踪能力

通道数是指卫星导航设备同时能够跟踪的卫星数量。

8)失锁重捕时间

失锁重捕时间是指卫星导航定位终端在正常工作状态下,出现所有信号中断播放时,从信号重新播放至卫星导航定位终端输出锁定信息所需时间。

4.4.1.2　多模组合测试

GNSS 多模组合测试是指使用 GNSS 系统中两个或以上的卫星导航系统进行导航定位。多模组合测试的优点是,可以支持从多个卫星星座中搜索可见卫星,这样避免干扰较强的环境中可能出现的短暂信号中断或者捕获卫星数量少的情况,并且能大幅度增加可见卫星数量,极大提高了卫星导航定位终端的可靠性和定位的精度。

4.4.1.3 惯导组合测试

惯导组合测试是指惯性导航与 GNSS 系统两者组合的导航系统或设备。其中惯性导航的基本工作原理是以牛顿力学为基础,在载体内部测量载体运动的加速度经过积分运算后得到载体的速度和位置等导航信息。惯性导航是一种完全封闭自主的导航方式,其抗干扰能力较强,但是主要缺点是导航定位误差会随时间漂移,因此很难满足高精度定位与导航的要求,惯性导航与 GNSS 组合导航正是充分利用两者短期与长期稳定的优势发展起来的一种抗干扰能力强的高精度导航方式,随着各种无人技术的发展,GNSS/INS 的应用也必将越来越广泛。

4.4.1.4 差分定位测试

差分定位模式下,系统具备多频点两路用户卫星导航信息的输出能力,并且具备基准站位置信息输出功能。该模式下系统播发 2 个频点基准站和流动站 2 路用户卫星导航信号,将 2 个频点基准站的导航信息送入基准站,并将基准站精确坐标通过串口送入基准站,基准站解算差分信息,并将差分信息送给流动站。同时系统将 2 个频点的导航信号送入流动站,流动站根据导航信号和差分信息进行定位解算,流动站将测试结果上报试验导控与评估系统进行处理。

4.4.1.5 抗干扰测试

抗干扰测试主要对接收机抗窄带压制干扰、宽带压制干扰、欺骗干扰、混合干扰进行测试,抗干扰能力主要指在一定干信比情况下各种精度满足指标进行测试。

4.4.2 室内无线测试项

室内无线测试主要对 GNSS 观测精度、GNSS 静态测量精度、GNSS 静态 RKT 性能、授时精度等进行测试,在该模式下,GNSS 导航设备接收真实信号,为了对其性能进行标定,需要提前进行位置、速度、时间的精确标定作为参考以评判参数是否满足要求。

室内无线测试相较于室内有线测试的区别在于测试条件中存在天线的接收角度,接收模拟信号的增益存在一定的影响,其他测试、分析评估方法都相同。

↘ 4.5 室外测试项

4.5.1 室外无线静态测试项

4.5.1.1 GNSS 观测精度测试

室外 GNSS 观测精度测试是指卫星导航定位终端在实际户外工作环境下的

定位精度。

观测精度测试大致流程如下：

（1）将被测卫星导航终端的天线架设在已知测试点上。

（2）卫星导航定位终端接收真实卫星信号之后，通过卫星导航定位终端串口实时输出原始观测数据，试验系统将卫星导航定位终端上报的观测数据和已知位置信息进行比对评估后给出结果。

4.5.1.2　GNSS 静态 RTK 性能测试

室外静态 RTK 测试是指卫星导航定位终端在实际户外工作环境下接收真实卫星信号的实时测量定位结果与已知定位坐标的符合程度。

静态 RTK 测试流程如下：

（1）将被测设备终端基准站的天线架设在已知测试点 1 上，将被测设备定位终端流动站的天线架设在已知测试点 2 上，两点相距 10km 以内。

（2）设置基站与相应的流动站通过数据链路形成 RTK 工作模式。

（3）设置各基站和流动站捕获卫星信号，将差分定位结果输出，试验系统将卫星导航定位终端的定位结果和实际位置比对评估后形成结果。

4.5.2　室外无线动态测试项

4.5.2.1　北斗 RNSS 观测精度

室外北斗观测精度测试是指卫星导航定位终端设备在实际空间环境下接收真实卫星信号时的观测精度。

室外观测精度测试步骤如下：

（1）将卫星终端设备流动站和一个标准卫星导航定位终端的天线同时设置在已知测试点之上。

（2）卫星导航定位终端接收到太空中真实的卫星信号之后，通过卫星导航定位终端和标准卫星导航定位终端串口实时输出观测数据进行比对评估输出结果。

4.5.2.2　北斗动态 RTK 测试

北斗动态 RTK 测试是指卫星导航定位终端在实际应用环境下的实时动态测量定位结果与已知定位坐标的符合程度。

室外北斗动态 RTK 测试步骤如下：

（1）将被测设备基准站的天线架设在经过标定的测试点上，将卫星导航定位终端流动站和一个标准卫星导航定位终端的天线同时架设在另外一个已知测试点上，要求两点相距 10km 以内。

（2）设置基准站与流动站之间的数据传输链路，形成 RTK 工作模式。

（3）设置基准站和流动站开始工作,流动站同时通过数传链路接收基准站的差分数据,经过处理后和标准卫星导航定位终端输出的数据进行比对,从而对被测设备形成评估结果。

4.5.2.3 授时精度测试

授时精度是指在实际工作环境下卫星导航终端的授时精度,考核用户设备授时精度是否满足指标要求。

授时精度测试基本步骤与流程如下:

（1）将被测设备与标准设备天线同时架设在开阔测试点之上。

（2）将被测卫星导航终端和标准终端的输出进行比对评测,从而对被测设备形成评估结果。

第5章
卫星导航应用设备检测方法及相关标准

↳ 5.1　卫星导航应用设备检测的基本原理

卫星导航应用设备检测的基本原理是通过模拟生成卫星导航产品接收到的导航信号或采用真实情况下的信号方式,对北斗 RDSS/RNSS、GPS 信号全面测试,包括基本测试与抗干扰测试、导航信号模拟与真实信号采集回放结合等方式,适用于所有手持、车载、机载等导航型、授时型终端以及部分组合导航终端的研制测试和检测。

检测平台由信号模拟设备、平台控制与数据存储设备、监控台及相关设备、系统校准与保障设备、平台控制软件和暗室等组成。

信号模拟设备包括 BDS/GPS 等多系统导航信号源、RDSS 闭环测试设备、干扰信号模拟器、数据采集回放设备等。BDS/GPS 等多系统导航信号源在平台测试评估软件控制下模拟产生北斗 RNSS、GPS 等系统典型场景的测试信号,并为控制评估软件提供评估基准数据,用于对终端进行功能和性能的评估。RDSS闭环测试设备模拟仿真 RDSS 出站信号,并完成 RDSS 入站信号的捕获、跟踪、解析及参数测量,可用于测试评估 RDSS 测试机的功能性能指标。数据采集回放设备可同时采集的信号包括北斗 B1/B2/B3 及 GPS L1/L2 等信号。

射频信号采集回放设备将记录的信号导出至计算机供用户进行软件接收机算法分析,另支持自定义的数据导入仪器中产生射频信号。射频信号集成分配单元由射频合路器和功分器组成,其功能是将模拟源或采集回放系统输出的射频信号分配到待测终端。

系统校准与保障设备由频谱仪、铷钟、程控电源、时间间隔计数器等组成。频谱仪在程序控制下对系统进行自动校准,保证系统测量精度;铷钟为系统提供高精度时间/频率基准;程控电源在软件远程控制下开启和关闭,用于测试终端的定位时间指标测试;时间间隔计数器通过测量被测设备与信号源输出的 1PPS之间的相位差,评估授时精度等指标。

平台控制软件包括导航信号仿真软件、RDSS 闭环测试软件、测试评估软件、采集回放控制软件、数据库应用软件等。导航信号仿真软件模拟生成 BDS/GPS/GLONASS 系统的模型参数,控制 BDS/GPS/GLONASS 多系统导航信号源。RDSS 闭环测试软件模拟仿真 RDSS 出站模型参数,并完成 RDSS 入站接收信号参数和信息的处理,用于测试评估 RDSS 测试机的功能性能指标。测试评估软件的设备控制模块对信号源进行场景参数设置,并显示其工作状态;同时控制程控电源、时间间隔计数器和转台等测试保障设备,并设置被测设备的工作状态和参数,支持完成所有测试项目的完备测试。

5.2 用户定位、导航方法与精度分析

卫星定位的基本原理是测量出已知位置的卫星到接收机之间的距离,综合多颗卫星的数据,计算出接收机的具体位置,具有全天候、全覆盖、三维定速定时的特点。由于卫地距离是通过信号的传播时间差 Δt 乘以信号的传播速度 v 而得到的,其中,信号的传播速度 v 接近于真空中的光速,量值非常大,因此,这就要求对时间差 Δt 进行非常准确的测定,如果稍有偏差,那么测得的卫地距离就会谬以千里。而时间差 Δt 是通过将卫星处测得的信号发射时间 t_S 与接收机处测得的信号达到的时间 t_R 求差得到的。其中,卫星上安置的原子钟,稳定度很高,我们认为这种钟的时间与 GPS 时吻合;接收机处的时钟是石英钟,稳定度一般,我们认为它的时钟时间与 GPS 时存在时间同步误差,并将这种误差作为一个待定参数。这样,对于每个地面点实际上需要求解就有 4 个待定参数,因此至少需要观测 4 颗卫星至地面点的卫地距离数据才能定位。

定位过程是:首先根据卫星广播的星历,计算出第 i 颗卫星的准确位置(x_i, y_i, z_i);其次根据测量的码伪距或相位伪距,计算出用户与第 i 颗卫星之间的相对距离 d_i;最后根据导航方法计算用户的三维坐标(x, y, z)。根据接收机所接收的卫星星历可以确定以下 4 个方程:

$$[(x_1-x)^2+(y_1-y)^2+(z_1-z)^2]^{1/2}+c\times(Vt1-Vt0)=d_1$$
$$[(x_2-x)^2+(y_2-y)^2+(z_2-z)^2]^{1/2}+c\times(Vt2-Vt0)=d_2$$
$$[(x_3-x)^2+(y_3-y)^2+(z_3-z)^2]^{1/2}+c\times(Vt3-Vt0)=d_3$$
$$[(x_4-x)^2+(y_4-y)^2+(z_4-z)^2]^{1/2}+c\times(Vt4-Vt0)=d_4$$

式中:(x, y, z)为待测点坐标;$Vt0$ 为接收机的钟差,均为未知参数;$d_i=c\Delta ti$,($i=1,2,3,4$),d_i 为卫星 i 到接收机之间的距离,c 为光速,Δti 为卫星 i 的信号到达接收机所经历的时间;(x_i, y_i, z_i)为卫星 i 在 t 时刻的空间直角坐标,可由卫星导航电文求得;Vti 为卫星钟的钟差。

由以上 4 个方程式即可解算出待测点的坐标(x、y、z)和接收机的钟差 $Vt0$。

　　北斗卫星导航系统定位精度受卫星轨道、卫星钟差、电离层及对流层误差等因素影响。北斗导航系统是由 3 种处于不同轨道高度的卫星组成的混合星座导航系统,由于卫星测距精度与卫星星历会产生不同的影响,因此分析和评估北斗卫星导航系统单点定位精度时,必须考虑不同轨道卫星测距精度的差异影响。

　　北斗卫星导航系统伪距测量误差主要与卫星星历和钟差误差、传播过程中大气延迟和多路径效应误差、接收机内部测距码分辨率误差及测量噪声相关。由于星座类型不同导致卫星定轨误差和外推误差不同,这就造成了不同轨道卫星广播的广播星历精度不等,从而造成伪距观测量精度的不等。对于地球同步轨道 GEO 卫星,其静止特性使得卫星的钟差在定轨中难以分离,并且 GEO 卫星受光压影响较大,外推时间不能过长等,因此由 GEO 卫星星历误差引起测距误差在相同条件下约为中等高度轨道(MEO)卫星的 2 倍。倾斜地球同步轨道(IGSO)卫星轨道高度与 GEO 相同,受光压影响也较大,但在局部地区其定轨精度比 GEO 和 MEO 要高,因此综合考虑 IGSO 测距精度与 MEO 相当。组成误差方程为

$$V = A \cdot \sigma X + L$$

式中:$A = \begin{bmatrix} a_{x1} & a_{y1} & a_{z1} & 1 \\ a_{x2} & a_{y2} & a_{z2} & 1 \\ \vdots & \vdots & \vdots & \vdots \\ a_{xn} & a_{yn} & a_{zn} & 1 \end{bmatrix}$,$a_i = (a_{xi}, a_{yi}, a_{zi})$ 是以线性化点指向第 i 颗卫星位置的单位矢量;$\sigma X = (\sigma x, \sigma y, \sigma z, c\sigma t,)$,$(\sigma x, \sigma y, \sigma z)$ 为接收机坐标的改正数,σt 为接收机钟差。

　　算法方程为

$$N = A^{\mathrm{T}} P A$$

式中:$P = \begin{bmatrix} P_{\mathrm{GEO}} & & \\ & P_{\mathrm{IGSO}} & \\ & & P_{\mathrm{MEO}} \end{bmatrix}$;$P_{\mathrm{GEO}} = 0.5$;$P_{\mathrm{IGSO}} = P_{\mathrm{MEO}} = 1$。

　　为了尽可能提高北斗导航卫星单点定位精度,需要建立准确的误差改正模型,具体如下:

　　卫星钟差一般通过对卫星钟运行状态进行连续监测而精确确定,狭义相对论可以通过设置卫星钟的频率消除,广义相对论可以通过模型进行改正。卫星钟差和相对论效应的综合影响可以表示为

$$\Delta t_{sv} = a_0 + a_1 (t - t_{oc}) + a_1 (t - t_{oc})^2 + \Delta t_r$$

式中:$\Delta t_r = Fe\sqrt{A}\sin E_k$ 是相对论校正,A, e, E_k 分别为卫星运动长半轴、偏心率和

偏近地角,这些参数均可从导航电文中获取。

目前,消除电离层延迟误差的方法可以分为两种:一种是双频伪距消电离层法,主要适用于双频观测量,精度较高;另一种是电离层延迟模型改正法,适合于单频观测量。

5.3 一致性验证理论与方法

导航产品一致性检验是指以逐批检验的抽样检验方式按照标准中规定的试验项目进行检验,为产品质量一致性和稳定性提供保证。

一致性检验包括:对每个检验批进行 A 组(包括目检和尺寸检验及产品主要性能检验)和 B 组(包括其他重要性能检验)以及在固定的时间间隔内从已通过逐批检验的诸批中抽取样品进行周期检验。周期检验通常为 C 组检验,有时也分出一个 D 组检验。

5.3.1 逐批检验技术

逐批检验是对每个提交的检验批的产品批质量,通过全检或抽检,判断其生产批是否符合规定要求而进行的一种检验。其主要内容包括:检验批的构成与抽样要求,逐批检验项目和方法方式,抽样检验方案的选择和确定,逐批检验结果判定及处置。

1. 检验批的构成与抽样要求

(1)批的构成:在逐批检验中,检验批是一组依据一个或多个样本而确定是否接收的单位产品的集合。它不一定等于生产批、购置批或者为其他目的而组成的批。通常每个检验批应由同型号、同等级、同种类、同尺寸、同结构且生产时间和生产条件大致相同的导航产品组成。

(2)抽样的随机性和代表性:从提交检验批的产品中,抽样应该是随机的,应使提交检验批中每单位产品被抽到的可能性相等,且应注意样本的代表性。

2. 逐批检验项目和方法方式

(1)逐批检验主要项目:外观检查,尺寸检查,电特性检查。

(2)检验方法方式:对具体产品,按照相应规范及标准规定的检查方法进行检验。逐批检验按检验方式可分为全数检验和抽样检验:全数检验即对一批待检产品进行 100% 的检验;抽样检验是根据预先确定的抽样方案,从一批产品中随机抽取一部分样品进行检验。

3. 抽样检验方案的选择和确定

通常采用 AQL 抽样检验方案,根据产品标准规定的检查水平 IL{GB/T

2828.1—2003 给出 3 个一般检验水平,分别是Ⅰ、Ⅱ、Ⅲ;还有 4 个特殊检验水平,分别是 S－1、S－2、S－3、S－4。检验水平规定了批量与样本之间的关系。相同 N 下分别采用Ⅰ、Ⅱ、Ⅲ水平,n(样本量)的大致比例关系,一般检查水平 > 特殊检验水平;Ⅰ < Ⅱ < Ⅲ;S－1 < S－2 < S－3 < S－4}。

接收质量限 AQL 值,由 GB/T 2828.1—2012《计数抽样检验程序第一部分:按接收质量限(AQL)检索的逐批检验抽样计划》中规定的检索方法,对逐批检验的批量数 N,查出 A 组和 B 组逐批检验项目的合格判定数 Ac、不合格判定数 Re 和检验样品量 n。简言之,根据给出检查水平 IL、AQL 值和批量数 N,就可以确定一个抽样方案,以正常检查一次抽样为例,可得出抽样方案(n,Ac,Re)。

4. 逐批检验结果判定及处置

按照 AQL 抽样方案,以一次抽样正常检查水平Ⅱ级为例,根据对样本实施的检验结果,若样本 n 中的不合格数 d 小于等于合格判定数 Ac,即 $d \leqslant Ac$ 时,判定检验批合格,若 $d \geqslant Re$ 时,判定检验批不合格。

在产品标准规定的检验周期内,周期检验合格的情况下,经逐批检验合格的产品,可作为合格产品交付给订货方;对初次检验不合格的批,一般退回制造部门进行全数检查,剔除不合格品后,再重新提交逐批检验,对再次提交检验的批,使用抽样方案的严酷度和检验项目,应在合同中明确规定,对再次提交仍不合格的批,除非有特别规定,一般不允许再次提交检验。

5.3.2　周期检验技术

周期检验是在规定的周期内,从逐批检验合格的某个批或若干批中抽取样本,并施加各种应力的各项试验,然后检测产品判断是否符合规定要求的一种检验。其主要内容包括:周期规定、检验分组和样品;检验项目和程序;周期检验缺陷分类和失效判据;周期检验结果判定和处置。

1. 周期规定、检验分组和样品

(1) 检验周期规定:根据产品的特性及生产过程质量稳定的情况,再综合考虑其他的因素,适当规定检验周期。产品标准中一般都给出该产品在正常稳定生产情况下进行周期检验的时间间隔(如 3 个月、6 个月、1 年等),但对不同的检验组,规定不同的检验周期。

(2) 检验分组与样品:周期检验分为 C 组和 D 组,C 组为环境试验,D 组为耐久性寿命试验。周期检验的样品,应根据产品标准中规定的抽样方案和检查水平及规定的样品数,从本周期内经逐批检验合格的一批或几批中随机抽取,加倍或二次试验的样品在抽样时一次取足。

2. 检验项目

（1）常温电性能检查：试验前在正常工作的条件下，对被试样品进行定性和定量检查，判断产品质量是否全面符合国家标准要求。常温电性能检测时，应严格按照技术标准规定，进行全部指标或部分指标检测。

（2）环境试验：为了评价在规定周期生产批的产品的环境适应能力，将经过性能检测合格的产品，在人工模拟的环境条件下试验，以此评价产品在实际使用、运输和储存环境条件下的性能是否满足产品定型鉴定检验时达到的环境适应能力。

环境试验包括高温储存试验、低温储存试验、高低温变化试验、交变湿热和恒定湿热试验、低气压试验、振动试验、冲击碰撞、跌落、盐雾试验等。由于产品使用环境不一样，在周期环境试验中，规定的环境试验项目可能是单项试验，也可能是组合或综合试验。

3. 周期检验结果判定和处置

（1）在一个周期试验组中发现一个致命缺陷，则判该试验组不合格。

（2）若在试验样品中发现不合格数小于或等于合格判定数，则判该试验组合格。若试验中的不合格数大于或等于不合格判定数，则判该试验组不合格。

（3）本周期内，所有试验分组都合格，则本周期检验合格，否则就判该周期检验不合格。

（4）周期检验不合格，该产品暂停逐批检验。已生产的产品和已交付的产品由供需双方协商解决，并将处理经过记录在案。

（5）周期检验不合格，供方应立即查明原因，采取措施。需方在供方采取改进措施后，在重新提交的产品中抽样，对不合格试验项目或试验分组重新试验，直至试验合格后，供方才能恢复正常生产和逐批试验。

产品质量一致性检验结果通过逐批检验结果和周期检验结果是否合格来判定，逐批与周期检验结果合格，可认为产品鉴定得以维持。如果检验不合格，即没有通过质量一致性检验，则鉴定批准应予暂停或撤销。

5.4 实测数据比对法

1. 方法一

（1）把一台安装固定好的工作正常的被测导航设备，以 $25\text{m/s} \pm 1\text{m/s}$ 的速度，沿直线运行至少 $1 \sim 2\text{min}$，然后在 5s 内沿同一直线将速度降到 0。测量被测导航设备指示的静止位置坐标与实际静止位置坐标的误差，水平误差和垂直误差应不超过规定的限值。被测导航设备指示的静止位置由其静止后 10s 内 10

个连续输出的位置数据求平均值得到。实际静止位置的坐标按以下方法测得：在静止点架设参照接收机,参照接收机的位置测量误差在 X、Y、Z 三个方向上应不超过 1m。

（2）把一台安装固定好的工作正常的被测导航设备,以 12.5m/s±0.5m/s 的速度,在水平面沿直线运动至少 100m,并在运动中相对直线两侧以 11~12s 周期均匀偏移 2m,保持至少 2min。在运动过程中,导航单元应保持卫星信号锁定,其显示的水平位置应在以运动平均方向为中心水平方向总宽度 24m 的范围内,垂直位置应在以运动平均方向为中心垂直方向总宽度 30m 的范围内。

2. 方法二

用具有 RTK 测量功能的接收机(包括基准站和流动站)获取载体在运动过程中各时刻的标准点坐标,基准站与流动站距离不超过 5km。将导航设备所用天线和流动站所用天线安装在运动载体上,两天线的相位中心相距不超过 0.2m,载体以方法一中(2)描述的轨迹运动,在运动全过程中以 1Hz 更新率采集导航设备输出的位置坐标,并与流动站提供的标准点坐标相比较,计算定位精度。

↘ 5.5　软件比对法

通过测试控制与评估软件可以自动完成北斗产品测试及测试结果报表生成,测试控制与评估软件运行在一台高性能工作站上,是系统与用户之间的人机交互接口,完成系统自检、测试模式选择、测试环境和测试条件配置、测试方案的规划、测试过程中对各分系统和设备的控制以及测试数据的采集、存储和分析评估。

工作过程如下：

（1）测试控制与评估软件控制卫星导航信号模拟器播发指定的测试场景,设定测试信号的频点和功率,通过微波暗室内的测试天线送到被测用户终端。

（2）测试控制与评估软件控制干扰信号模拟器发射规定的干扰信号。

（3）测试控制软件通过测试转台设定用户天线工作的状态。

（4）接收终端接收出站导航信号,并在测试控制与评估软件的控制下输出指定的信息,或发射规定的入站信息(RDSS 接收终端)。

（5）入站接收机接收来自暗室或有线席位对应的入站信号,进行解析,并送到测试控制与评估软件进行评估。

（6）测试控制与评估软件采集平台内所有设备的状态、测试数据和状态信息,以及导航电文的生成,各测试项目的自动化控制和结果评估、报表生成。

↘ 5.6 数据处理验证法

数据处理步骤如下:

(1) 在得到的全部实时定位数据中剔除平面精度因子 HDOP > 4 或位置精度因子 PDOP > 6 的测量数据。

(2) 在下述处理过程中,选用适当的统计判断准则(如 3σ 准则)剔除粗大误差数据。

(3) 将导航单元输出的大地坐标系(BLH)定位数据转换为站心坐标系(ENU)定位数据。

(4) 按式(5 - 1)～式(5 - 3)计算各历元输出的定位数据在站心坐标系下各方向(ENU 方向,即东北天方向)的定位误差:

$$\Delta E_i = E_i - E_{0i} \tag{5-1}$$

$$\Delta N_i = N_i - N_{0i} \tag{5-2}$$

$$\Delta U_i = U_i - U_{0i} \tag{5-3}$$

式中:ΔE_i、ΔN_i、ΔU_i 为第 i 次实时定位数据的 E、N、U 方向的定位误差($i = 1$,$2, \cdots, n$),单位为 m;E_i、N_i、U_i 为第 i 次实时定位数据的 E、N、U 方向分量,单位为 m;E_{0i}、N_{0i}、U_{0i} 为第 i 次实时定位的标准点坐标 E、N、U 方向分量,单位为 m。

(5) 按式(5 - 4)～式(5 - 7)计算站心坐标系下各方向的定位偏差(bias):

$$\bar{\Delta}_E = \frac{\sum_{i=1}^{n} \Delta E_i}{n} \tag{5-4}$$

$$\bar{\Delta}_N = \frac{\sum_{i=1}^{n} \Delta N_i}{n} \tag{5-5}$$

$$\bar{\Delta}_U = \frac{\sum_{i=1}^{n} \Delta U_i}{n} \tag{5-6}$$

$$\bar{\Delta}_H = \sqrt{\bar{\Delta}_N^2 + \bar{\Delta}_E^2} \tag{5-7}$$

式中:$\bar{\Delta}_E$、$\bar{\Delta}_N$、$\bar{\Delta}_U$ 为定位偏差的 E、N、U 方向分量,单位为 m;$\bar{\Delta}_H$ 为水平定位

距离偏差,单位为 m。

（6）按式(5-8)~式(5-11)计算定位误差的标准差(standard deviation):

$$\sigma_{E} = \sqrt{\frac{1}{n-1}\sum_{i=1}^{n}(\Delta E_i - \bar{\Delta}_E)^2} \qquad (5-8)$$

$$\sigma_{N} = \sqrt{\frac{1}{n-1}\sum_{i=1}^{n}(\Delta N_i - \bar{\Delta}_N)^2} \qquad (5-9)$$

$$\sigma_{U} = \sqrt{\frac{1}{n-1}\sum_{i=1}^{n}(\Delta U_i - \bar{\Delta}_U)^2} \qquad (5-10)$$

$$\sigma_{H} = \sqrt{\sigma_{N}^2 + \sigma_{E}^2} \qquad (5-11)$$

式中:σ_E、σ_N、σ_U 为定位误差的标准差在 E、N、U 方向的分量,单位为 m;σ_H 为定位误差的标准差在水平方向的分量,单位为 m。

（7）计算置信概率为 95% 的定位精密度(precision):对于水平方向,在各轴向随机误差接近正态分布且误差椭圆轴比约为 1 的假设下,可取置信因子 $k=2$（$k=1.73$ 的安全近似值）,$k=2$ 时水平误差落在半径为 $2\sigma_H$ 的圆内的概率在 95.4%~98.2% 之间,具体值取决于误差椭圆的轴比,$2\sigma_H$ 值通常作为水平误差大小的 95% 界限),按式(5-12)计算:

$$U_H = k\sigma_H = 2\sigma_H, p = 95\% \qquad (5-12)$$

对于垂直方向,取置信因子 $k=2$（$k=1.96$ 的安全近似值）,按式(5-13)计算:

$$U_U = k\sigma_U = 2\sigma_U, p = 95\% \qquad (5-13)$$

式中:U_H 为置信概率 95% 的水平定位精密度,单位为 m;U_U 为置信概率 95% 的垂直定位精密度,单位为 m。

（8）分别报告偏差(bias)和精密度(precision):

N、E、U 三个方向的定位误差:($\bar{\Delta}_N$、$\bar{\Delta}_E$、$\bar{\Delta}_U$)。

水平定位精密度:$U_H = 2\sigma_H, p = 95\%$。

垂直定位精密度:$U_U = 2\sigma_U, p = 95\%$。

（9）计算定位精度(accuracy):

水平定位精度按式(5-14)计算:

$$M_H = \bar{\Delta}_H + U_H \qquad (5-14)$$

垂直定位精度按式(5-15)计算:

$$M_U = |\bar{\Delta}_U| + U_U \qquad (5-15)$$

5.7 卫星导航应用设备检测相关标准

我国现已发布卫星导航领域标准 140 多项,主要分布在道路交通运输、民航及空管、铁路运输、航海船舶、测绘勘探等各个行业,以及防震减灾、行业监控管理、精密授时及高精度时间应用等领域。中国卫星导航产业的发展始于行业应用,最开始应用的是测绘领域,而后发展到交通运输业,目前交通运输行业占据了卫星导航产品较大部分的市场份额,相关行业标准也较多,环境监测、林业、气象等领域,或者应用时间不长,或者营业规模很小,所以这些领域的标准相对较少。同时,由于中国卫星导航产业是由应用 GPS 发展而来,所以国内有关卫星导航定位的标准主要是 GPS 卫星导航应用标准,而随着中国北斗卫星导航系统的开发应用,使得多系统兼容类的标准得到更多重视,GNSS 兼容类标准在现行标准中逐渐占据了主流,北斗专项标准体系也逐步得到完善。

上述卫星导航领域标准中,与卫星导航应用设备检测相关的有 60 余项,标准列表如表 5 - 1 所列。其中北斗检测相关标准简介及主要内容参见附录 B - 1。

在卫星导航应用设备检测相关标准中,主要的导航专业测试项目有 10 个,包括静态定位、动态定位、速度精度、灵敏度、首次定位时间、重新捕获时间、位置更新率及速度更新率、授时精度、接收设备通道数、动态性能。各项目涉及的标准及测试方法见附录 B - 2。

表 5 - 1 卫星导航应用设备检测相关标准汇总表

序号	标准代号	标准名称
1	GB/T 12267—1990	船用导航设备通用要求和试验方法
2	GB/T 15527—1995	船用全球定位系统(GPS)接收机通用技术条件
3	GB/T 17424—2009	差分全球导航卫星系统(DGNSS)技术要求
4	GB/T 18214.1—2000	全球导航卫星系统(GNSS)第 1 部分:全球定位系统(GPS)接收设备性能标准、测试方法和要求的测试结果
5	GB/T 18314—2009	全球定位系统(GPS)测量规范
6	GB/T 19056—2012	汽车行驶记录仪
7	GB/T 19391—2003	全球定位系统(GPS)术语及定义
8	GB/T 19392—2013	车载卫星导航设备通用规范
9	GB/T 20512—2006	GPS 接收机导航定位数据输出格式
10	GB/T 26766—2011	城市公共交通调度车载信息终端

（续）

序号	标准代号	标准名称
11	GB/T 26782.3—2011	卫星导航船舶监管信息系统 第3部分:船载终端技术要求
12	GB/T 29841.4—2013	卫星定位个人位置信息服务系统 第4部分:终端通用规范
13	GB/T 30287.4—2013	卫星定位船舶信息服务系统 第4部分:船用终端通用规范
14	GB/T 30290.4—2013	卫星定位车辆信息服务系统 第4部分:车载终端通用规范
15	AQ 3004—2005	危险化学品汽车运输安全监控车载终端
16	BD 110001—2015	北斗卫星导航术语
17	BD 410001—2015	北斗/全球卫星导航系统(GNSS)接收机数据自主交换格式
18	BD 410002—2015	北斗/全球卫星导航系统(GNSS)接收机差分数据格式(一)
19	BD 410003—2015	北斗/全球卫星导航系统(GNSS)接收机差分数据格式(二)
20	BD 410004—2015	北斗/全球卫星导航系统(GNSS)接收机导航定位数据输出格式
21	BD 420001—2015	北斗/全球卫星导航系统(GNSS)接收机射频集成电路通用规范
22	BD 420002—2015	北斗/全球卫星导航系统(GNSS)测量型 OEM 板性能要求及测试方法
23	BD 420003—2015	北斗/全球卫星导航系统(GNSS)测量型天线性能要求及测试方法
24	BD 420004—2015	北斗/全球卫星导航系统(GNSS)导航型天线性能要求及测试方法
25	BD 420005—2015	北斗/全球卫星导航系统(GNSS)导航单元性能要求及测试方法
26	BD 420006—2015	北斗/全球卫星导航系统(GNSS)定时单元性能要求及测试方法
27	BD 420007—2015	北斗用户终端 RDSS 单元性能要求及测试方法
28	BD 420008—2015	北斗/全球卫星导航系统(GNSS)导航电子地图应用开发中间件接口规范
29	BD 420009—2015	北斗/全球卫星导航系统(GNSS)测量型接收机通用规范
30	BD 420010—2015	北斗/全球卫星导航系统(GNSS)导航设备通用规范
31	BD 420011—2015	北斗/全球卫星导航系统(GNSS)定位设备通用规范
32	BD 420012—2015	北斗/全球卫星导航系统(GNSS)信号模拟器性能要求及测试方法
33	GA/T 1481.2—2018	北斗/全球卫星导航系统公安应用 第2部分:终端定位技术要求
34	GA/T 1481.5—2018	北斗/全球卫星导航系统公安应用 第5部分:车载定位终端
35	GJB 5407—2005	导航定位接收机通用规范
36	JT/T 591—2004	北斗一号民用数据采集终端设备技术要求和使用要求
37	JT/T 732.2—2008	船舶卫星定位应用系统技术要求 第2部分:船载终端
38	JT/T 766—2009	北斗卫星导航系统船舶监测终端技术要求
39	JT/T 768—2009	北斗卫星导航系统船舶遇险报警终端技术要求

（续）

序号	标准代号	标准名称
40	JT/T 794—2011	道路运输车辆卫星定位系统车载终端技术要求
41	JT/T 794—2011 补充文件	道路运输车辆卫星定位系统 北斗兼容车载终端技术规范
42	JT/T 808—2011	道路运输车辆卫星定位系统终端通讯协议及数据格式
43	JT/T 808—2011 补充文件	道路运输车辆卫星定位系统 北斗兼容车载终端通讯协议技术规范
44	JT/T 1076—2016	道路运输车辆卫星定位系统 车载视频终端技术要求
45	JT/T 1078—2016	道路运输车辆卫星定位系统 视频通信协议
46	QJ 20006—2011	卫星导航测量型接收设备通用规范
47	QJ 20007—2011	卫星导航导航型接收设备通用规范
48	QJ 20008—2011	卫星导航接收机基带处理集成电路性能要求及测试方法
49	QJ 20010—2011	卫星导航接收机天线性能要求及测试方法
50	SC/T 6070—2011	渔业船舶船载北斗卫星导航系统终端技术要求
51	SJ/T 11420—2010	GPS 导航型接收设备通用规范
52	SJ/T 11421—2010	GNSS 测量型接收设备通用规范
53	SJ/T 11422—2010	GPS 测向型接收设备通用规范
54	SJ/T 11423 – 1—2010	GPS 授时型接收设备通用规范
55	SJ/T 11424—2010	GNSS 测姿型接收设备通用规范
56	SJ/T 11426—2010	GPS 接收机射频模块性能要求及测试方法
57	SJ/T 11428—2010	GPS 接收机 OEM 板性能要求及测试方法
58	SJ/T 11430—2010	GPS 接收机基带处理集成电路技术要求及测试方法
59	SJ/T 11431—2010	GPS 接收机天线性能要求及测试方法
60	SJ 20726—1999	GPS 定时接收设备通用规范
61	CH 8016—1995	全球定位系统（GPS）测量型接收机检定规程
62	CH 8018—2009	全球卫星导航系统（GNSS）测量型接收机 RTK 检定规程
63	CHB 5.6—2009	北斗用户设备检定规程
64	JJF 1118—2004	全球定位系统（GPS）接收机(测地型和导航型)校准规范
65	JJF 1347—2012	全球定位系统（GPS）接收机(测地型)型式评价大纲
66	JJF 1403—2013	全球卫星导航系统（GNSS）接收机(时间测量型)校准规范

注：上述标准中，GB 12267、GB/T 15527、GB/T 18214.1、GB/T 19056、GB/T 19392、GB/T 26766、GB/T 26782.3、AQ 3004、GA /T 1481.5、QJ 20006、QJ 20007、QJ 20008、SJ/T 11420、SJ/T 11421、SJ/T 11422、SJ/T 11423、SJ/T 11428、SJ 20726、CHB 5.6，包含有测试操作流程

第6章
卫星导航应用设备检测系统介绍

北斗卫星导航产品检测分为室内测试和室外测试两部分。室内测试包括性能、功能、环境适应性、电磁兼容性和安全性测试,室外测试包括实时静/动态测试和基线场测试,涉及的仪器设备分为通用测试仪器、通用试验设备、专用测试仪器、专用试验设备四类。北斗卫星导航产品质量检测机构应配备开展检测工作所要求的相关仪器设备,确保能够满足导航型、授时型、高精度型、高动态型等各类产品检测需求。

6.1 检测系统组成及原理

6.1.1 系统体系结构

卫星导航信号模拟系统的系统原理及功能架构如图6-1所示。

按照与用户逻辑距离的远近,围绕着测试与评估,卫星导航信号模拟系统体系设计为用户设备、链路层、设备层、操作层、调度层、管理层、任务层等7层。其中用户设备是被测的对象,不属于系统组成部分;任务层定义为系统支持用户完成的任务服务,不是具体的软硬件设备;链路层和设备层由系统内的硬件设备构成;操作层、调度层和管理层由系统内的软件实现。

1. 用户设备

用户设备是指卫星导航信号模拟系统支持的被测设备,这些设备包括 RNSS 用户终端、RDSS 用户终端、RNSS/GPS 兼容用户终端、RDSS/RNSS 双模用户终端、差分定位定向用户终端。该层定位为服务目标层,包含服务对象的软硬件设备,但不属于卫星导航信号模拟系统的组成部分。

2. 链路层

链路层是连接卫星导航信号模拟系统内外各设备的组织,能够支撑系统进行信号与信息的交互。它主要为被测用户设备和系统内设备提供各种时频信号、导航信号、通信信息等链路服务,通过硬件设备与电缆支持开展测试评估的

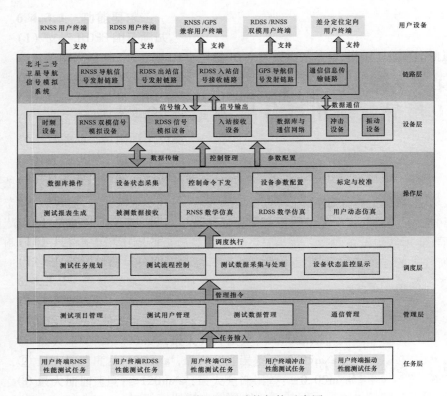

图 6-1 系统原理及功能架构示意图

导航信号网络、时频信号网络、监控网络、业务数据网络和供配电网络。

3. 设备层

设备层是卫星导航信号模拟系统的主要硬件组成部分,用于支撑用户设备测试功能,包括系统内的各相关测试设备及通信网络设备,根据所承担任务的不同主要分为时频设备、导航信号模拟设备、入站接收设备、计算机及网络设备以及冲击台、振动台等配套设备。

4. 操作层

操作层是整个系统所有操作的实施者,各种功能由软件模块分别实现。它直接与系统内各种设备进行交互,包括数据的传输、参数的配置及控制管理;包括时频、测试标定等信号接口协议和监控与业务控制信息接口协议实施;它是整个系统的运算及管理核心,为整个系统提供协议支持,还负责完成导航信号的仿真计算、设备状态的采集、数据库的管理等功能。

5. 调度层

调度层是直接面向用户及系统内设备资源的人机操控层,是系统运行控制的核心部件,负责完成系统输入任务的分类及相应设备的调度管理,包括测试任务的规划、测试流程的控制、测试数据的采集与处理、设备状态监控显示等。

6. 管理层

管理层主要面向用户进行测试资源配置,包括测试项目管理、测试用户管理、测试数据管理、通信管理等。其中测试项目管理完成测试项目与流程的增删与变更;测试用户管理主要完成对测试用户的分类及不同操作权限的设置;测试数据管理主要完成对测试数据类型的选择及存储管理;通信管理主要完成系统的内外通信,实现测试任务接收与用户报告提供。

7. 任务层

任务层是指卫星导航信号模拟系统支持完成的用户终端测试相关任务,这些任务包括用户终端 RNSS 性能测试、用户终端 RDSS 性能测试、用户终端 GPS 性能测试、用户终端冲击性能测试、用户终端振动性能测试。该层定位为功能实现,不包含具体的软硬件设备。该层定义的任务作为卫星导航信号模拟系统的输入,激活系统运行。

系统总体设计上以完成用户任务要求为出发点;通过采用以太网的数据通信体系,采用标准机架和标准机箱的结构体系,采用已有时频、信道、配套设备的技术基础,最大程度保证了系统安全性和可靠性;重点分析软件服务与功能实现,通过模块化、分层化软件架构设计,形成了兼具灵活性、可扩展性与自动化的高适用性测试系统。

6.1.2　系统逻辑组成

依据对卫星导航信号模拟系统的任务分析,系统主要被划分为试验控制与评估分系统、数据仿真分系统、信号仿真分系统、入站信号监测分系统、天线分系统及辅助设备等,系统组成框图如图 6 - 2 所示。

1. 试验控制与评估分系统

试验控制与评估分系统相当于整个系统的"大脑",是用户主要的人机交互接口,在应用层,包含一个友好的人机界面和大容量数据库。

在控制方面,包含系统自检控制、数据仿真控制、射频信号控制、转台控制、程控电源控制、仪器控制、用户机测试模式控制等功能。在评估方面,包括 RNSS 分析评估、RDSS 分析评估、GPS 分析评估、双模分析评估、兼容分析评估、高动态分析评估、差分定位定向分析评估等功能。

2. 数据仿真分系统

数据仿真分系统主要任务是仿真用户机在不同运动状态条件下接收到的多星座、多频点的各类观测数据,包括对卫星星座仿真、用户轨迹仿真及观测数据

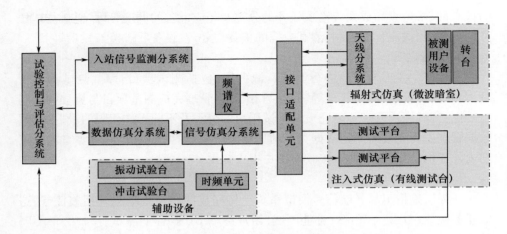

图 6-2　卫星导航信号模拟系统技术组成方框图

仿真,为射频信号仿真提供数据源,为控制与评估分系统提供评估基准。

数据仿真分系统由 RNSS/GPS 数据仿真部分和 RDSS 数据仿真部分构成,其中 RNSS/GPS 数据仿真部分包含星座仿真、用户轨迹仿真、空间环境仿真、广域差分及完好性信息仿真、导航电文生成、观测数据生成。

3. 信号仿真分系统

信号仿真分系统主要任务是把仿真的观测数据精确地生成射频模拟信号。射频模拟信号应真实仿真卫星信号,考虑多普勒效应时,载波相位与伪码相位始终保持相关。在射频信号中含有仿真干扰信号,满足用户机抗干扰性能的测试要求。

信号仿真分系统由 RNSS(B1、B2、B3)/GPS 信号仿真、RDSS 信号仿真、管控单元几部分组成。

4. 入站信号监测分系统

入站信号监测分系统的主要设备为入站接收机,其主要功能是负责对用户设备突发入站信号进行接收处理;具备对用户设备入站信号的捕获、跟踪、测距与数据解调功能;能够实现用户设备的时延量观测,配合数据处理分系统完成有关时延量的测试;能够测量用户设备的多普勒变化及功率数据。

5. 天线分系统

天线分系统为一个收发一体化天线,包含出站发射功能和入站信号接收功能。出站天线为 S/B1/B2/B3/L1 右旋圆极化天线,用于辐射式测试时 RNSS、RDSS、GPS 等卫星导航信号的发射。入站天线为 1.5~1.7GHz 左旋圆极化天线,用于辐射式测试时接收 RDSS 入站信号。

6. 接口适配单元

接口适配单元完成对导航输出信号的耦合监测信号输出,同时对一路主用信号经过射频开关切换后,分别送微波暗室内天线分系统或有线测试台;另外一路信号经切换后直接送有线测试台。

接口适配单元对入站信号进行功分,一路送入站信号监测分系统,另一路经功率放大器后送频谱仪进行信号质量评估。

7. 辅助设备

辅助设备主要包括高精度时频单元、振动测试台和冲击测试台。

高精度时频单元负责提供系统各模块所需稳定准确的时钟信号,包括 16.32MHz、10.23MHz、10MHz、5MHz、1PPS、32PPS。时间基准单元具备外频标输入功能,外频标为 10MHz 和 1PPS。

↘ 6.2　通用测试仪器

6.2.1　RNSS 卫星导航信号模拟系统

卫星导航信号模拟系统是针对各类用户机设计开发、生产测试、教学演示、装备试验以及常规检测应用而推出的面向全球卫星导航系统的多星座多频点模拟源。

卫星导航信号模拟系统可面向全球卫星导航系统提供卫星导航信号仿真,每频点可以产生多颗卫星信号,支持 BD/GPS/GLONASS/GALILEO 等星座任意频点组合的信号仿真输出,提供高稳定度的标准 1PPS 脉冲信号和 10MHz 时钟信号输出,可以满足各类用户终端设备的设计开发、生产测试、教学演示、装备试验以及常规检测等应用需求。

6.2.1.1　功能要求

(1)能够模拟产生北斗卫星导航系统 B1、B2、B3 频点 C 码(I 支路)和 GPS L1、L2 频点 C/A 码的卫星导航信号。

(2)每个频点 16 个通道。

(3)每频点至少可同时仿真 4 颗卫星,每颗卫星至少一路的多径信号。

(4)仿真数据可配置,可仿真卫星星座、卫星钟差、设备时延、相对论效应,可仿真电离层、对流层对导航信号的影响,可仿真用户动态特性。

(5)具备控制与显示功能,可进行信号中断、信号恢复、可见星信号开关、调制方式选择和功率调节等控制;能够以图形或文本形式显示系统运行时的卫星状态、载体运行轨迹、星下轨迹、可见卫星分布等信息。

(6)具备卫星导航产品载体运动轨迹仿真和测试数据实时接收功能,可对定位、测速、定时、灵敏度和首次定位时间等指标进行评估。

（7）具备可见星、仿真时间、卫星仰角、方位角、多普勒、伪距、卫星功率、载体位置、载体速度等信息显示功能。

6.2.1.2　性能要求

1）输出频点

北斗卫星导航系统 B1、B2、B3，GPS L1、L2。

2）信号动态特性

最大速度：$\geqslant 12000\mathrm{m/s}$，最大允许误差：$\pm 0.05\mathrm{m/s}$。

最大加速度：$\geqslant 900\mathrm{m/s^2}$，最大允许误差：$\pm 0.05\mathrm{m/s^2}$。

最大加加速度：$\geqslant 900\mathrm{m/s^3}$，最大允许误差：$\pm 0.05\mathrm{m/s^3}$。

3）信号精度

伪距离最大允许误差：$\leqslant 0.05\mathrm{m}$。

通道时延一致性：$\leqslant 0.3\mathrm{ns}$。

载波与伪码初始相干性：$\leqslant 1°$。

相位噪声：$-80\mathrm{dBc/Hz@100Hz}$；

　　　　　$-90\mathrm{dBc/Hz@1kHz}$；

　　　　　$-95\mathrm{dBc/Hz@10kHz}$。

杂波：$\leqslant -40\mathrm{dBc}$。

谐波：$\leqslant -35\mathrm{dBc}$。

4）信号电平控制

产品接收天线口面功率：$\leqslant -160\mathrm{dBm}$。

产品有线接收端口功率：$\leqslant -150\mathrm{dBm}$。

动态范围：$\geqslant 60\mathrm{dB}$。

5）模拟器输出信号电平精度

最大允许误差：$\pm 0.2\mathrm{dB}$（典型功率点$-50\mathrm{dBm}$）。

分辨力：$\leqslant 0.2\mathrm{dB}$。

6.2.2　卫星导航信号转发系统

卫星导航信号转发系统主要是由室外 GNSS 接收天线、低损耗电缆、室内 GNSS 发射天线、GNSS 卫星导航信号控制器四部分组成。主要的工作原理是：将接收到的室外卫星导航信号，经过放大、滤波等处理后，将其实时无线转发到实验室内，室内 GNSS 接收机直接接收卫星导航信号转发器发出的信号，即可实时定位定时。

6.2.2.1　功能要求

（1）具有增益控制功能。

（2）至少支持两路输出。

6.2.2.2　性能要求

1）转发器主机

频点：北斗卫星导航系统 B1、B2、B3，GPS L1、L2。

增益：≥40dB。

信号功率调节范围：≥30dB，步进≤1dB。

2）室外接收天线（含 LNA）

频点：北斗卫星导航系统 B1、B2、B3，GPS L1、L2。

电压驻波比：≤2.0。

增益：≥30dBi。

3）室内发射天线

频点：北斗卫星导航系统 B1、B2、B3，GPS L1、L2。

电压驻波比：≤2.0。

增益：≥0dBi。

6.2.3　卫星导航信号采集与回放系统

目前，全球定位系统接收机技术在国民生产生活中得到广泛应用，从蜂窝电话到个人导航设备，从飞行器导航到国土测绘等各个领域中都可以看到导航定位设备的身影。随着卫星导航技术的普及，对导航设备的标准化测试需求也日益增长。

卫星导航信号模拟源设备可定量地测试导航设备的接收灵敏度、首次定位时间、定位精度等指标，但由于模拟信号的不真实性，这种方法无法评估接收机在实际工作环境中的性能，因此还需要采用真实的对天信号对接收机终端在各类典型场景下的工作状态进行评估。但是，目前基于对天信号的静态和动态测试存在测试环境不稳定、测试标准不统一、测试场景无法复现、测试效率低下、测试成本高等问题。因此，基于卫星导航信号采集回放仪器的虚拟路测系统可以很好地解决这一问题。卫星导航信号采集回放仪是一种射频信号高保真记录与回放设备，能够采集实际场景的导航信号，并在实验室内进行重复多次的回放，构建室内的真实信号测试场景。借助于高精度位置标定系统和其他传感器系统，采集回放仪可实现对卫星导航终端的定量化测试。其优势主要包含以下几个方面：

（1）减少现场测试的时间和费用：只需要一次记录所需的射频信号，就可将记录的信号无限制地在实验室里播放，记录的信号按文件管理，可方便进行播放信号的切换。

（2）测试的可重复性：可以根据需要，在实验室内多次播放采集的信号，为被测终端提供了统一的测试场景，可以对不同被测终端的性能进行比对测试，保证了测试公平性,也有助于测试问题的复现和定位。

（3）测试结果量化评估:测试设备在采集卫星导航信号的同时,同步记录高精度位置标定系统的定位结果作为被测终端的标定值,通过测试评估软件对被测终端的定位测速精度、首次定位时间、信号重补时间等指标进行定量化评估。

（4）信号的高保真性:在采集导航信号的同时,可以最大限度地采集环境中的各种干扰信号,在室内真实还原对天信号场景,还可以同步采集人造窄带大功率干扰信号,在实验室内测试被测终端的抗干扰性能。

（5）高精确度协同:多通道卫星信号同步采集的误差仅几纳秒,可用于多频点天线差异性测试或接收机检验,也可触发其他传感器如摄像机、温湿度计、空气监测仪等同步工作,构建协同测试环境。

（6）操控简单可靠:通过仪器面板上的操作按钮即可完成采集与回放,也可通过上位机控制软件进行采集数据的导入导出等高级功能。

国内目前的设备主要是多通道卫星导航射频信号采集回放系统,它可以为室内测试提供真实的 GNSS 卫星导航信号,通过选配可同时支持 GPS、BDS、GLONASS、GALILEO 等多星座全系统所有频点。

6.2.3.1 功能要求

（1）能够采集北斗卫星导航系统 B1、B2、B3 频点 C 码（I 支路）和 GPS L1、L2 频点 C/A 码的卫星导航信号。

（2）应具备多频点同时采集的能力。

（3）采集的数据以文件形式存储,并能够回放已采集的卫星导航信号。

（4）具备采集/回放与导航信号相对应的标准定位解算数据,能够为采集的导航信号提供标准的位置、速度参考。

（5）输出功率范围可控。

（6）具备采集数据导入/导出的功能。

6.2.3.2 性能要求

（1）频点:北斗卫星导航系统 B1、B2、B3,GPS L1、L2。

（2）带宽:≥20MHz（每通道）。

（3）采集信号精度。

采样深度:≥8bit（每通道）。

相位噪声: -110dBc/Hz@1kHz;

　　　　　 -115dBc/Hz@10kHz;

　　　　　 -120dBc/Hz@100kHz。

（4）信号电平控制。

功率步进:≤1dB。

功率稳定度：≤1dB。

（5）存储时长：≥1h。

6.2.4　安全试验仪器

强制性产品认证制度，是各国政府为保护广大消费者人身和动植物生命安全，保护环境、保护国家安全，依照法律法规实施的一种产品合格评定制度，它要求产品必须符合国家标准和技术法规。强制性产品认证，是通过制定强制性产品认证的产品目录和实施强制性产品认证程序，对列入目录中的产品实施强制性的检测和审核。

3C 是中国的强制产品认证制度，是我国政府为保护消费者人身安全和国家安全、加强产品质量管理、依照法律法规实施的一种产品合格评定制度。我国于2001 年 12 月 3 日对外发布了强制性产品认证制度，从 2002 年 5 月 1 日起，国家认监委开始受理第一批列入强制性产品目录的 19 大类 132 种产品的认证申请。

2018 年 6 月 11 日，市场监管总局、国家认监委发布关于改革调整强制性产品认证目录及实施方式的公告〔2018 年第 11 号〕，对部分产品不再实施强制性产品认证管理（19 种产品）。

自 2018 年 10 月 1 日起，对部分产品增加自我声明评价方式。相关企业可选择由指定认证机构按既有方式进行认证，也可依据《强制性产品认证自我声明实施规则》，采用自我声明方式证明产品能够持续符合强制性产品认证要求，并完成产品符合性信息报送。

安规测试是 3C 认证测试的关于安全性的内容。

同样，导航设备的安全试验也是十分重要的。根据目前的检测情况看，导航产品安全试验项目用到的仪器主要包括安规测试仪、绝缘电阻测试仪、泄漏电流测试仪等。安全试验设备需求如表 6－1 所列。

表 6－1　安全试验设备需求表

试验项目	测试设备	主要技术指标
抗电强度	安规测试仪	输出电压：交流 0.10 ~ 5.00kV 直流 0.00 ~ 6.00kV
绝缘电阻	绝缘电阻测试仪	测试范围：1 ~ 9999MΩ
泄漏电流	泄漏电流测试仪	测试范围：0.0 ~ 6000μA 测试误差：±5%
有害电磁辐射	电磁测试系统	频率：1MHz ~ 40GHz 量程：电场 0.8 ~ 800V/m
电气间隙和爬电距离	塞尺及卡尺	范围：0.1 ~ 8mm

（续）

试验项目	测试设备	主要技术指标
电源电压适应性		
耐电源极性反接		
耐电源过压保护	直流电源	输出电压：0～50V 输出电流：0～10A
低压保护性能		
平均功耗		

安规测试的许多项目具有一定的安全性风险，如抗电强度测试的电击风险、燃烧类仪器的防火及环保的风险、氙灯的紫外线照射风险等，建议建立专门的安规实验室以开展测试并管理这些风险。

安规实验室需有消防、烟气处理、稳定的供电等设施。

6.2.5　其他通用测试仪器

检测机构应配备确保检测精度所必要的通用测试仪器，应至少具备矢量信号分析仪、矢量网络分析仪、频谱分析仪、信号发生器、示波器等。

↘ 6.3　通用试验设备

6.3.1　微波暗室

微波暗室也称无回波室、吸波室、电波暗室。当电磁波入射到墙面、天棚、地面时，绝大部分电磁波被吸收，而透射、反射极少。微波也有光的某些特性，借助光学暗室的含义，故取名为微波暗室。微波暗室是吸波材料和金属屏蔽体组建的特殊房间，它提供人为空旷的"自由空间"条件。在暗室内做天线、雷达等无线通信产品和电子产品测试可以免受杂波干扰，提高被测设备的测试精度和效率。随着电子技术的日益发展，微波暗室被更多的人了解和应用。

微波暗室就是用吸波材料来制造一个封闭空间，这样就可以在暗室内制造出一个纯净的电磁环境。

微波暗室材料可以是一切吸波材料，主要材料是聚氨酯吸波海绵 SA（高频使用），另外测试电子产品电磁兼容性时，由于频率过低也会采用铁氧体吸波材料。

微波暗室的主要工作原理是根据电磁波在介质中从低磁导向高磁导方向传播的规律，利用高磁导率吸波材料引导电磁波，通过共振，大量吸收电磁波的辐射能量，再通过耦合把电磁波的能量转变成热能。

依据 GB 50826—2012《电磁波暗室工程技术规范》和卫星导航暗室建设要

求,通过采取电磁屏蔽及吸波措施,建造电波暗室,为卫星导航接收终端性能的测试提供一个满足要求的测试环境,获得可靠、规范的测试数据。微波暗室内主要测试项目如下:

(1) GNSS指标有定位精度(水平、高程)、启动时间(冷、热、温)、失锁重捕时间、捕获灵敏度、跟踪灵敏度位置更新率、授时精度、速度精度。

(2) RDSS指标有发射信号EIRP值、发射信号功率稳定度、发射信号频率准确度、双通道时差、双向零值、各方向上接收性能、首次定位时间、失锁重捕时间、跟踪通道数、定位功能、通信功能等。

6.3.1.1 功能要求

(1) 可在暗室内以无线方式对北斗卫星导航产品RNSS指标进行测试。

(2) 可在暗室内以无线方式对北斗卫星导航产品RDSS指标进行测试。

(3) 可在暗室内进行卫星导航天线测试。

6.3.1.2 性能要求

(1) 频率范围:800MHz~3GHz。

(2) 建议尺寸:10m×10m×10m(暗室尺寸可适当变动,但应符合无线测试要求)。

(3) 屏蔽效能:≥100dB。

(4) 吸波材料中心入射波的反射损耗(转台安装到位):≥35dB。

(5) 场强幅值均匀性(转台安装到位,扣除路径损耗后):≤0.5dB(0.5m×0.5m×0.5m)。

(6) 路径损耗均匀性:≤0.5dB。

6.3.2 转台

6.3.2.1 功能要求

(1) 可进行卫星导航天线的方向图、增益、相位中心等指标测试。

(2) 可根据不同的测试需要做方位旋转、俯仰旋转,检测卫星导航产品在不同方向上的收发性能。

6.3.2.2 性能要求

1) 终端性能测试

(1) 方位转动范围:360°;转动角度分辨力:≤0.1°;精度:≤0.5°。

(2) 俯仰转动范围:(0~90)°;转动角度分辨力:≤0.1°;精度:≤0.5°。

(3) 承重:≥15kg。

2) 天线性能测试转台

采用远场测试法时应满足:

（1）方位转动范围：360°；转动角度分辨力：≤0.02°；精度：≤0.1°。

（2）俯仰转动范围：(0~90)°；转动角度分辨力：≤0.02°；精度：≤0.1°。

（3）至少包括：俯仰、方位、极化3个轴向，X方向、Y方向2个维度。

（4）承重：≥15kg。

采用近场测试法时应满足：

（1）方位转动范围：360°；转动角度分辨力：≤0.02°；精度：≤0.1°。

（2）承重：≥15kg。

6.3.3　屏蔽工程设计方案

大暗室为内部六面粘贴吸波材料的矩形长方体钢结构，其屏蔽壳体内部净尺寸为 10m×10m×10m，暗室内部设置发射天线及转台、接收天线及转台和干扰天线等。

暗室配置一樘半自动屏蔽吸波门，开度为 2000mm×2000mm，用于测试设备的进出。

暗室配置一樘标准手动屏蔽吸波门，开度为 900mm×2000mm，用于人员进出暗室到控制室。

暗室地面挖设电缆沟，用于转台、天线与控制室间的走线，其中信号线、电源线用钢管屏蔽，以免互相干扰。

暗室一端外侧为控制室和有线测试室，屏蔽效能与暗室相同，控制室和有线测试室分别配置一樘 0.9m×2m 的标准手动屏蔽门。有线测试室南侧墙壁中央位置另设一个 1m×1m 的屏蔽测试窗，用于屏蔽材料的测试。

控制室、有线测试室采用屏蔽结构，壳体内部净尺寸为 5.5m×15m×3.5m（控制室和有线测试室总和尺寸）。

暗室屏蔽主体为自撑式，由主体骨架和屏蔽钢板组成，暗室底面固定于土建地面，其余部分不与土建结构之间发生联系。

以下逐一对暗室各部分方案进行详细阐述。

6.3.3.1　主体骨架

暗室屏蔽主体骨架采用型钢通过焊接构成具有足够强度和刚度的网格式结构，该框架主要由立柱、横梁以及龙骨网格等构件组成。

6.3.3.2　主体地面

暗室主体地面屏蔽钢板设计厚度为 5mm，采用热轧钢板。具体施工工艺为：将钢板平铺于土建地面并用锚栓固定，钢板与钢板之间倒坡口连续密封焊接并打磨平整。整个暗室地面钢板铺设完成后将锚栓与钢板周圈密封焊接，并将凸出地面部分切除打磨平整。确保任意两点确定的水平直线上，地面最大高度

变化小于 $6mm/m^2$。

根据暗室的高度,以连接方便、便于调整为原则,选用底圈梁。暗室选用 200mm × 100mm × 5mm 的矩形管作底圈梁。

6.3.3.3　主体侧面

屏蔽主体墙面主要由立柱、次梁、次柱等组成。主立柱为暗室的主要承力构件,主立柱采用 200mm × 100mm × 5mm 的矩形管制作,立柱间距为 2500mm。在立柱之间焊接小规格矩形龙骨,用于固定屏蔽钢板,保证平整度优于 3/1000。

6.3.4　吸波材料介绍

6.3.4.1　美国 ETS – EHP 系列材料性能介绍

美国 ETS – Lindgren 公司生产的 EHP 型超高性能微波吸波材料是专为宽频率范围而设计的,在 500MHz ~ 40GHz 频率范围内是减少反射的有效工具,吸波材料实物图如图 6 – 3 所示。

（1）EHP – 24PCL 尺寸:610mm × 610mm × 610mm。

图 6 – 3　吸波材料实物图

（2）EHP 系列吸波材料是一种数字最优化设计的吸收材料,为高性能的碳载泡沫(聚氨酯)吸波材料,使自由空间电磁波在这里得到有效吸收。

（3）具有优良的吸波性能和场强抗干扰能力,全部吸波材料均可承受持续场强 200V/m 和瞬态场强 600V/m。

（4）阻燃性满足测试标准: NRL 8093 Tests 1、2 和 3, TI 2693066, MIT MS – 8 – 21, UL 94 系列和 DIN 4102 – B2 等标准。

（5）高频吸收材料,质量轻,容易搬迁。

（6）电性能测试结果如图 6 – 4 所示。

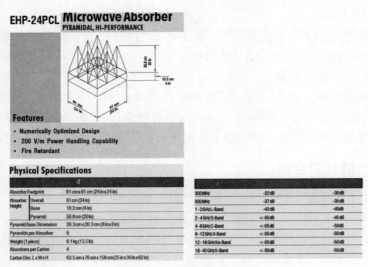

图 6 - 4　电性能测试结果

300MHz	-32dB	-30dB
500MHz	-37dB	-35dB
1-2GHz L-Band	-43dB	-40dB
2-4GHz S-Band	<-55dB	-45dB
4-8GHz C-Band	<-55dB	-50dB
8-12GHz X-Band	<-55dB	-50dB
12-18GHz Ku-Band	<-55dB	-50dB
18-40GHz K-Band	<-50dB	-50dB

6.3.4.2　国产吸波材料性能介绍

1）吸波材料外形图

聚氨酯海绵吸波材料角锥排列整齐,表面颜色为浅蓝色,色泽均匀一致,尺寸准确、切割平整。浸碳均匀,长期使用不垂头、耐老化、不吸潮、不掉粉,可以长期保持电性能稳定。 - 50℃ ~ + 100℃可正常工作,短时间可达 + 120℃。其安装整齐、牢固,长时间保证不会脱落。

聚氨酯海绵泡沫角锥吸波材料,外形参见图 6 - 5。

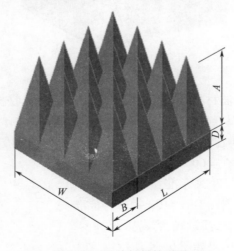

图 6 - 5　吸波材料外形图

160

2）电性能

700mm 吸波材料在特定频率 f 下的垂直入射反射率如表 6 - 2 所列。

表 6 - 2　700mm 吸波材料的垂直入射反射率

f/GHz	1	2	4	8
垂直入射反射率/dB	-40	-50	-50	-50

3）测试曲线

幅频 RCS 测试曲线,如图 6 - 6 所示。

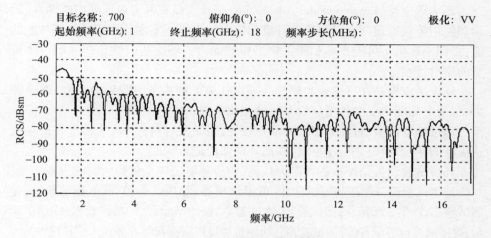

图 6 - 6　幅频 RCS 测试曲线

4）阻燃性能

在聚氨酯泡沫材料生产过程中和最终检验的控制上有完整的检测设备,以保证产品的各项安全指标。满足:

（1）NRL Report - 8093 海绵基材吸波材料的安全性能:阴燃、耐电压、火焰传播检测要求。

（2）国家标准 GB8624 B1 级标准。

（3）GB/T 2406—93 塑料燃烧性能试验方法,氧指数法测试,氧指数≥32%。

5）耐功率性能

（1）平均耐受功率:吸波材料平均耐受功率大于 $1kW/m^2$,短时 $1.5kW/m^2$。

（2）峰值耐受功率:吸波材料峰值耐受功率大于 $100kW/m^2$（占空比为 1% 时）。

6）环保性能

聚氨酯海绵产品严格控制原材料与生产工艺,吸波材料成品经过 SGS 认证,符合电子产品出口的环境要求。材料符合欧盟 ROHS 环保要求以及不含卤素的环保要求,在使用中不挥发有毒害物质,材料采用无机阻燃剂,无挥发、无异味、无毒性。材料甲醛释放量达到 GB 18580—2001E1 级标准,室内空气甲醛释放量小于 GB/T 18883—2002 限量标准。

吸波材料粘贴安装时采用的胶黏剂是环保产品,保证暗室材料安装后工作环境无污染,胶水气味小且无毒,满足国家/行业相关标准。

6.3.5 环境试验设备

环境适应性(Environmental Adaptation)是指产品在其寿命周期内的储存、运输和使用等状态预期会遇到的各种极端应力的作用下实现其预定的全部功能的能力,即不产生不可逆损坏和能正常工作的能力。环境适应性是产品的一个重要的质量特性。

环境适应性是在可靠地实现产品规定任务的前提下,产品对环境的适应能力,包括产品能承受的若干环境参数的变化范围。

通过环境试验,可充分暴露产品在设计、研制及材料选用等方面存在的环境适应性问题,及时改进研制质量,提高环境适应能力。

环境试验设备是模拟各种应力环境,进行环境适应性试验所需的设备。

环境试验设备包括高温试验箱、低温试验箱、湿热试验箱、低气压试验箱、盐雾试验箱、沙尘试验箱、霉菌试验箱、水试验室、振动试验台、冲击试验台、跌落试验台、碰撞试验台等设备(霉菌试验箱各检测机构可以根据实际业务需求选择建设)。

环境试验组成框图如图 6 – 7 所示。

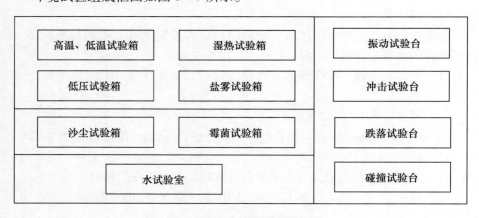

图 6 – 7　环境试验组成框图

环境试验设备及技术要求如表 6 – 3 所列,环境试验项目与标准对照表如表 6 – 4 所列。

表 6-3　环境试验设备及技术要求

试验项目	测试设备	主要技术指标
低温	低温试验箱	≤-55℃
高温	高温试验箱	≥+100℃
湿热	湿热试验箱	范围:22%~95%
振动	振动试验台	频率范围:5~2000Hz
冲击	冲击试验台	加速度:5~50g
低气压	低气压试验箱	范围:4~70kPa
防水	水试验设备(淋雨试验箱)	可进行 IP×1~IP×8 等级防水试验
防尘	沙尘试验箱	可进行 IP5×~IP6× 等级防尘试验
盐雾	盐雾试验箱	温度范围:35~55℃
霉菌	霉菌试验箱	控温范围:5~50℃
跌落	跌落试验台	跌落高度≥1m
碰撞	碰撞试验台	范围:10~40g

表 6-4　环境试验项目与标准对照表

序号	项目	有关标准
1	温度	GB/T 2423.1—2008 GB/T 2423.2—2008 GB/T 2423.22—2012
2	湿度	GB/T 2423.3—2016 GB/T 2423.4—2008 GB/T 2423.50—2012 GB/T 2423.34—2012
3	低气压	GB/T 2423.21—2008
4	振动	GB/T 2423.10—2008 GB/T 2423.48—2008 GB/T 2423.49—1997 GB/T 2423.56—2006 GB/T 2423.58—2008
5	冲击	GB/T 2423.5—1995 GB/T 2423.57—2008
6	碰撞	GB/T 2423.6—1995
7	加速度	GB/T 2423.15—2008

（续）

序号	项目	有关标准
8	盐雾	GB/T 2423.17—2008 GB/T 2423.18—2012
9	沙尘	GB/T 2423.37—2006
10	水试验	GB/T 2423.38—2008
11	倾斜和摇摆	GB/T 2423.101—2008
12	跌落	GB/T 2423.8—1995
13	霉菌	GB/T 2423.55—2006
14	温度湿度振动综合试验	GB/T 2423.35—2005 GB/T 2423.36—2005
15	温度低气压综合试验	GB/T 2423.25—2008 GB/T 2423.26—2008

（1）高、低温试验箱：高、低温试验箱产品具有模拟大气环境中温度变化的功能。主要针对电工电子产品，以及其元器件及其他材料在高温、低温综合环境下运输、使用时的适应性试验。用于产品设计、改进、鉴定及检验等环节。

高、低温试验箱根据试验方法与行业标准可分为交变试验、恒温试验、温度冲击试验，试验方法都是在高低温试验箱的基础上进行升级拓展，交变试验箱是指可以一次性将需要做的高温、低温以及所需做的温度的时间设定在仪表参数内，试验箱会按照设定程序进行检验。高低温试验箱就是在做一个固定的温度，使试验效果更接近自然气候，模拟出更恶劣的自然气候，从而使被测样品的可靠性更高。温度冲击试验又称为温度快速变化试验，模拟温度快速地变化。

（2）温湿度试验箱：湿度试验箱能模拟各种温度、湿度环境，适用于各类电工电子、零部件和材料进行高低温恒定和渐变、湿热试验等环境试验。

（3）低气压试验箱：低气压试验箱主要用于航空、航天、信息、电子等领域，确定仪器仪表、电工产品、材料、零部件、设备在低气压作用下的环境适应性与可靠性试验，同时对试件通电进行电气性能参数的测量。低气压试验箱为低气压试验和高低温试验可以同时进行的试验设备。

（4）振动试验系统：振动试验是指评定产品在预期的使用环境中抗振能力而对受振动的实物或模型进行的试验。根据施加的振动载荷的类型把振动试验分为正弦振动试验和随机振动试验两种。正弦振动试验包括定额振动试验和扫描正弦振动试验。扫描振动试验要求振动频率按一定规律变化,如线性变化或指数规律变化。振动试验设备分为加载设备和控制设备两部分。加载设备有机械式振动台、电磁式振动台和电液式振动台。电磁式振动台是目前使用最广泛的一种加载设备。振动控制试验用来产生振动信号和控制振动量级的大小。振动控制设备应具备正弦振动控制功能和随机振动控制功能。振动试验主要是环境模拟,试验参数为频率范围、振动幅值和试验持续时间。振动对产品的影响有:结构损坏,如结构变形、产品裂纹或断裂;产品功能失效或性能超差,如接触不良、继电器误动作等,这种破坏不属于永久性破坏,因为一旦振动减小或停止,工作就能恢复正常;工艺性破坏,如螺钉或连接件松动、脱焊等。从振动试验技术发展趋势看,将采用多点控制技术、多台联合振动技术。

(5)冲击试验系统:冲击试验台用于实验室模拟产品在实际使用中,需要承受的冲击破坏的能力,以此来评定产品结构的抗冲击能力,并通过试验数据,优化产品结构强度。

(6)碰撞试验台:碰撞试验台用实验室试验的方式来模拟包装运输件在运输、装卸过程中可能受到的冲击破坏,由此来评定包装件在运输过程中受到冲击时,包装的缓冲、减振能否达到对产品的保护能力。

(7)盐雾试验箱:盐雾试验箱是采用盐雾腐蚀的方式来检测被测样品耐腐蚀的可靠性,盐雾是指大气中由含盐微小液滴所构成的弥散系统,模拟海洋周边气候对产品造成的破坏性。盐雾试验箱通过考核对材料及其防护层的盐雾腐蚀的能力,以及相似防护层的工艺质量比较,同时可考核某些产品抗盐雾腐蚀的能力。

(8)沙尘试验箱:沙尘试验箱模拟自然界风沙气候对产品的破坏性,适用于检测产品的外壳密封性能。由风机推动一定浓度的沙尘以一定的流速吹过试验样品表面,从而评价产品暴露于干沙或充满尘土的大气作用下防御尘埃微粒渗透效应的能力、防御砂砾磨蚀或阻塞效应的能力及能否储存和运行的能力。

(9)防水试验设备:防水试验设备是用于考核电工电子产品外壳、密封件在水试验后,或者在试验期间是否能保证该设备及元器件良好的工作性能及技术状态的试验设备,包括淋雨试验箱、浸水试验箱等设备。

(10)倾斜和摇摆试验台:倾斜和摇摆试验台是确定设备在倾斜和摇摆环境中使用和储运的适应能力,可用于船舶、水上飞机、海洋石油勘探平台。试验台可对首、横、纵三方向分别或复合按正弦规律摇摆运动,还能进行同步复合摇摆、倾斜试验或进行异步组合摇摆、倾斜运动。倾斜和摇摆试验台由液压系统、摇摆台体、电气控制箱和计算机控制系统组成。

（11）跌落试验机:跌落试验机为产品包装后模拟不同的棱、角、面在不同的高度跌落于地面时的情况,从而了解产品受损情况及评估产品包装组件在跌落时所能承受的堕落高度及耐冲击强度。

（12）霉菌试验箱:霉菌试验箱是培养箱的一种,主要是培养生物与植物,在密闭的空间内设置相应的温度、湿度,使霉菌生长,作为人工加快繁殖霉菌之用,考核电工电子产品的抗霉能力和发霉程度。

（13）氙灯老化试验箱:氙灯老化试验箱采用能模拟全阳光光谱的氙弧灯来再现不同环境下存在的破坏性光波,可以为科研、产品开发和质量控制提供相应的环境模拟和加速试验,又称为"阳光辐射试验装置",可用于新材料的选择、改进现有材料或评估材料组成变化后耐用性的变化等试验。

（14）三综合试验箱:三综合试验箱结合温度、湿度、振动功能于一体,适用于航空航天产品、信息电子仪器仪表、材料、电工、电子产品、各种电子元器件在综合的恶劣环境下检验其各项性能指标。

6.3.6 电磁兼容试验设备

电磁兼容测试场地即屏蔽室、电波暗室(不小于 3 米法)应符合 GJB 2926《电磁兼容性测试实验室认可要求》。电磁辐射、传导辐射、辐射抗扰度、传导抗扰度满足标准 GB 9254《信息技术设备的无线电骚扰限制和测量方法》的要求。

静电放电抗扰度试验满足标准 GB/T 17626.2《电磁兼容 试验和测量技术 静电放电抗扰度试验》的要求。

快速瞬变脉冲群抗扰度试验满足标准 GB/T 17626.4《电磁兼容 试验和测量技术 电快速瞬变脉冲群抗扰度试验》的要求。

浪涌(冲击)抗扰度试验满足标准 GB/T 17626.5《电磁兼容 试验和测量技术 浪涌(冲击)抗扰度试验》的要求。

电压暂降、短时中断和电压变化抗扰度试验满足标准 GB/T 17626.11《电磁兼容 试验和测量技术 电压暂降、短时中断和电压变化抗扰度试验》的要求。

电磁兼容试验组成框图如图 6-8 所示,电磁兼容试验设备需求如表 6-5 所列。

表 6-5 电磁兼容试验设备需求表

试验项目	测试设备
射频电磁场辐射抗扰度	信号源、功率放大器、辐射天线、场强探头、场强监视器、LISN(阻抗稳定网络)、试验控制器
电场辐射发射	接收机、接收天线、LISN(阻抗稳定网络)、试验控制器

（续）

试验项目	测试设备
传导骚扰	接收机、电流探头、LISN（阻抗稳定网络）、CDN（耦合/去耦网络）、试验控制器
传导骚扰抗扰度	信号源、注入探头、CDN（耦合/去耦网络）、LISN（阻抗稳定网络）、试验控制器
静电放电抗扰度	ESD 信号发生器、静电放电枪、垂直/水平耦合板
电快速瞬变脉冲群抗扰度	EFT 信号发生器、CDN（耦合/去耦网络）
浪涌（冲击）抗扰度	SURGE 信号发生器、CDN（耦合/去耦网络）
电压暂降、短时中断和电压变化的抗扰度	试验信号发生器

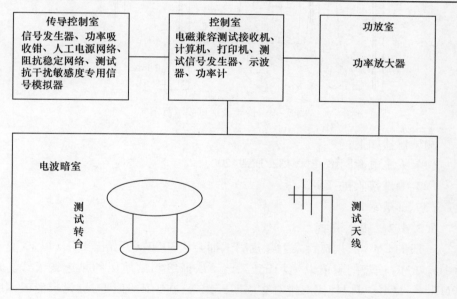

图 6 - 8   电磁兼容试验组成框图

6.3.6.1   传导骚扰

电源端骚扰测试需使用线性阻抗稳定网络（LISN）来测量传导电源骚扰。被测件通过线性阻抗稳定网络接到测量接收机，在执行这项测试时，需留意被测产品的脉冲信号是否会损坏接收机 RF 前端，一般实验室会在接收机前端加入脉冲限幅器，R&S 的线性阻抗稳定网络内置脉冲限幅器。线性阻抗稳定网络的分压系数需输入到 EMC 软件以确保测量的准确性。线性阻抗稳定网络让被测

件的传导骚扰直接耦合接收机而不会干扰供电,同时也提供一个稳定的阻抗以确保测试的重复性。线性阻抗稳定网络的具体要求在 EN55016 - 1 - 1 有所规定。

典型的线性阻抗稳定网络以 $(50\mu H + 5\Omega)//50\Omega$ 为准。

传导骚扰试验示意图如图 6 - 9 所示。

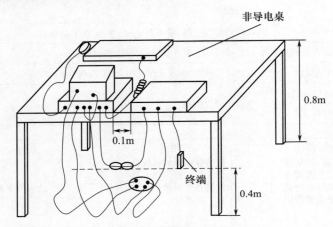

图 6 - 9 传导骚扰试验示意图

测试仪器如下:

(1) 人工电源网络:ENV432/ENV4200。

(2) 测试接收机:ESR7。

(3) 屏蔽室。

6.3.6.2 辐射骚扰

一般的 EMC 法规执行发射骚扰测试都会从 30MHz 开始至 1GHz 以上,直到 6GHz。EMC 法规的限值以远场定位,导致认证级测试使用的是远场天线。从 30MHz 至 1GHz 可以使用双锥对数周期天线等,在 1GHz 以上,测量一般以喇叭天线完成。双锥天线覆盖的频率范围为 20 ~ 200MHz,周期天线覆盖的频率范围从 200MHz 至 1GHz 或 2GHz。市面上一般使用双锥对数周期天线来覆盖 30MHz 至 1GHz 或 2GHz 或 3GHz。不同的喇叭天线覆盖的频率范围为 1 ~ 40GHz。

辐射骚扰试验示意图如图 6 - 10 所示。

测试仪器如下:

(1) 测量天线:HL562E / HF907。

(2) 测试接收机:ESR7。

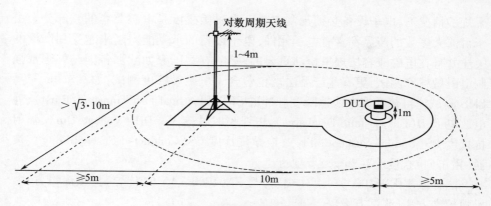

图 6 – 10　辐射骚扰试验示意图

（3）半电波暗室（测量距离为 3m）。

6.3.6.3　规划试验室框图

推荐规划建设 966 半电波暗室一座，暗室内部规划如图 6 – 11 所示，配置两个测量天线，分别覆盖 30MHz ~ 3GHz 频段和 3 ~ 18GHz 频段。暗室内部铺设测量天线的射频电缆、通信天线信号电缆，以及校准用途的参考电缆。测量频段 3 ~ 18GHz 时，需在暗室内部配置额外的预放大器以及信号滤波器路径，需要增加路径开关的控制信号。暗室与控制屏蔽室之间需配置相应的射频电缆和用于暗室内部开关路径控制的信号线滤波器。

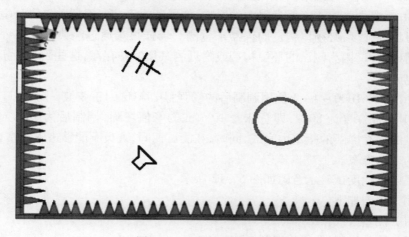

图 6 – 11　暗室内部规划图

6.3.6.4　电磁兼容抗扰度——EMS

电子设备在它的电子环境所能承受的电磁干扰称为它的承受能力。在电磁干扰的情况下,电子设备必须正常工作。电磁敏感度是电磁兼容的一部分。由于目前大多数的产品都含有电子元件,电子设备的承受能力越来越受到广泛的关注并且在电磁兼容法规里扮演重要的一环,有些国家如欧洲各国与韩国都强制电磁敏感度测试,更有些产品法规也包含了电磁敏感度测试,如汽车电子等。EMS 测试项目包含有电快速瞬变脉冲群 EFT(Electrical Fast Transient/Burst)、静电放电 ESD(Electrostatic Discharge)、电压瞬时跌落 V – DIP(Voltage Dip)、辐射抗扰度 RS(Radiate Susceptibility)、传导抗扰度 CS(Conducted Susceptibility)、浪涌(雷击)抗扰度 SG(Surge)等项目。

国际法规 EN61000 – 4 – 3(辐射)与 EN61000 – 4 – 6(传导)提供测量方法、场强校准方法、测试方案等。

6.3.6.5 辐射抗扰度——IEC61000 – 4 – 3

多数的电子设备都会受到电磁干扰,这些电磁干扰产生于多种源,如手持对讲机、移动通信、无线电通信、电视台等,也可能来自其他的电子设备发射和工业电磁源。近几年,移动通信使用者有显著的增加,加上其他使用 0.8 GHz 和 6GHz 频段的 RF 发射器导致其他电子产品在这频段受到干扰,无用信号产生于其他设备,如焊接设备、半导体、荧光照明器,电感负载开关增加了电子产品受干扰的程度。

对于大多数情况,干扰源于其自身而转变成传导干扰,在这种情况下 EN61000 – 4 系列标准中,有其他章节涉及对应的情形。为了阻止电磁场产生的影响,方法通常是用于降低发射源的影响,如屏蔽或安装滤波器。电磁环境取决于电磁场的强度,必须以精良的仪器来量测。场强很难通过经典计算方程或公式去精确计算,因为测试的环境构造或附近测试仪器的存在,这些因素会扭曲或反射电磁波。

标准 EN61000 – 4 – 3 使用调制后的场强:用 1kHz 的正弦波,采用 AM 添置方式,其调制深度为 80%,即意味着 10V/m 的峰值场强,调制后为 18V/m。因为测试必须在屏蔽的暗室内完成,同时,在测试期间,人员不能够进入暗室,采用有效的监测方案。

辐射抗扰度试验示意图如图 6 – 12 所示。

测试仪器如下:

(1) 测量天线:HL562E 或 HL046E。

(2) 信号发射器:SMB100A。

(3) 功率放大器:BBA150。

(4) 半电波暗室(测量距离为 3m,天线辐射区域铺设吸波材料和铁氧体)。

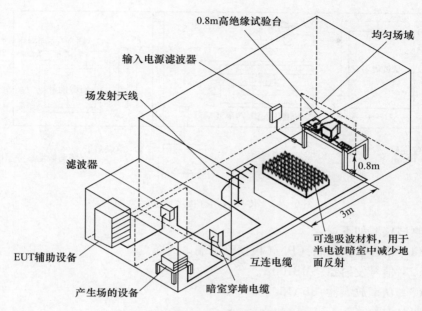

图6-12 辐射抗扰度试验示意图

6.3.6.6 传导抗扰度——IEC61000-4-6

连续传导射频抗扰度测试,包含了向被测件及其附属的每根电缆注入射频电压或电流。测试目的是为了模拟被测件的相近性、其连接电缆的辐射发射、对于射频设备的低频次操作等所造成的影响。这些情形难以用辐射抗扰度进行测试。

对于典型尺寸的设备,频率低于80MHz抗扰度,通常是通过电缆耦合来实现。因此,相对于辐射的测试方法,这样的测试频率下,电缆的传导测试显得更加合理。对于体积较小的被测件,可考虑使用的测试频率范围为150kHz～230MHz,但是对于较大的被测件,测试频率范围为150kHz～80MHz。

标准EN61000-4-6详细说明了耦合去耦网络(CDNs)的应用,它直接把射频电压注入被测件的电缆中;同时标准EN61000-4-6中也详细说明了耦合去耦网络(CDNs)的设计及性能。每个CDN均有其明确的线型,及其对应的线上所通过的载波信号。

电磁钳是高效宽带的夹具式注入设备,应用于电子设备的抗扰度测试,根据标准EN61000-4-6,当CDN直接耦合注入法不可能或者不合适的情况下使用,电磁钳通常用于测试非屏蔽的传导电缆。

试验示意图如图6-13所示。

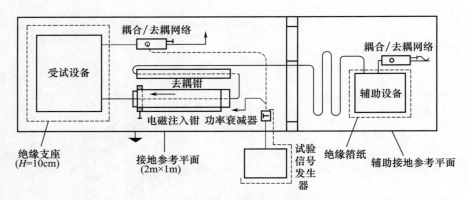

图 6 – 13　传导射频抗扰度试验示意图

测试仪器如下：

（1）耦合去耦网络：CDNs（根据测试端口选择）。

（2）信号发射器：SMB100A。

（3）功率放大器：BBA150。

（4）屏蔽室。

6.4　专用测试仪器

6.4.1　导航型及高精度型产品专用测试仪器

导航型及高精度型产品测试项目及相应仪器需求如表 6 – 6 所列。

表 6 – 6　测试项目及相应仪器需求表

试验项目	测试设备	主要技术指标
实时动态精度	组合惯导	陀螺输入范围：±450°/s，加速度计量程：±5g
	RTK 基准站	水平精度优于 1cm + 1 × 10^{-6}D，垂直精度优于 2cm +
	RTK 流动站	1 × 10^{-6}D，测速精度优于 0.03m/s
基座水准器和对中器误差	对中器测量装置	误差：±0.5mm
内部噪声水平	接收天线	位置固定，选择截止高度角 15°以上无障碍物的位置安装天线
	功分器	频率范围：800MHz ~ 3GHz，输出两路相位差 < 2°，输出两路功率差 < 1dB
	卫星导航信号转发系统	具体要求见本书第 6.2.2 节

（续）

试验项目	测试设备	主要技术指标
量高尺误差	标准钢卷尺	标准钢卷尺：长度 >5m,尺带精度：$\pm(0.1+0.1L)$ mm,(L 为四舍五入后的整数米)
内部噪声水平	标准基线场（超短基线）	基线长度范围：200mm~24m,至少 2 个观测墩,标准长度的不确定度 ≤0.6mm($k=2$)
天线相位中心偏差	标准基线场（超短基线）	基线长度范围：200mm~24m,至少 4 个观测墩,标准长度的不确定度 ≤0.6mm($k=2$)
静态测量示值误差	标准基线场（短基线）	基线长度范围：24m~2km;至少 2 个观测墩;基线标准偏差 ≤$(a+b\times D)$,其中固定误差 a≤1mm,比例误差系数 b≤1mm/km,D 为实测短基线距离
实时动态(RTK)数据链连接初始化时间	时间测量设备	测试范围：≥30min,误差：±0.5s
实时动态(RTK)测量示值误差	标准基线场（短基线）	基线长度范围：24m~2km;至少 4 个观测墩;基线标准偏差 ≤$(a+b\times D)$,其中固定误差 a≤1mm,比例误差系数 b≤1mm/km,D 为实测短基线距离

　　对天动态测试系统用于检测被测导航终端在真实信号接收条件下的动态定位性能,并能对接收终端的精密定位性能和差分定位性能进行评估。对天动态测试环境主要依靠动态跑车,并配备高精度接收机作为测试基准。其原理如下：利用组合导航系统、采集回放系统、通信数据链等搭建动态测试系统。动态跑车过程中,系统中的高精度卫导单元利用 RTK 技术获取实时厘米级的动态位置精度,并与惯性测量单元获取的数据进行紧耦合处理,当受到实际工况条件影响而造成卫导系统失锁时,惯性测量单元仍会提供连续的定位输出。与此同时,惯性测量单元由于自身属性而不断积累的测量误差,卫导系统将不断对其进行实时校准,这样,组合导航系统便可提供整个测试过程中的高精度数据基准,而对架设于跑车上的其他被测设备进行各类动态指标测试。另一方面,可以利用采集回放系统将跑车过程中实际对天的导航信号进行全频段采集,并按特定格式存储,然后在实验室环境下无损回放给被测设备,以实现等同于对天真实场景下的定位和速度精度测试。

　　对天动态检测项目包括动态定位精度、速度精度、动态定向精度、动态测姿精度、特定工况条件(城市楼宇、林荫、高架桥梁、隧道、峡谷、湖边、电磁干扰等)和特定气象条件(风雪、暴雨、高温、沙尘暴、雾霾等)下的动态位置、速度和方向等指标。

　　对天静态系统用于检测被测导航终端在真实信号接收条件下的静态定位性

能,并能对接收终端的精密定位性能和高精度差分定位性能进行评估。对天静态测试环境主要依靠基线场,并配套导航信号转发器实现。

对天静态检测系统在不考虑对流层、电离层延时修正残差影响,星历、星钟误差和接收机对的时钟误差下,依靠标定的基线场进行双差定位测量。利用足够长时间内各站际观测值双差结果和基线标准值之差来体现接收机的误差和稳定性。采用"零基线"测量技术来测量内部噪声水平。同时,可将接收机安放在基线场已知坐标点上,解算出的坐标与已知坐标之差作为静态定位精度。

按照基准点的数量和使用要求,预先使用几何方法确定 3 个基准点的大概位置,然后采用钢筋混凝土浇筑基座,基座中预留线缆通道,顶端预留强制对中器的安装旋钮,如图 6 - 14 所示。

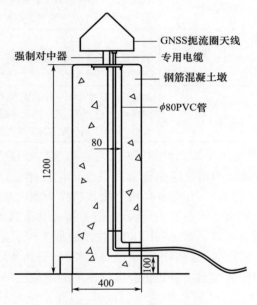

图 6 - 14 基座浇筑示意图

选择具备特定资质的测绘机构,标定每个基座上旋钮点对应的坐标值(以WGS84 坐标系格式提供)以及它们两两之间的距离和角度关系。要求每个基准点的位置精度在毫米级,相互组成超短基线场、短基线等基线环境。

相关设施设备的技术要求介绍如下。

1)基线场

(1)基准点数目:7 个(可组成超短基线、短基线、中长基线 3 种基线场测试环境,数目可根据具体需要调整)。

(2)超短基线标准偏差≤1mm。

（3）基准点单点定位精度≤5mm。

（4）短基线标准偏差≤1cm。

（5）中长基线标准偏差≤10cm。

2）精密信号转发器

（1）频点:北斗 S/B1/B2/B3、GPS L1/L2/L5、GLONASS L1/L2（可选）。

（2）增益:0～30dB,以 1dB 步长可调,数码显示。

（3）最大输出功率:-50dBm。

（4）阻抗:50Ω。

（5）噪声系数:≤2.0dB。

3）室外接收天线（含 LNA）

（1）频点:北斗 S/B1/B2/B3、GPS L1/L2/L5、GLONASS L1/L2、GALILEO E5a/E5b/E6。

（2）输出驻波:≤2.0。

（3）极化方向:右旋圆极化。

（4）水平覆盖范围:360°。

（5）轴比:≤3dB。

（6）带内平坦度:±2dB。

（7）增益:≥30dBi。

（8）噪声系数:≤2.0dB。

（9）相位中心误差:±2mm。

4）室内发射天线

（1）频点:北斗 S/B1/B2/B3、GPS L1/L2/L5、GLONASS L1/L2、GALILEO E5a/E5b/E6。

（2）电压驻波比:≤1.5。

（3）增益:≥0dBi。

5）基准设备——组合导航系统

（1）支持 GNSS/IMU 紧耦合算法。

（2）200Hz 数据更新率。

（3）可选 GNSS 双天线配置。

（4）支持零速修正（ZUPT）。

（5）支持内置存储功能,存储时长不小于 24h。

（6）支持精密单点解算。

（7）水平定位精度。

① 单点:≤1.5m;

② 单点(后处理):≤0.01m;

③ DGPS:≤0.4m;

④ RTK:≤1cm±1ppm。

(8) 速度精度:≤0.02 m/s。

(9) 速度限制:515 m/s。

(10) 高度限制:无。

(11) 初始化时间:≤10s。

(12) 测向精度(RMS):≤0.2°/m。

(13) 冷启动时间:≤50s。

(14) 热启动时间:≤35s。

(15) 重捕时间:≤5.0s。

(16) 数据更新率:1Hz、2Hz、5Hz、10Hz、20Hz(可设置)。

(17) 姿态精度(航向角、俯仰角、横滚角):<0.1deg(RMS)。

(18) 陀螺输入范围:±490°/s。

(19) 陀螺标度因数:≤50ppm。

(20) 陀螺零偏稳定性:0.05°/hr。

(21) 加速度计量程:±10g。

(22) 加速度计零偏稳定性:7.5mg。

6) 车载接收天线

(1) 频点:北斗 S/B1/B2/B3、GPS L1/L2/L5、GLONASS L1/L2、GALILEO E5a/E5b/E6。

(2) 输出驻波:≤2.0。

(3) 极化方向:右旋圆极化。

(4) 水平覆盖范围:360°。

(5) 轴比:≤3dB。

(6) 带内平坦度:±2dB。

(7) 增益:≥30dBi。

(8) 噪声系数:≤2.0dB。

(9) 相位中心误差:±2mm。

7) 功分器:多频有源一进四出分配器

(1) 频率范围(Frequency Range):GPS L1/L2、GLONASS L1/L2、BD2 B1/B2/B3。

(2) 阻抗(Impedance):50Ω。

(3) 输出驻波(VSWR):≤1.5。

（4）增益（Gain）：2dB±2dB。

（5）隔离度（Isolation Degree）：≥20dB。

（6）平坦度（Flatness）：0.5~1dB。

（7）工作电压（Operation Voltage）：5VDC。

（8）工作电流（Operation Current）：≤15mA。

（9）直流特性（DC characteristics）：4 个 Out 端口可输入 5V 电压，4 个 Out 端口反向不输出直流电压。

8）数据链路：通用高速 4G DTU

（1）支持中国联通、中国移动以及中国电信的 2G/3G/4G 网络。

（2）下行速率：100Mb/s，上行速率：50Mb/s。

（3）可连接 mServer，兼容多种数据中心软件。

（4）串口 DB9 引脚同时支持 RS232 和 RS485 两种类型，可通过配置软件或远程控制灵活配置串口类型。

（5）支持点到点、点到多点、串口到串口的应用。

6.4.2　授时型产品专用测试仪器

授时测试系统用于检测被测授时终端的一些时间性能指标，它由原子频率标准源、计数器、相位噪声测试仪等组成，测试项目及相应仪器需求如表 6－7 所列。

表 6－7　测试项目及相应仪器需求表

试验项目	测试设备	主要技术指标
时钟速率	计数器	测量范围：DC－350MHz
授时精度	原子频率标准 时间比对器/计数器	时间偏差 $\mid \Delta T \mid$ ≤10ns； 1PPS 不确定度优于 8ns（$k=2$）
平均频率偏差	原子频率标准 时间比对器	测量范围：100kHz、1MHz、5MHz、10MHz； 测量不确定度优于 6×10^{-13}（$k=2$）
频率日漂移率		
锁定状态下频率准确度		
保持状态下频率准确度		
频率稳定度	频率稳定度标准装置	测量范围：1~30MHz；采样时间：1ms~ 1000s；测量不确定度（采样时间 1s）优于 6×10^{-13}（$k=2$）
相位噪声	相位噪声测试系统/ 频率稳定度标准装置	测量范围：1~3GHz，频偏 1Hz~1MHz； 测量不确定度优于 4dB

一般授时型产品测试除了定位相关指标外,还包括时钟速率、授时精度、平均频率偏差、频率日漂移率、保持状态下的频率准确度、频率稳定度、相位噪声等测试项目。

授时测试系统利用导航信号模拟器、时间频率标准(铷钟、铯钟等)、时间间隔比较器等搭建授时测试系统,典型测试连接如图6-15所示。时间频率标准为模拟器提供外部稳定时钟信号,同时提供用于时间比对的1PPS基准信号。模拟器通过辐射或传导方式为被测接收机提供导航信号,使其稳定定位后,将被测设备输出的1PPS信号与时间频率标准进行比对,偏差大小用于衡量定时精度。

图6-15 授时测试连接示意图

6.4.3 RDSS卫星导航信号模拟系统

RDSS终端产品最重要的一个功能是短报文功能,也是北斗卫星导航系统与其他卫星导航系统相比最明显的一个优势。

对于北斗短报文功能的由来,主要是因为北斗一代的两颗静止轨道的卫星,可以与国际通信卫星一样完成通信任务,于是既能定位又能通信变成了特点。但是北斗的主要任务是定位导航,通信的信道资源就很少,它无法完成实时的话音通信,只能完成数据量较少的短信功能。

北斗短报文通信原理:

(1)短报文发送方首先将包含接收方ID号和通信内容的通信申请信号加密后通过卫星转发入站。

(2)地面中心站接收到通信申请信号后,经脱密和再加密后加入持续广播的出站广播电文中,经卫星广播给用户。

(3)接收方用户机接收出站信号,解调解密出站电文,完成一次通信。与定位功能相似,短报文通信的传输时延约0.5s,通信的最高频度也是1次/s。

通信流程示意图如图 6 – 16 所示。

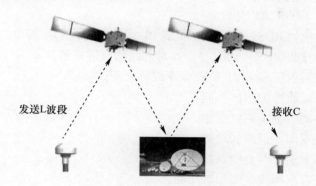

发送L波段　　　　　　　　　　　　　　　接收C

图 6 – 16　北斗一号通信流程示意图

RDSS 卫星导航信号模拟系统能够完成 RDSS 终端产品的功能、性能测试。

RDSS 无线测试系统由微波暗室、数字仿真单元、射频信号模拟单元、入站接收单元、时频单元、测试控制与评估计算机、测试转台等组成,无线测试系统示意图如图 6 – 17 所示。

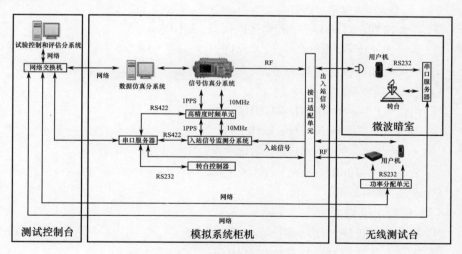

图 6 – 17　RDSS 无线测试系统

测试时,计算机通过数据电缆控制 RDSS 测试系统模拟 GEO 卫星的出站信号,模拟卫星星座轨道,通过发射天线发送给安装在测试转台上的被测产品,计算机同时控制测试转台的方向和俯仰角度,接收在不同方向上被测产品发射的入站信号,并对入站信息解调、伪距计算、功率测量、多普勒测量等,评价系统对测试结果进行自动评价。

6.4.3.1 功能要求

（1）支持 RDSS 闭环测试。

（2）能够模拟 RDSS 五颗 GEO 卫星 10 个波束出站信号,模拟卫星星座轨道。

（3）能够接收 RDSS 入站信号,并对入站信息进行解调。

（4）具备发射信号 EIRP 值及频率准确度测试功能。

（5）具备接收性能测试功能。

（6）具备动态范围测试功能。

（7）具备双向零值测试功能。

（8）具备双通道时差测试功能。

（9）具备首次捕获时间测试功能。

（10）具备失锁重捕时间测试功能。

（11）具备定位测试功能。

（12）具备通信测试功能。

6.4.3.2 性能要求

1）出站频点:S

（1）信号动态特性。

① 最大速度:$\geqslant 1200\text{m/s}$,最大允许误差:$\pm 0.05\text{m/s}$。

② 最大加速度:$\geqslant 120\text{m/s}^2$,最大允许误差:$\pm 0.05\text{m/s}^2$。

③ 最大加加速度:$\geqslant 120\text{m/s}^3$,最大允许误差:$\pm 0.05\text{m/s}^3$。

（2）信号精度。

① 相位噪声: -80dBc/Hz@100Hz;

$\qquad\qquad -90\text{dBc/Hz@1kHz}$;

$\qquad\qquad -95\text{dBc/Hz@10kHz}$。

② 杂波:$\leqslant -40\text{dBc}$。

③ 谐波:$\leqslant -35\text{dBc}$。

（3）信号电平控制。

① 产品接收天线口面功率:$\leqslant -160\text{dBm}$。

② 产品有线接收端口功率:$\leqslant -150\text{dBm}$。

③ 动态范围:$\geqslant 60\text{dB}$。

（4）出站信号参数:满足 RDSS 出站信号格式。

2）入站频点:L

（1）信号功率测量精度:$\pm 0.7\text{dB}$。

（2）入站时延测量精度:1ns。

（3）入站信号参数:满足 RDSS 入站信号格式。

第 7 章
卫星导航应用设备检测方法及案例

↘ 7.1 概 述

卫星导航接收终端的性能检测包括基本性能指标检测和特殊性能指标检测。基本性能指标主要包括无线电导航定位服务（Radio Navigation Satellite System，RNSS）性能、卫星无线电测定服务（Radio Determination Satellite Service，RDSS）性能、首次定位时间、定位精度等。特殊性能指标主要包括抗干扰性能、电磁兼容性、环境适应性等。其中的 RNSS、RDSS 等性能指标主要使用卫星导航信号模拟系统进行检测，电磁兼容性能指标主要通过电磁兼容综合试验系统进行检测，环境适应性指标主要通过相应的环境试验设备，包括高低温、淋雨、砂尘、盐雾试验箱、冲击台和振动台等进行检测。

7.1.1 检测对象及检测条件要求

检测对象为使用 BDS B1/B2/B3/S/L 信号或 GPS L1 C/A 码信号进行导航、定位的导航接收终端，对于具备同时接收 BDS 信号和 GPS 信号的终端，需分别测试其单 BDS、单 GPS 和 BDS/GPS 兼容模式 3 种方式下的性能指标。

检测所使用的仪器、设备、射频电缆等必须满足检测所需的电磁兼容性和检测精度要求，并在标定的有效期内使用。所选用的通用测试仪器必须符合国家有关标准并经计量检定合格，专用检测设备必须经过严格标定。

本章中规定的导航接收终端检测，要求测试系统能够模拟产生卫星导航信号，仿真卫星运行轨道、大气时延误差以及用户运动轨迹，在实验室条件下构建导航接收终端仿真工作环境。测试系统主要性能与功能要求包括：

（1）能够模拟产生 BDS 一期 14 颗卫星（RDSS 5 颗）B1/B2/B3/S 频点 C 码，GPS 32 颗卫星 L1 频点 C/A 码信号，每路信号功率可单独调整，功率分辨力优于 0.2dB，功率动态范围优于 30dB。

（2）测试系统能够模拟电离层时延、对流层时延、多径效应等大气环境误差，具备 BDS 和 GPS 星座及轨道仿真能力，具备接收机典型运动轨迹仿真能力，可用于导航接收终端有线和无线条件下的指标测试。

7.1.2 检测系统组成

卫星导航接收终端检测系统主要设备组成如表7－1所列。

表7－1 卫星导航接收终端检测系统设备组成

序号	名称	用途
1	测试控制与评估系统/服务器	提供数据库、信号源软件、测试评估软件等运行平台
2	RNSS 导航信号模拟源	提供 BDS 和 GPS 导航信号
3	RDSS 闭环信号模拟源	提供 RDSS 出站信号发射和入站信号接收
4	程控电源	控制被测终端加电/断电
5	时间间隔计数器	测量信号源与被测终端 1PPS 信号时差
6	铷钟	提供 10MHz、1PPS 等标准频率信号
7	MOXA	通信串口扩展
8	射频信道设备	提供信号衰减、合路等控制
9	微波暗室	提供无线暗室测试环境
10	SL 转发器	RDSS 自校正和检测

7.1.3 被测终端接入要求

被测用户机可以采用有线方式和无线方式接入测试系统,设备连接如图7－1和图7－2所示。

采用有线接入系统时,测试系统将 BDS/GPS 信号通过有线方式接入被测终端,接入前要求对 BDS/GPS 信号进行标定,使功率满足终端测试要求;采用无线接入系统时,应首先对暗室进行标定,测试系统通过串口控制转台调整终端天线指向。如有需要,接收终端检测时应接入测试系统提供的外参考标准时钟频率信号,并将输出参考频率信号接入到测试系统相应测试接口。

7.1.4 检测环境要求

(1)温度要求:10 ~ 40℃。

(2)相对湿度:10% RH ~ 75% RH。

(3)仪器预热要求:测试仪器在使用前需预热 30min 以上。

(4)测试系统使用的原子频率标准信号准确度应优于 1×10^{-11}。

注:上述要求为一般性要求,检测时的具体要求应参照相关检测标准。

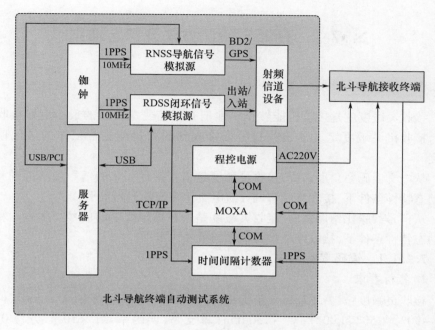

图 7 - 1　卫星导航终端自动测试系统有线方式连接示意图

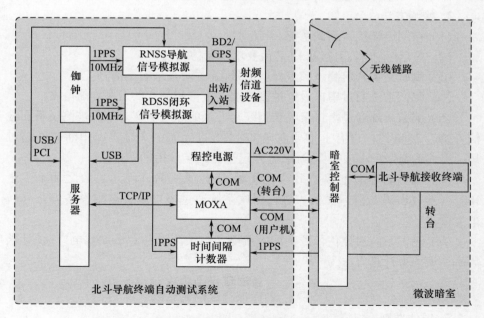

图 7 - 2　卫星导航终端自动测试系统无线方式连接示意图

7.2 RNSS 检测方法及评定准则

7.2.1 接收灵敏度

接收灵敏度就是接收机能够正确地把有用信号拿出来的最小信号接收功率。接收机灵敏度定义了接收机可以接收到的并仍能正常工作的最低信号强度。

从电文误码率角度来说,接收灵敏度是指在指标要求的信号功率范围和信号动态特性条件下,接收终端解调导航电文比特流的误码水平。

从信号载噪比角度来说,接收灵敏度是指在指标要求的信号功率范围和信号动态特性条件下,接收终端接收信号的载噪比水平。

7.2.1.1 误码率检测法

1. 指标要求

接收灵敏度:≤ − 133dBm(单支路,误码率≤1 × 10^{-6},方位 0° ~ 360°,仰角 50° ~ 90°,含 50° 和 90°);≤ − 130dBm(单支路,误码率≤1 × 10^{-6},方位 0° ~ 360°,仰角 20° ~ 50°,含 20°)。

2. 检测方法

(1) 被测终端接入测试系统。

(2) 按信号功率、动态及 DOP 值要求设置仿真场景。

(3) 测试系统开启测试频点导航信号,并关闭其余频点信号。

(4) 测试系统通过串口设置被测终端上报待测频点的卫星导航电文。

(5) 测试系统通过串口接收被测终端上报的导航电文。如果被测设备在检测开始后 2min 之内没有上报导航电文,或上报导航电文过程中中断时间超过 10s,测试系统停止本项指标检测,并判定被测终端该指标不合格。

(6) 如被测终端正常上报导航电文,待各通道测试码元总数之和不少于 100 ×(接收误码率指标要求)$^{-1}$后,测试系统通过串口设置被测设备停止导航电文输出。

(7) 测试系统对比信号源基准导航电文与被测设备上报导航电文,统计误码率。误码率计算方法为

$$误码率 = \frac{各通道误码总数}{各通道测试码元总数}$$

3. 评估准则

在规定的信号功率条件下,如被测终端误码率结果满足指标要求,则判定被

测设备接收灵敏度合格;否则判定为不合格。

对于 RNSS 信号,各通道测试码元总数之和不少于(接收误码率指标要求)$^{-1} \times 100$。例如,接收误码率指标要求为 10^{-6},则各通道测试码元总数之和不少于 10^8。

7.2.1.2　载噪比检测法

1. 指标要求

接收灵敏度:$\geqslant 36dBHz$(信号电平 $-133dBm$)。

2. 检测方法

(1)被测终端接入测试系统。

(2)按信号功率、动态及 DOP 值要求设置仿真场景。

(3)测试系统开启测试频点导航信号,并关闭其余频点信号。

(4)测试系统通过串口设置被测终端上报待测频点的可视卫星状态信息。

(5)测试系统通过串口接收被测终端上报的可视卫星状态信息。如果被测设备在检测开始后 2min 之内没有上报可视卫星状态信息,或上报可视卫星状态信息过程中中断时间超过 10s,测试系统停止本项指标检测,并判定被测终端该指标不合格。

(6)如被测终端正常上报可视卫星状态信息,待被测终端上报载噪比样本数量达到设定门限后,测试系统通过串口设置被测终端停止上报可视卫星状态信息。

(7)测试系统统计载噪比样本均值作为接收灵敏度测试结果。

3. 评估准则

在规定的信号功率条件下,如被测终端载噪比结果满足指标要求,则判定被测设备接收灵敏度合格;否则判定为不合格。

7.2.2　捕获灵敏度

捕获灵敏度是指在指标规定的接收信号功率范围内和信号动态特性条件下,接收终端正常工作时满足定位指标要求的天线口面最低接收信号电平。

接收信号功率范围指接收多卫星导航信号时,由于链路差异、极化损耗、卫星天线及被测终端天线 EIRP 值差异、功率增强等因素造成的用户机接收的最大、最小功率之差。信号动态特性指接收终端保持正常工作状态时所能达到的最大动态,包括速度、加速度和加加速度。

1. 指标要求

捕获灵敏度 $\leqslant -136dBm$。

2. 检测方法

（1）被测终端接入测试系统。

（2）按信号功率、动态及 DOP 值要求设置仿真场景。

（3）测试系统开启测试频点导航信号，并关闭其余频点信号。

（4）测试系统通过串口设置用户机工作模式。

（5）测试系统通过串口设置被测终端以 1Hz 频度上报定位信息。

（6）测试系统通过串口接收被测终端上报的测速结果。如果被测终端在检测开始后 2min 之内没有上报测速结果，或上报测速结果过程中中断时间超过 30s，测试系统终止本项指标检测，并判定被测终端该指标检测失败。

（7）如被测终端正常上报定位结果，待被测终端上报定位信息样本数量达到设定门限后，评估上报结果的定位精度，如果被测终端定位精度不满足指标要求，或上报过程中中断 30s 未上报，则结束本次测试并判定指标不合格。

（8）如果定位精度满足指标要求，测试系统关闭信号，以 1dB 为步长，降低测试系统输出的信号功率，重新开启信号。

（9）重复步骤（3）~（8），直至测试系统输出射频信号超出功率范围或判定为不合格，则最后一次判定合格时对应的信号功率即为被测终端的捕获灵敏度。

3. 评估准则

定位精度评估准则见 7.2.12 节，最后一次判定合格时对应的信号功率即为被测终端的捕获灵敏度，如捕获灵敏度满足指标要求，则评判为合格；否则，评判为不合格。

7.2.3 跟踪灵敏度

跟踪灵敏度是指在指标规定的接收信号功率范围内和信号动态特性条件下，被测设备在捕获信号后，能够保持稳定输出并符合定位精度要求的最小信号功率。

1. 指标要求

跟踪灵敏度 ≤ −138dBm。

2. 检测方法

（1）被测终端接入测试系统。

（2）按信号功率、动态及 DOP 值要求设置仿真场景。

（3）测试系统开启测试频点导航信号，并关闭其余频点信号。

（4）测试系统通过串口设置用户机工作模式。

（5）测试系统通过串口设置被测终端以 1Hz 频度上报定位信息。

（6）测试系统通过串口接收被测终端上报的测速结果。如果被测终端在检测开始后 2min 之内没有上报测速结果，或上报测速结果过程中中断时间超过 30s，测试系统终止本项指标检测，并判定被测终端该指标检测失败。

（7）如被测终端正常上报定位结果，待被测终端上报定位信息样本数量达到设定门限后，评估上报结果的定位精度，如果被测终端定位精度不满足指标要求，或上报过程中中断 30s 未上报，则结束本次测试并判定指标不合格。

（8）如果定位精度满足指标要求，则以 1dB 为步长，降低测试系统输出的信号功率。

（9）重复步骤（3）～（8），直至测试系统输出射频信号超出功率范围或判定为不合格，则最后一次判定合格时对应的信号功率即为被测终端的跟踪灵敏度。

3. 评估准则

定位精度评估准则见 7.2.12 节，最后一次判定合格时对应的信号功率即为被测终端的跟踪灵敏度，如跟踪灵敏度满足指标要求，则评判为合格；否则，评判为不合格。

7.2.4　定位测速更新率

定位测速更新率是指接收终端正常工作时，定位测速信息的输出频度。

1. 指标要求

定位测速更新率：1Hz（与整秒时刻同步）。

2. 检测方法

结合定位、测速精度试验进行。统计被测设备定位、测速更新率，计算方法如下：

$$更新率 = \frac{样本数}{采样时间}$$

3. 评估准则

若定位测速更新率为 1Hz，则判定定位测速更新率合格；否则，判定为不合格。

7.2.5　接收信号功率范围

接收信号功率范围是指在指标规定的接收信号功率范围内和信号动态特性条件下，当可见卫星信号不同时，接收终端可有效提供导航定位服务的能力。

1. 指标要求

当用户机天线口面输入信号功率为 −133 ～ −115dBm 时，用户机能够正常工作,定位性能满足要求。

2. 检测方法

该项目结合定位精度试验进行。若定位精度合格,则该指标合格。

3. 评估准则

若定位精度合格,则评判为合格;否则,评判为不合格。

7.2.6 伪距测量精度

伪距测量精度是指接收终端的伪距测量值与测试系统仿真的伪距真值之间的偏差。

1. 指标要求

伪距测量精度:$\leqslant 0.3\mathrm{m}(1\sigma,$信号功率:$-133\mathrm{dBm})$。

2. 检测方法

(1) 被测终端接入测试系统。

(2) 按信号功率、动态及 DOP 值要求设置仿真场景。

(3) 测试系统开启测试频点导航信号,并关闭其余频点信号;如果要求检测被测终端 C 码信号时的伪距测量精度,则测试系统仅播发 I 支路信号,关闭 Q 支路信号;如果要求检测被测终端接收 Q 支路信号时的伪距测量精度,则测试系统播发待测频点 2 颗卫星的 I 支路信号和所有卫星的 Q 支路信号。

(4) 测试系统通过串口设置被测终端待测频点各通道捕获跟踪不同卫星信号。

(5) 测试系统通过串口设置被测终端通过串口实时输出伪距观测值。如果被测终端在检测开始后 2min 之内没有上报伪距观测值,或上报伪距观测值过程中中断时间超过 30s,测试系统停止本项指标检测,并判定被测设备该指标不合格。

(6) 如被测设备正常上报伪距观测值,待每个通道上报伪距观测值数目不少于 1000 个,测试系统通过串口设置被测终端停止输出伪距观测值。

(7) 测试系统对比信号源基准伪距观测值与用户机上报伪距观测值,统计各通道的伪距测量精度。各通道的伪距测量精度统计方法如下:

① 设被测终端输出的伪距观测值为 $x_{i,j}$,测试系统仿真的伪距值为 $x'_{i,j}$,i 为通道号,j 为采样时刻。

② 以任意通道的伪距值为基准(如以一通道数据为基准)。相同采样时刻的其他各通道的观测量分别与基准通道值相减,得出的结果再减去测试系统仿真的通道间伪距差值:

$$\Delta_{i,j} = (x_{i,j} - x_{1,j}) - (x'_{i,j} - x'_{1,j}), i \neq 1$$

③ 计算通道的伪距测量精度 δ_i：

$$\delta_i = \sqrt{\frac{\sum_{j=1}^{n} \Delta_{i,j}^2}{2(n-1)}}$$

式中：n 为 i 通道和一通道伪距采样时刻相同的数量。

3. 评估准则

在规定的信号功率条件下，统计被测终端各通道伪距测量误差的均方根，取最大值为被测终端伪距测量精度，各通道测量样本数应不少于 1000 个。如被测设备伪距测量精度小于指标要求，则判定伪距测量精度合格；否则，判定为不合格。

7.2.7　通道时延一致性

通道时延一致性是指同一频点卫星信号经过接收终端该频点各通道所需时间的差异程度，接收终端的伪距测量值与测试系统仿真的伪距真值之间的偏差。对于使用 BD2 卫星信号和 GPS L1 频点卫星信号进行兼容定位的接收终端，通道时延一致性还可考核 BD2 卫星信号和 GPS L1 频点卫星信号经过各自频点通道所需时间的差异。

1. 指标要求

通道时延一致性：≤0.5ns。

2. 检测方法

该项目结合伪距测量精度试验进行。

（1）被测终端接入测试系统。

（2）按信号功率、动态及 DOP 值要求设置仿真场景。

（3）测试系统开启测试频点待测卫星导航信号，并关闭其余频点及卫星信号；如果要求检测被测终端 C 码信号时的通道时延一致性，则测试系统仅播发 I 支路信号，关闭 Q 支路信号；如果要求检测被测终端接收 Q 支路信号时的通道时延一致性，则测试系统播发待测频点 I 支路和 Q 支路信号。

（4）测试系统通过串口设置被测终端各通道捕获同一颗待测卫星信号。

（5）测试系统通过串口设置被测终端通过串口实时输出伪距观测值。如果被测终端在检测开始后 2min 之内没有上报伪距观测值，或上报伪距观测值过程中中断时间超过 30s，测试系统停止本项指标检测，并判定被测设备该指标不合格。

（6）如被测设备正常上报伪距观测值，待每个通道上报伪距观测值数目不少于 1000 个，测试系统通过串口设置被测终端停止输出伪距观测值。

（7）测试系统对同一频点相邻通道间的伪距观测值求差，即为此频点的两通道时差值。通道时差值统计方法如下：

① 设被测终端输出的伪距观测值为 $x_{i,j}$，i 为通道号，j 为采样时刻。

② 以任意通道的伪距值为基准（如以一通道数据为基准）。相同采样时刻的其他各通道的观测量分别与基准通道值相减，对结果求均值得到通道间伪距差值：

$$\Delta_i = \frac{\sum\limits_{j=1}^{n}(x_{i,j} - x_{1,j})}{n}, i \neq 1$$

式中：n 为 i 通道和一通道伪距采样时刻相同的数量。

③ 计算通道时延差最大值 Δ：

$$\Delta = \max(\Delta_i) - \min(\Delta_i)$$

3. 评估准则

当任意两通道间时延差的最大值不超过指标要求时，则判定为通道时延一致性合格；否则判定为不合格。

7.2.8　冷启动首次定位时间

首次定位时间 TTFF（Time To First Fix）是指接收终端从加电开机到定位精度满足指标要求所需要的时间，用于衡量接收机信号搜索过程的快慢程度。根据用户机开机前的初始化条件，可分为冷启动首次定位时间、温启动首次定位时间和热启动首次定位时间。

冷启动：接收终端开机时，没有当前有效的历书、星历和本机概略位置信息（位置距上次定位点 100km 以外）。

1. 指标要求

冷启动 TTFF：≤180s（95%）。

2. 检测方法

（1）被测终端接入测试系统。

（2）按信号功率、动态及 DOP 值要求设置仿真场景。

（3）测试系统开启测试频点导航信号，并关闭其余频点信号。

（4）测试系统控制程控电源为被测终端加电，记录加电时刻 T_1。

（5）测试系统通过串口设置用户机工作模式。

（6）测试系统通过串口设置被测终端以 1Hz 频度上报定位信息。

（7）测试系统通过串口接收被测终端上报的测速结果。如果被测终端在检测开始后 2min 之内没有上报测速结果，或上报测速结果过程中中断时间超过

30s,测试系统终止本项指标检测,并判定被测终端该指标检测失败。

(8)如被测终端正常上报定位结果,待被测终端上报定位信息样本数量达到设定门限后,评估上报结果的定位精度,如被测终端定位精度满足指标要求则记录首次达到定位精度指标要求的时刻为 T_2 ,则本次测试定位成功且冷启动首次定位时间为 $T_2 - T_1$;如定位精度不达标,则记录本次测试定位不成功。

(9)重复步骤(4)～(8)共 n 次,记录定位成功率及冷启动首次定位时间统计结果。

3. 评估准则

进行多次检测,统计成功率。如定位成功率 <95% ,则判为本项目不达标。如定位成功率≥95% ,使用如下方法计算冷启动首次定位时间:在上报的定位数据中选取连续的 18 个定位结果满足定位精度要求,以第一个定位结果所对应的时刻作为待测设备完成首次定位的时刻。

进行多次检测,若被试终端冷启动首次定位时间不大于 180s 的概率不小于 95% ,则判定被试终端冷启动首次定位时间合格,否则,评判为不合格。

7.2.9　温启动首次定位时间

接收终端开机时,没有当前有效的星历信息,但是有当前有效的历书和本机概略位置信息(位置距上次定位点 100km 以内)。

1. 指标要求

温启动 TTFF:≤60s(95% ,历书可用,有概略位置,时间不确定度 ±1s,有RDSS 信号,Q 支路直接捕获,无干扰)。

2. 检测方法

(1)被测终端接入测试系统。

(2)按信号功率、动态及 DOP 值要求设置仿真场景。

(3)测试系统开启测试频点导航信号,并关闭其余频点信号。

(4)测试系统连续播发信号 20min,使被测终端能够稳定输出定位结果并接收到完整的历书信息。

(5)测试系统控制程控电源使被测终端断电。

(6)测试系统更换信号场景(使被测终端预存的历书信息和概略位置信息有效、星历信息无效,时间不确定度为 ±1s)。

(7)测试系统控制程控电源为被测终端加电,记录加电时刻 T_1 。

(8)测试系统通过串口设置用户机工作模式。

(9)测试系统通过串口设置被测终端以 1Hz 频度上报定位信息。

(10)测试系统通过串口接收被测终端上报的测速结果。如果被测终端在检测开始后2min之内没有上报测速结果,或上报测速结果过程中中断时间超过30s,测试系统终止本项指标检测,并判定被测终端该指标检测失败。

（11）如被测终端正常上报定位结果,待被测终端上报定位信息样本数量达到设定门限后,评估上报结果的定位精度,如被测终端定位精度满足指标要求则记录首次达到定位精度指标要求的时刻为T_2,则本次测试定位成功且温启动首次定位时间为$T_2 - T_1$;如定位精度不达标,则记录本次测试定位不成功。

（12）重复步骤(4)～(11)共n次,记录定位成功率及温启动首次定位时间统计结果。

3. 评估准则

进行多次检测,统计成功率。如定位成功率<95%,则判为本项目不达标。如定位成功率≥95%,使用如下方法计算温启动首次定位时间:在上报的定位数据中选取连续的18个定位结果满足定位精度要求,以第一个定位结果所对应的时刻作为待测设备完成首次定位的时刻。

进行多次检测,若被试终端温启动首次定位时间不大于60s的概率不小于95%,则判定被试终端温启动首次定位时间合格,否则,评判为不合格。

7.2.10　热启动首次定位时间

接收终端开机时,有当前有效的历书、星历和本机概略位置(位置距上次定位点100km以内)等信息。

1. 指标要求

热启动TTFF:≤15s(95%,历书可用,有概略位置和时间,时间不确定度±1ms,Q支路直接捕获,无干扰)。

2. 检测方法

（1）被测终端接入测试系统。

（2）按信号功率、动态及DOP值要求设置仿真场景。

（3）测试系统开启测试频点导航信号,并关闭其余频点信号。

（4）测试系统连续播发信号20min,使被测终端能够稳定输出定位结果并接收到完整的历书信息。

（5）测试系统控制程控电源使被测终端断电。

（6）测试系统更换信号场景(使被测终端预存的历书信息、星历信息和概略位置信息有效,时间不确定度±1ms)。

（7）测试系统控制程控电源为被测终端加电,记录加电时刻T_1。

（8）测试系统通过串口设置用户机工作模式。

（9）测试系统通过串口设置被测终端以1Hz频度上报定位信息。

（10）测试系统通过串口接收被测终端上报的测速结果。如果被测终端在检测开始后 2min 之内没有上报测速结果，或上报测速结果过程中中断时间超过 30s，测试系统终止本项指标检测，并判定被测终端该指标检测失败。

（11）如被测终端正常上报定位结果，待被测终端上报定位信息样本数量达到设定门限后，评估上报结果的定位精度，如被测终端定位精度满足指标要求则记录首次达到定位精度指标要求的时刻为 T_2，则本次测试定位成功且热启动首次定位时间为 $T_2 - T_1$；如定位精度不达标，则记录本次测试定位不成功。

（12）重复步骤(4)～(11)共 n 次，记录定位成功率及热启动首次定位时间统计结果。

3. 评估准则

进行多次检测，统计成功率。如定位成功率 ＜95％，则判为本项目不达标。如定位成功率 ≥95％，使用如下方法计算热启动首次定位时间：在上报的定位数据中选取连续的 18 个定位结果满足定位精度要求，以第一个定位结果所对应的时刻作为待测设备完成首次定位的时刻。

进行多次检测，若被试终端热启动首次定位时间不大于 15s 的概率不小于 95％，则判定被试终端热启动首次定位时间合格，否则，评判为不合格。

7.2.11 失锁重捕时间

失锁重捕时间是指接收终端在丢失所有接收信号状态下，从重新接收到信号开始，至终端设备输出符合定位精度要求的定位结果所需的时间。

1. 指标要求

失锁重捕时间：≤5s(95％，卫星中断 30s)。

2. 检测方法

（1）被测终端接入测试系统。

（2）按信号功率、动态及 DOP 值要求设置仿真场景。

（3）测试系统开启测试频点导航信号，并关闭其余频点信号。

（4）测试系统通过串口设置用户机工作模式。

（5）测试系统通过串口设置被测终端以 1Hz 频度上报定位信息。

（6）测试系统连续输出信号 120s，使被测终端稳定捕获信号。

（7）测试系统输出信号中断 30s。

（8）测试系统连续输出信号 120s，记录信号开启时刻为 T_1。

（9）测试系统通过串口接收被测终端上报的定位信息，评估上报结果的定位精度，如被测终端定位精度满足指标要求则记录首次达到定位精度指标要求的时刻为 T_2，则本次测试定位成功且失锁重捕时间为 $T_2 - T_1$；如定位精度不达标,则记录本次测试定位不成功。

（10）重复步骤（7）~（9）共 20 次,记录成功率及信号重捕时间,将信号重捕时间按从小到大的顺序进行排序,若第 $\lceil n \times 95\% \rceil$ 个值满足指标要求,则该指标合格。

3. 评估准则

进行多次检测,统计成功率。如定位成功率 <95% ,则判为本项目不合格。如定位成功率 ≥95% ,使用如下方法计算重捕获时间:在上报的定位数据中选取第一组满足以下条件的连续 20 个定位结果,该组的第一个定位误差满足定位精度指标要求（≤10m）;该组其余数据中,满足定位精度指标要求不少于 18 个。以该组第一个定位结果所对应的 T_1 时刻作为待测设备完成重捕获的时刻,计算定位成功的重捕时间的均值即为被测终端设备的重捕时间测试结果。将信号重捕时间按从小到大的顺序进行排序,若第 $\lceil n \times 95\% \rceil$ 个值满足指标要求,则评判为合格;否则,评判为不合格。

7.2.12　定位精度

定位精度是指接收终端在特定星座和星历条件下,接收卫星导航信号进行定位解算得到的位置与真实位置的接近程度,一般以水平定位精度和高程定位精度方式表示。

根据测试条件分为静态定位精度和动态定位精度两类。

静态定位精度是指接收终端的定位位置相较于一个已知位置点的精度,该精度具备 3 个特点:

（1）可预测性:相对于一个已知、标定的位置点,接收机解算的位置与之比较应处于该精度范围内。

（2）可重复性:在该静态导航精度范围内,用户可以返回到此前用同一接收机测知的某坐标点。

（3）相对性:一个用户测得的位置与另一用户在同一时间使用相同接收机测得的位置都处于该精度范围内。

动态定位精度是接收终端在指标规定的动态条件下,接收终端解算位置与基准位置间的偏差。

1. 指标要求

重点区域,水平定位精度: ≤10m（95% ,PDOP≤4）。

重点区域,高程定位精度: ≤10m（95% ,PDOP≤4）。

2. 检测方法

（1）被测终端接入测试系统。

（2）按信号功率、动态及 DOP 值要求设置仿真场景。

（3）测试系统开启测试频点导航信号，并关闭其余频点信号。

（4）测试系统通过串口设置用户机工作模式。

（5）测试系统连续输出信号 120s，使被测终端稳定捕获信号。

（6）测试系统通过串口设置被测终端以 1Hz 频度上报定位信息。

（7）测试系统通过串口接收被测终端上报的定位结果。如果被测终端在检测开始后 2min 之内没有上报定位结果，或上报定位结果过程中中断时间超过 30s，测试系统终止本项指标检测，并判定被测终端该指标检测失败。

（8）如被测终端正常上报定位结果，待被测终端上报定位信息样本数量达到设定门限后，测试系统通过串口设置被测终端停止上报定位信息。

（9）测试系统将被测终端上报的定位信息与测试系统仿真的已知位置信息进行比较，计算位置误差。位置误差有两种表示方法：空间位置误差，水平误差和高程误差。水平误差计算方法如下：

$$\Delta_r = \sqrt{\Delta_E^2 + \Delta_N^2}$$

式中：Δ_r 为水平误差；Δ_E 为东向位置误差分量；Δ_N 为北向位置误差分量。

空间位置误差计算方法如下：

$$\Delta_P = \sqrt{\Delta_r^2 + \Delta_H^2}$$

式中：Δ_P 为空间位置误差；Δ_H 为高程位置误差。

东向位置误差分量、北向位置误差分量、高程位置误差分量计算方法如下：

$$\Delta_i = \sqrt{\frac{\sum_{j=0}^{n} (x'_{i,j} - x_{i,j})^2}{n-1}}$$

式中：j 为参与统计的定位信息样本序号；n 为参与统计的定位信息样本总数；$x'_{i,j}$ 为被测终端解算出的位置分量值；$x_{i,j}$ 为测试系统仿真的已知位置分量值，i 取值 E（东向）、N（北向）、H（高程）。

3. 评估准则

定位精度有两种评定方法：排序评定法和均方根评定法。

排序评定法是对定位结果按误差从小到大进行排序，取其第 $\lceil n \times 95\% \rceil$ 个数值记为被测终端定位精度，n 为参加统计的定位信息样本总数，$\lceil \cdot \rceil$ 为向上取整算子。

均方根评定法是对各定位结果偏差求均方根（σ），$\lceil y \cdot \sigma \rceil$（$y$ 值可设定）即为用户机定位精度。采用均方根评定法时，可对参加评定的定位结果进行剔除粗差处理，即将偏差超过 $\lceil z \cdot \sigma \rceil$（$z$ 值可设定）的定位结果剔除，不参加定位精度统计。

如定位精度小于 10m,则评定为被测终端定位精度合格;否则,评定为不合格。

7.2.13　测速精度

测速精度是指接收终端在特定星座和星历条件下,接收卫星导航信号进行速度解算得到的速度与真实位置的接近程度。

1. 指标要求

重点区域,测速精度:$\leqslant 0.5 \text{m/s}(95\%, \text{PDOP} \leqslant 4)$。

2. 检测方法

该项目结合测速精度试验进行。

(1)被测终端接入测试系统。

(2)按信号功率、动态及 DOP 值要求设置仿真场景。

(3)测试系统开启测试频点导航信号,并关闭其余频点信号。

(4)测试系统通过串口设置被测终端工作模式。

(5)测试系统连续输出信号 120s,使被测终端稳定捕获信号。

(6)测试系统通过串口设置被测终端以 1Hz 频度上报测速信息。

(7)测试系统通过串口接收被测终端上报的测速结果。如果被测终端在检测开始后 2min 之内没有上报测速结果,或上报测速结果过程中中断时间超过 30s,测试系统终止本项指标检测,并判定被测终端该指标检测失败。

(8)如被测终端正常上报测速结果,待被测终端上报定位信息样本数量达到设定门限后,测试系统通过串口设置被测终端停止上报测速信息。

(9)测试系统将被测终端上报的测速信息与测试系统仿真的已知测速信息进行比较,计算测速误差。测速误差计算方法如下:

$$\Delta_r = \sqrt{\Delta_E^2 + \Delta_N^2}$$

式中:Δ_r 为水平速度误差;Δ_E 为东向速度误差分量;Δ_N 为北向速度误差分量。

速度误差为

$$\Delta_P = \sqrt{\Delta_r^2 + \Delta_H^2}$$

式中:Δ_H 为高程方向速度误差。

东向位置误差分量、北向位置误差分量、高程方向误差分量计算方法如下:

$$\Delta_i = \sqrt{\frac{\sum_{j=0}^{n} (x'_{i,j} - x_{i,j})^2}{n-1}}$$

式中:j 为参与统计的测速信息样本序号;n 为参与统计的测速信息样本总数;$x'_{i,j}$ 为被测终端解算出的速度分量值,$x_{i,j}$ 为测试系统仿真的已知速度分量值,i 取值 E(东向)、N(北向)、H(高程)。

3. 评估准则

测速精度有两种评定方法:排序评定法和均方根评定法。

排序评定法是对测速结果按误差从小到大进行排序,取其第 $\lceil n \times 95\% \rceil$ 个数值记为被测终端测速精度,n 为参加统计的测速信息样本总数。

均方根评定法是对各测速结果偏差求均方根(σ),$\lceil y \cdot \sigma \rceil$($y$ 值可设定)即为用户机测速精度。采用均方根评定法时,可对参加评定的测速结果进行剔除粗差处理,即将偏差超过 $\lceil z \cdot \sigma \rceil$($z$ 值可设定)的测速结果剔除,不参加测速精度统计。

如测速精度小于 0.5m/s,则评定为被测终端测速精度合格;否则,评定为不合格。

7.2.14　自主完好性监测(RAIM)及告警功能

自主完好性监测(RAIM)及告警功能是指接收终端在接收到故障卫星信号时,能够正确辨别故障状态:如 5 颗可视卫星中有 1 颗故障,用户机能够给出告警信息;如可视卫星大于 5 颗,用户机能够识别 1 颗故障卫星并能够正确解算定位结果。

1. 指标要求

对于星座设置为 5 颗 BD2 卫星时,用户机应能正确判断出伪距畸变;

对于星座设置为 6 颗 BD2 卫星时,用户机应能正确判断并识别出伪距畸变的卫星号,同时定位结果应满足定位精度要求。

2. 检测方法

(1)被测终端接入测试系统。

(2)按信号功率、动态及 DOP 值要求设置仿真场景,仿真时段内保证 5 颗星可见。

(3)测试系统开启测试频点导航信号,并关闭其余频点信号。

(4)测试系统通过串口设置被测终端以每秒一次的频度上报定位结果和 RAIM 信息。

(5)测试系统接收被测终端的定位结果和 RAIM 信息。

(6)本场景信号测试结束后,关闭被测终端,按信号功率、动态及 DOP 值要求设置仿真场景,仿真时段内保证 6 颗星可见。

(7)测试系统给被测终端供电,通过串口设置被测终端以每秒一次的频度上报定位结果和 RAIM 信息。

（8）测试系统接收被测终端的定位结果和 RAIM 信息。

（9）测试系统对被测终端的 RAIM 功能进行评估,评估方法如下:

① 卫星信号正常时,被测终端定位精度应满足指标要求。

② 被测终端接收到 5 颗可见卫星信号中,有 1 颗出现伪距异常时,被测终端应能及时在串口上报的 RAIM 信息中给出提示。

③ 被测终端接收到 6 颗可见卫星信号中,有 1 颗出现伪距异常时,被测终端应能及时在串口上报的 RAIM 信息中给出提示,并确定故障卫星号;同时,被测终端定位精度应满足指标要求。

④ 信号恢复正常时,被测终端上报的 RAIM 信息应相应变化,并进行正常定位,定位精度应满足指标要求。

3. 评估准则

如测试结果满足 RAIM 功能评估要求,则评定为被测终端自主完好性监测（RAIM）及告警功能合格;否则,评定为不合格。

7.2.15　系统完好性监测（SAIM）及告警功能

系统完好性监测（SAIM）及告警功能是指接收终端在接收到卫星导航信号后,能够根据导航电文中卫星故障状态标志信息正确辨别故障状态,要求用户机能够识别故障卫星并能够正确解算定位结果。

1. 指标要求

用户机应能正确判断并识别出故障卫星号,同时定位结果应满足定位精度要求。

2. 检测方法

（1）被测终端接入测试系统。

（2）按信号功率、动态及 DOP 值要求设置仿真场景,仿真时段内保证 5 颗星可见。

（3）测试系统开启测试频点导航信号,并关闭其余频点信号。

（4）测试系统通过串口设置被测终端以 1 次/s 的频度上报定位结果和 SAIM 信息。

（5）测试系统接收被测终端的定位结果和 SAIM 信息。

（6）测试系统接收信号源的卫星状态信息作为基准数据。

（7）测试系统对被测终端的 SAIM 功能进行评估,评估方法如下:被测终端应能及时在串口上报的 SAIM 信息中给出提示,并确定故障卫星号;同时,被测终端定位精度应满足指标要求。

3. 评估准则

如测试结果满足 SAIM 功能评估要求,则评定为被测终端系统完好性监测(SAIM)及告警功能合格;否则,评定为不合格。

7. 2. 16 定时精度

定时精度是指接收终端在正常接收 RNSS 信号的情况下,输出的本地时间秒脉冲与 BDT 基准秒脉冲之间的差值。

1. 指标要求

定时精度:≤1μs(95% ,相对于军用标准时间)。

输出 1PPS 误差:≤1ms(95% ,相对于军用标准时间)。

2. 检测方法

(1)被测终端接入测试系统。

(2)按信号功率、动态及 DOP 值要求设置仿真场景。

(3)测试系统播发待测频点 1 颗卫星的卫星导航模拟信号,关闭其余频点信号。如果要求检测被测终端 C 码信号的定时精度,则测试系统仅播发 I 支路信号,关闭 Q 支路信号。如果要求检测被测终端接收 Q 支路信号时的定时精度,则测试系统同时播发 I、Q 支路信号,30s 后停止 I 支路信号的播发。

(4)测试系统通过串口向被测终端输入当前所处的精确位置信息。

(5)测试系统测量被测终端输出的 1PPS 上升沿与测试系统时间基准 1PPS 上升沿时刻的差值,统计定时精度:

$$\delta = \sqrt{\frac{\sum_{i=1}^{n} x_i^2}{n}}$$

式中:x_i 为测试系统扣除测试电缆等附加设备时延后得到的测量样本值,i 为样本序号;n 为样本总数,$n \geqslant 100000$。将测量样本值 x_i 从小到大的顺序进行排序,第 $\lceil n \times 95\% \rceil$ 个值即为输出 1PPS 误差。

3. 评估准则

如定时精度和输出 1PPS 误差满足指标要求,则判定为合格;否则,评定为不合格。

7. 2. 17 信号重捕时间

信号重捕时间是指接收终端在丢失部分接收信号状态下,从丢失信号恢复开始,至终端设备上报所有可见星载噪比所需的时间。

1. 指标要求

信号重捕时间：≤5s(95%，卫星中断30s)。

2. 检测方法

（1）被测终端接入测试系统。

（2）按信号功率、动态及DOP值要求设置仿真场景。

（3）测试系统开启测试频点I支路和Q支路导航信号，并关闭其余频点信号。

（4）测试系统通过串口设置用户机工作模式。

（5）测试系统通过串口设置被测终端以1Hz频度上报可视卫星状态信息。

（6）测试系统连续输出信号120s，待被测终端正确上报各可见卫星信号载噪比后，测试系统关闭所有可见卫星I支路和任意2颗可见星Q支路信号。

（7）测试系统在30s后恢复关闭的2颗可见星Q支路信号。

（8）测试系统测量并记录恢复信号时刻到被测终端正确上报所有可见卫星信噪比的时间，即为信号重捕时间。

（9）重复步骤（6）～（8）共20次，记录成功率及信号重捕时间，将信号重捕时间按从小到大的顺序进行排序，若第⌈n×95%⌉个值满足指标要求，则该指标合格。

3. 评估准则

进行多次检测，统计成功率。如成功率<95%，则判为本项目不合格。如成功率≥95%，使用如下方法计算信号重捕时间：将信号重捕时间按从小到大的顺序进行排序，若第⌈n×95%⌉个值满足指标要求，则评判为合格；否则，评判为不合格。

7.3 RDSS检测方法及评定准则

7.3.1 接收灵敏度

接收信号功率及误码率指标是指在规定天线波束宽度内，功率满足指标要求的条件下，天线口面I支路(Q支路)的误码率。

用户动态范围指标通过捕获带宽进行评定。捕获带宽是指在满足规定的低仰角、接收信号功率和误码率指标条件下，用户机正常工作时，出站信号的中心频率和伪码频率的最大频偏。

捕获灵敏度指在指标规定的接收信号功率范围内和信号动态特性条件下，保证接收误码率满足指标要求时，用户机接收天线相位中心处最低接收信号功率。包括I支路接收性能测试、Q支路接收性能测试、I支路动态范围测试、Q支路动态范围测试4个测试项。

1. 指标要求

接收灵敏度:

$\leqslant -127.6\text{dBm}$(单支路,误码率$\leqslant 1 \times 10^{-6}$,方位$0° \sim 360°$,仰角$50° \sim 90°$,含$50°$和$90°$)。

$\leqslant -124.6\text{dBm}$(单支路,误码率$\leqslant 1 \times 10^{-6}$,方位$0° \sim 360°$,仰角$20° \sim 50°$,含$20°$)。

2. 检测方法

测试流程说明:

(1)控制信号源,配置对应的信号源场景。

(2)循环开始:转动转台,按照要求配置出站波束和出站功率,检测用户机功率,如果检测功率失败,当次测试失败,进入下次循环。

(3)控制用户机上报 ECT 原始电文(根据测试项参数配置界面的支路和卫星)。

(4)控制信号源播发对应的出站信号(电文内容有随机数、全5、全0、界面配置电文)。

(5)检测用户机上报的原始电文,并与信号源播发的基准数据进行比较,统计误码率和丢帧数,达到统计样本退出,进入下次循环。循环结束。

(6)统计结果。

误码率计算方法为

$$误码率 = \frac{各通道误码总数}{各通道测试码元总数}$$

3. 评估准则

在规定的信号功率条件下,如被测终端误码率结果满足指标要求,则判定被测设备接收灵敏度合格;否则,判定为不合格。

对于 RDSS 信号,各通道测试码元总数之和不少于(接收误码率指标要求)$^{-1} \times$ 100。例如,接收误码率指标要求为10^{-6},则各通道测试码元总数之和不少于10^{8}。

7.3.2 接收信号电平测量功能测试

1. 指标要求

发射信号每增加 2dB,用户机反馈功率挡位应增加 1 挡。

2. 检测方法

测试流程说明:

(1)控制信号源,配置对应的信号源场景(报告信号场景、功率、频点、波束、是否有动态等)。

201

（2）循环：检测并统计用户机各波束功率挡位，改变信号源出站功率，再次检测统计用户机各波束功率挡位，直到达到需要检测次数。

3. 评估准则

满足信号源增大 2dB，用户机功率挡位增加 1 挡。

7.3.3 定位功能测试

该功能包括不同定位信息类别的入站申请、定位数据接收、多值解提示、CRC 报错功能。

此测试项合并了定位申请及其响应功能测试项和定位成功率功能测试项，其测试流程一样，区别只是测试次数不一样，包括测试项有定位申请及其响应功能测试、定位成功率测试。

该功能包括不同定位信息类别（有高程定位、无测高定位、测高 1 定位、测高 2 定位、紧急定位、非高空定位、高空定位）的入站申请、定位数据接收、多值解提示、CRC 报错功能。

定位成功率测试过程与定位申请测试流程一样，只是测试 100 次，并统计成功率。

1. 指标要求

（1）能正确发送和接收不同类型的定位信息。

（2）定位功能测试要求全部正确。

（3）定位成功率为 100% 合格，具体指标授权用户在界面可配置。

2. 检测方法

测试流程说明：

（1）控制信号源，配置对应的信号源场景（报告信号场景、功率、频点、波束、是否有动态等）。

（2）转动转台，按照要求配置出站波束和出站功率，检测用户机功率，如果用户机检测功率失败，当次测试失败，则结束测试。

（3）循环开始。

（4）控制用户机发送入站申请。

（5）检测入站是否收到并判断入站内容是否正确，不合格则进入下轮测试，合格则继续。

（6）发送与入站电文对应的出站电文。

（7）检测用户机串口反馈的出站电文是否收到并判断其内容是否正确，不合格则进入下轮测试，合格则继续。

（8）统计测试情况，进入下轮测试，直到通道要求测试次数退出循环。

（9）循环结束。

（10）统计结果。

3. 评估准则

定位申请及其响应功能要求所有定位出入站必须一致,具体如表 7 - 2 所列。

表 7 - 2　评估准则

定位申请及其响应功能	入站	出站	评判
第 1 次	一致	一致	合格
第 2 次	一致	一致	合格
⋮	⋮	⋮	⋮
第 N 次	一致	一致	合格
结论	合格(要求所有测试次数都合格,则总结论为合格)		

定位成功率默认要求成功率大于 100%,则合格,具体指标可由授权用户在界面配置。

$$成功率 = \frac{正确总数}{测试总数}$$

7.3.4　多通道并行接收能力测试

1. 指标要求

在 10 个波束,20 个支路任意搭载定位或通信信息,用户机必须全部收齐。

2. 检测方法

测试流程说明:

（1）控制信号源,配置对应的信号源场景(报告信号场景、功率、频点、波束、是否有动态等)。

（2）循环开始:转动转台,按照要求配置出站波束和出站功率,检测用户机功率,如果用户机检测功率失败,当次测试失败,则结束测试。

（3）发送符合要求的出站电文(10 个通道随机搭载定位或通信信息)。

（4）检测用户机串口反馈的出站电文是否收到并判断其数目和内容是否正确,不合格则进入下轮测试,合格则继续。

（5）统计测试情况,进入下轮测试,直到通道要求测试次数,退出循环。循环结束。

（6）统计结果。

3. 评估准则

10 个波束,20 个支路都需搭载信息,用户机收到的定位、通信数目和内容都需与出站一致,具体如表 7 - 3 所列。

表 7 - 3   评估准则

多通道并行 接收能力测试	各卫星搭载情况	收到定位情况	收到通信情况	评判
第 1 次	10 个波束搭载定位, 10 个波束搭载通信	收到定位且正确 10 条	收到通信且正确 10 条	合格
第 2 次	8 个波束搭载定位, 9 个波束搭载通信	收到定位且正确 7 条	收到通信且正确 9 条	不合格
结论	不合格(要求所有测试次数所有内容都必须收到且都正确,则总结论为合格)

7.3.5 发射 EIRP 值及频率准确度测试

发射信号 EIRP 是指用户机在天线口面所有角度范围内发射信号的功率值(等效全向辐射功率值)。由于用户机天线低仰角增益最差,所以测得低仰角下的 EIRP 即可,包括 EIRP 值、功率准确度和频率准确度 3 个测试项。

1. 指标要求

(1) EIRP 根据不同机型会有所不同,一般手机为 4~12dBW,车载机为 6~16dBW(仅参考)。

(2) 功率准确度为测试条件相同的情况下测得的最大 EIRP 值减去最小 EIRP 值大于等于 0.5。

(3) 频率准确度优于 5×10^{-7}。

2. 检测方法

测试流程说明:

(1) 控制信号源,配置对应的信号源场景(报告信号场景、功率、频点、波束、是否有动态等)。

(2) 循环开始:转动转台,按照要求配置出站波束和出站功率,检测用户机功率,如果用户机检测功率失败,当次测试失败,则结束测试。

(3) 控制用户机以最大频率连续入站。

(4) 检测用户机的入站功率及频率。

(5) 统计测试情况,进入下轮测试,直到通道要求测试次数退出循环。循环结束。

(6) 统计结果。

3. 评估准则

(1) EIRP 要求用户机在各方位角和俯仰角都需满足测试要求的 EIRP 范围,每个角度分别评判。

（2）功率准确度要求测试次数不小于 50 次，功率最大值与最小值之差不大于 0.5dBW。

$$功率准确度 = 最大功率值 - 最小功率值$$

（3）频率准确度要统计 100 次以上入站，测得结果优于 5×10^{-7}，计算公式如下：

$$\partial = \sqrt{\frac{\sum_{i=1}^{n} \left(\int_i - \int_0 \right)^2}{n-1}} \bigg/ \int_0$$

式中：$\int_i$ 为用户机发送信号的中心频率；$\int_0$ 为中心频率标称值；n 为样本总数，不小于 100。

7.3.6 发射功率控制测试

发射功率控制功能是指 RDSS 用户机接收到 2 颗以上工作卫星信号（双收单发方式）时，当接收功率小于或等于门限功率时，按最大功率发射入站信号。接收功率每提高 2dB，发射功率降低 2dB（±1dB），当用户机只能接收到 1 颗卫星信号时，按最大功率发射入站信号。发射功率控制测试包括定位功率控制测试和通信功率控制测试两个测试项。

1. 指标要求

当用户机收到 2 颗或 2 颗以上工作卫星信号（双收单发方式），接收信号小于或等于门限功率时，按照最大功率发射入站信号。接收功率每增加 2dB，发射功率降低 2dB（±1dB）。

当仅收到 1 个工作卫星信号，则以最大发射功率入站。

2. 检测方法

测试流程说明：

（1）控制信号源，配置对应的信号源场景（报告信号场景、功率、频点、波束、是否有动态等）。

（2）循环开始：按照要求配置出站波束和出站功率，检测用户机功率，如果用户机检测功率失败，当次测试失败，则结束测试。

（3）控制用户机以最大频率连续入站。

（4）检测用户机的入站功率。

（5）统计测试情况，进入下轮测试，直到通道要求测试次数退出循环。循环结束。

（6）统计结果。

3. 评估准则

用户机以双收单发方式进行定位或通信时,当接收功率 ≤ −157.6dB 且能锁定卫星信号,按最大功率入站,接收功率每提高 2dB,强弱指示增加 1 挡,发射功率降低 2dB(±1dB)。

当用户机以单收双发方式进行定位时,按最大功率入站,要求发射功率波动不大于 ±1dB。

7.3.7 双向零值测试

双向零值测试包括双向零值和发射信号时间同步精度两个测试项。

1. 指标要求

(1) 双向零值为 1ms ± 10ns。

(2) 时间同步精度:≤5。

2. 检测方法

测试流程说明:

(1) 控制信号源,配置对应的信号源场景(报告信号场景、功率、频点、波束、是否有动态等)。

(2) 按照要求配置出站波束和出站功率,检测用户机功率,如果用户机检测功率失败,当次测试失败,则结束测试。

(3) 循环开始:控制用户机以最大频率连续入站。

(4) 检测用户机的入站双向零值。

(5) 统计测试情况,进入下轮测试,直到通道要求测试次数退出循环。循环结束。

(6) 统计结果。

3. 评估准则

在规定的信号功率条件下,如被测终端结果满足指标要求,则合格;否则不合格。

双向零值要求统计不少于 100 次,其结果应满足:1ms ± 10ns,计算公式为

$$T = \frac{\sum_{i=1}^{n} T_i}{n}$$

式中:T_i 为双向零值测量值;n 为样本总数。

时间同步精度即双向零值的均分根,计算公式为

$$T = \sqrt{\frac{\sum_{i=1}^{n} (T_i - T_0)^2}{n-1}}$$

式中：T_i 为双向零值测量值；T_0 为双向零值平均值；n 为样本总数。

7.3.8　连续自动定位频率准确性测试

1. 指标要求

用户机以一定频度（≥用户机频度）连续入站，用户机的实际入站频度需与设定入站频度一致。

2. 检测方法

测试流程说明：

（1）控制信号源，配置对应的信号源场景（报告信号场景、功率、频点、波束、是否有动态等）。

（2）按照要求配置出站波束和出站功率，检测用户机功率，如果用户机检测功率失败，当次测试失败，则结束测试。

（3）循环开始：控制用户机以设定频率连续入站。

（4）检测用户机的入站频度。

（5）统计测试情况，进入下轮测试，直到通道要求测试次数退出循环。循环结束。

（6）统计结果。

3. 评估准则

控制用户机连续自动定位的频度分别为 1s、2s、3s、10s，判断其用户机的实际入站频度，结果必须符合理论值 ±32.5ns（±1 个分帧）。

最大值 ±32.5ns ＝理论值 ＝最小值 ±32.5ns。

7.3.9　单次超频测试

单次超频测试包括单次定位超频和单次通信超频两个测试项。

1. 指标要求

用户机单次定位申请的频度设定为小于服务频度的时间值，判断用户机的实际入站频度；其实际入站频度应为服务频度。

2. 检测方法

测试流程说明：

（1）控制信号源，配置对应的信号源场景（报告信号场景、功率、频点、波束、是否有动态等）。

（2）按照要求配置出站波束和出站功率，检测用户机功率，如果用户机检测功率失败，当次测试失败，则结束测试。

（3）循环开始：控制用户机以小于服务频度的频率入站。

（4）检测用户机的入站频度。

（5）统计测试情况，进入下轮测试，直到通道要求测试次数退出循环。循环结束。

（6）统计结果。

3. 评估准则

在规定的信号功率条件下，如被测终端结果满足指标要求，则合格；否则不合格。

控制用户机以小于服务频度的0.5s、0.9s频度分别入站，判断其用户机的实际入站频度，如果入站频度为服务频度 ±32.5ns(±1个分帧实际)则合格。

最大值±32.5ns＝服务频度＝最小值±32.5ns。

7.3.10 发射抑制功能测试

1. 指标要求

在出站信号的抑制位中填充抑制信息，用户机能正确根据抑制信息位判断是否入站。

2. 检测方法

测试流程说明：

（1）控制信号源，配置对应的信号源场景（报告信号场景、功率、频点、波束、是否有动态等）。

（2）按照要求配置出站波束和出站功率，检测用户机功率，如果用户机检测功率失败，当次测试失败，则结束测试。

（3）循环开始：控制用户机定位、通信等入站。

（4）判断是否收到入站信号，如果收到则合格，如果未收到，则不合格，直接进入下次循环。

（5）发送抑制信号（抑制一类、二类、三类等），并等待抑制信号生效。

（6）控制用户机入站。

（7）判断是否收到入站信号，关于抑制信号能正确抑制，则合格，否则不合格。

（8）解除抑制信号，并等待生效。

（9）控制用户机入站。

（10）判断用户机是否收到，如果没有则失败，有则合格进入。

（11）进入下轮循环测试。循环结束。

（12）统计结果。

3. 评估准则

在规定的信号功率条件下，如被测终端结果满足指标要求，则合格，否则不合格,具体如表7-4所列。

总共测试4轮,每次测试都抑制一类信息(抑制一类、抑制二类、抑制三类、无抑制),如果对应类型抑制成功(用户机是第几类,如果抑制的为当前类型,则此轮测试用户机不能入站),则合格,否则测试失败。

表7-4　评估准则

发射抑制	用户机实际类别	信号源抑制列表	抑制前用户机入站	抑制后用户机入站	解除抑制后用户机入站	评判
第一次	第三类(例)	抑制第一类	可入站	可入站	可入站	全部满足则合格,否则不合格
第二次		抑制第二类	可入站	可入站	可入站	
第三次		抑制第三类	可入站	不可入站	可入站	
第四次		不抑制	可入站	可入站	可入站	
结论	合格					

7.3.11　永久关闭

"永久关闭"功能指用户机响应系统"永久关闭"指令,按规定程序自行销毁IC卡和用户机内敏感信息的功能。

1. 指标要求

通过出站信号向用户机发送永久关闭指令,用户机响应后能自毁核心保密部件,且无法正常工作。

2. 检测方法

测试流程说明:

(1)控制信号源,配置对应的信号源场景(报告信号场景、功率、频点、波束、是否有动态等)。

(2)按照要求配置出站波束和出站功率,检测用户机功率,如果用户机检测功率失败,当次测试失败,则结束测试。

(3)控制用户机发送定位申请。

(4)检测是否收到用户机的入站申请,收到则继续,未收到则测试失败,退出测试。

(5)向用户机发送永久关闭出站信号,并等待生效。

(6)等待用户机关闭确认回答,如果收到且关闭则继续,否则测试失败。

(7)控制用户机发送定位申请。

(8)检测是否收到入站申请,收到则测试失败,未收到则永久关闭测试,测试结束。

（9）统计结果。

3. 评估准则

在规定的信号功率条件下，如被测终端结果满足指标要求，则合格；否则不合格，具体如表7－5所列。

永久关闭且收到用户机的关闭应答后用户设备将不能进行入站。

表7－5　永久关闭评估准则

关闭前入站	播发关闭指令等待用户机关闭确认的入站	关闭后入站	评判
需收到用户机入站	收到关闭确认入站，且内容为关闭成功	用户机无入站	合格

7.3.12　区分波束状态功能测试

1. 指标要求

广播信息中卫星的状态信息分别可设置成"工作""故障""备份"几种状态，工作卫星能正常进行通信，故障卫星定位和通信都不能转发，备份卫星不能转发通信，能转发定位。

2. 检测方法

测试流程说明：

（1）控制信号源，配置对应的信号源场景（报告信号场景、功率、频点、波束、是否有动态等）。

（2）按照要求配置出站波束和出站功率，检测用户机功率，如果用户机检测功率失败，当次测试失败，则结束测试。

（3）循环开始：设置广播信息中卫星信息状态，分别为工作、故障、备份状态。

（4）控制用户机定位、通信等信息。

（5）判断是否收到入站信号，备份卫星能收到定位信息，工作卫星都能收到，故障卫星都不能收到，满足则继续，不满足则测试失败，直接进入下次循环。循环结束。

（6）统计结果。

3. 评估准则

在规定的信号功率条件下，如被测终端结果满足指标要求，则合格；否则不合格。

分别给不同卫星设置不同的状态，控制用户机给每颗卫星都发送定位、通信申请，如果用户机对备份星只有定位入站，工作卫星都能入站，故障卫星都不能入站，则合格，否则测试失败。

7.3.13　通信功能测试

通信功能包括不同通信信息类别的收发信功能、通信重发功能。

通信查询包括按发信方地址查询、按最新存入电文查询、定位查询功能。通信查询与通信功能测试分开。

1. 指标要求

能正确发送通信申请并能正确接收通信结果。

2. 检测方法

测试流程说明：

（1）控制信号源，配置对应的信号源场景（报告信号场景、功率、频点、波束、是否有动态等）。

（2）按照要求配置出站波束和出站功率，检测用户机功率，如果用户机检测功率失败，当次测试失败，则结束测试。

（3）循环开始：控制用户机发送通信申请。

（4）判断用户机是否收到通信申请，并对比通信申请是否正确，正确则继续，未收到或不正确则此轮测试失败，进入下次循环。

（5）发送与通信申请对应的出站信息。

（6）判断用户机是否收到通信信息，并判断通信信息是否正确，正确则测试成功，未收到或错误则测试失败，进入下轮循环，直到达到设定的测试次数。循环结束。

（7）统计结果。

3. 评估准则

在规定的信号功率条件下，如被测终端结果满足指标要求，则合格；否则不合格，具体如表7-6所列。

要求所有次数通信出入站都必须全部正确。

表7-6　评估准则

通信功能	入站	出站	评判
第一次	一致	一致	合格
第二次	一致	一致	合格
结论	合格（要求所有测试次数都合格，则总结论为合格）		

通信成功率默认要求等于100%则合格，具体指标可由授权用户在界面配置。

7.3.14　通信等级功能测试

1. 指标要求

用户机按不同通信类别（可设置代码、汉字、混传电文形式）和电文长度发送

211

加密用户通信申请,若用户机能按设置等级正确发送通信申请,则该功能具备。

2. 检测方法

测试流程说明:

(1) 控制信号源,配置对应的信号源场景(报告信号场景、功率、频点、波束、是否有动态等)。

(2) 按照要求配置出站波束和出站功率,检测用户机功率,如果用户机检测功率失败,当次测试失败,则结束测试。

(3) 循环开始:控制用户机分别发送等于或小于对应等级的电文长度(包括代码、汉字、混传 3 种形式)通信申请。

(4) 判断用户机是否收到通信申请,并对比通信申请是否正确,正确则继续,未收到或不正确则此轮测试失败,进入下次循环。

(5) 发送与通信申请对应的出站信息。

(6) 判断用户机是否收到通信信息,并判断通信信息是否正确,正确则测试成功,未收到或错误则测试失败,进入下轮循环,直到达到设定的测试次数。循环结束。

(7) 统计结果。

3. 评估准则

在规定的信号功率条件下,如被测终端结果满足指标要求,则合格;否则不合格。

配置不同通信形式、等于和小于对应定级长度的通信信息,要求所有次数通信出入站都必须全部正确。

通信等级电文长度限制如表 7-7 所列。

表 7-7　通信等级电文长度限制

通信等级	电文长度	
	加密用户	非密用户
1	10 个汉字/35 个代码	7 个汉字/27 个代码
2	25 个汉字/90 个代码	29 个汉字/102 个代码
3	41 个汉字/145 个代码	44 个汉字/157 个代码
4	120 个汉字/420 个代码	60 个汉字/212 个代码

7.3.15　通信查询功能测试

通信查询功能测试包括查询通信回执功能测试、按发信方地址查询功能测试和按最新存入电文查询功能测试 3 个测试项。

1. 指标要求

附属于通信功能,能正确进行通信查询申请,并能正确接收,则该功能具备。

2. 检测方法

测试流程说明:

(1) 控制信号源,配置对应的信号源场景(报告信号场景、功率、频点、波束、是否有动态等)。

(2) 按照要求配置出站波束和出站功率,检测用户机功率,如果用户机检测功率失败,当次测试失败,则结束测试。

(3) 循环开始:控制用户机发送通信申请。

(4) 判断用户机是否收到通信查询申请,并对比通信申请是否正确,正确则继续,未收到或不正确则此轮测试失败,进入下次循环。

(5) 发送与通信申请对应的出站信息。

(6) 判断用户机是否收到通信信息,并判断通信信息是否正确,正确则测试成功,未收到或错误则测试失败,进入下轮循环,直到达到设定的测试次数。循环结束。

(7) 统计结果。

3. 评估准则

在规定的信号功率条件下,如被测终端结果满足指标要求,则合格;否则不合格。控制用户机进行各类通信查询测试,要求所有次数通信查询出入站都必须全部正确,则合格,具体如表7-8所列(按发信方地址查询(其他一致))。

表7-8　评估准则

按发信方地址查询	入站	出站	评判
第一次	一致	一致	合格
第二次	一致	一致	合格
结论	合格(要求所有测试次数都合格,则总结论为合格)		

7.3.16　多帧通信电文中插入定位信息测试

1. 指标要求

把定位信息帧插入在一次完整通信信息帧的中间,要求同信息帧类别(可设置代码、汉字、混传电文形式)和电文长度大于等于2帧,若用户机能正确接收到定位和通信信息,则该功能具备。

2. 检测方法

测试流程说明:

(1) 控制信号源,配置对应的信号源场景(报告信号场景、功率、频点、波束、是否有动态等)。

（2）按照要求配置出站波束和出站功率,检测用户机功率,如果用户机检测功率失败,当次测试失败,则结束测试。

（3）循环开始:控制用户机分别发送连续通信帧中间插入定位信息帧的出站信息。

（4）判断用户机是否能同时正确接收到定位信息和通信信息,收到并正确则测试合格,未收到或信息不正确,则测试失败,进入下轮测试。循环结束。

（5）统计结果。

3. 评估准则

在规定的信号功率条件下,如被测终端结果满足指标要求,则合格;否则不合格。

设置不同通信类型、不同长度、定位信息在不同位置的通信帧进行测试,要求所有次数通信和定位帧都必须全部收到且正确,测试合格;否则测试失败,具体如表 7 – 9 所列。

表 7 – 9　评估准则

多帧通信中插入定位	不同长度、类型、内容的通信信息	定位插在通信信息的第 X 帧	定位是否收到且正确	通信是否收到且正确	结果
第一次	长度为 5 帧的数字通信	定位插在第 3 帧	一致	一致	合格
第二次	长度为 10 帧的汉字通信	定位插在第 8 帧	一致	一致	合格
结论	合格				

7.3.17　位置报告功能测试

中心站可以控制用户机对自己位置进行报告,位置报告分为位置报告 1 和位置报告 2 两种。

（1）位置报告 1:用户接收设备使用 RNSS 系统获取自身位置信息后,采用 RDSS 链路向指定部门发送位置数据。理论上用户机应该把 RNSS 的定位结果返回给中心站,但现在实际测试过程中,我们使用的是本地值。

（2）位置报告 2:用户接收设备按无高程、有天线高方式定位入站,定位结果向发信地址对应用户发送,不向申请入站用户发送。

该测试包括位置报告 1 功能测试和位置报告 2 功能测试两个测试项。

1. 指标要求

用户机能正确按照要求进行位置报告入站,则具备此功能。

2. 检测方法

测试流程说明:

（1）控制信号源,配置对应的信号源场景（报告信号场景、功率、频点、波束、是否有动态等）。

（2）按照要求配置出站波束和出站功率,检测用户机功率,如果用户机检测功率失败,当次测试失败,则结束测试。

（3）循环开始:控制用户机发送位置报告（1、2）入站信息。

（4）检测用户机发送的入站信息是否正确,正确则测试成功,否则测试失败。循环结束。

（5）统计结果。

3. 评估准则

在规定的信号功率条件下,如被测终端结果满足指标要求,则合格;否则不合格。

控制用户机进行位置报告入站,如果入站信息全部正确则测试合格,如表7-10所列。

表7-10 评估准则

位置报告	入站	出站（定位出站）	评判
第一次	一致	一致	合格
第二次	一致	一致	合格
结论	合格（要求所有测试次数都合格,则总结论为合格）		

7.3.18 首次捕获时间测试

首次捕获时间是指在指定的接收信号功率条件下,用户机从开机到输出锁定指示所需时间。

1. 指标要求

在要求的功率条件下,首次捕获时间≤2s。

2. 检测方法

测试流程说明:

（1）控制信号源,配置对应的信号源场景（报告信号场景、功率、频点、波束、是否有动态等）。

（2）循环开始:按照要求配置出站波束和出站功率,检测用户机功率,如果用户机检测功率失败,当次测试失败,则结束测试。

（3）信号源不间断一直发带定位信息的出站电文。

（4）控制程控电源给用户机断电。

（5）等待大于等于21s。

（6）控制程控电源给用户机供电,同时记录时间 T_1。

（7）检测用户机上报的电文,连续 3 帧电文正确,则认为已经解算出正确电文,记录第一帧收到的时间 T_2。

（8） $T_2 - T_1$ 即为此次捕获时间。循环结束。

（9）统计结果。

3. 评估准则

在规定的信号功率条件下,如被测终端结果满足指标要求,则合格;否则不合格。

连续测试大于等于 20 次,记录每次的时间,从小到大排序,取第 95% 个点为首次捕获时间,首次捕获时间 ≤2s,则测试合格。

7.3.19　失锁重捕时间测试

失锁重捕时间是指用户机在正常工作状态下,出现信号短时间中断时,从接收信号功率恢复开始至用户机首次获得满足定位精度要求的测试结果时所需要的时间。

1. 指标要求

在要求的功率条件下,失锁重捕时间 ≤1s。

2. 检测方法

测试流程说明:

（1）控制信号源,配置对应的信号源场景(报告信号场景、功率、频点、波束、是否有动态等)。

（2）按照要求配置出站波束和出站功率,检测用户机功率,如果用户机检测功率失败,当次测试失败,则结束测试。

（3）循环开始:关闭信号源出站信号功率(或调节用户机接收的极限功率)。

（4）等待大于等于 21s。

（5）控制信号源恢复可见功率,同时记录时间 T_1。

（6）检测用户机上报的 BSI 指令,如果用户机锁定了对应的波束,记录时间 T_2。

（7） $T_2 - T_1$ 即为此次重捕时间。循环结束。

（8）统计结果。

3. 评估准则

在规定的信号功率条件下,如被测终端结果满足指标要求,则合格;否则不合格。

连续测试大于等于 20 次,记录每次的时间,从小到大排序,取第 95% 个点为失锁重捕时间,失锁重捕时间 ≤1s,则测试合格。

7.3.20　双通道时差测量误差测试

1. 指标要求

用户机测量两通道信号的时差统计值≤5。

2. 检测方法

测试流程说明：

（1）控制信号源，配置对应的信号源场景（报告信号场景、功率、频点、波束、是否有动态等）。

（2）按照要求配置出站波束和出站功率，检测用户机功率，如果用户机检测功率失败，当次测试失败，则结束测试。

（3）循环开始：控制信号源发送两路有时差的出站信号。

（4）控制用户机发送连续自动入站定位申请。

（5）信号源收到入站申请后统计时差测量值，统计样本数不小于 100 次。循环结束。

（6）统计结果。

3. 评估准则

在规定的信号功率条件下，如被测终端结果满足指标要求，则合格；否则不合格。

连续测试大于等于 100 次，记录每次时差测量值，求得其均分根值即为双通道时差测量值，双通道时差≤5 则合格，具体计算公式为

$$\sigma = \sqrt{\frac{\sum_{i=1}^{n} (t_i - t_0)^2}{n-1}}$$

式中：t_i 为双通道时差测量值；t_0 为双通道时差标称值；n 为样本总数。

7.3.21　无线电静默功能测试

用户设备在收到无线电静默指令后，用户设备将只能接收出站信号，不能发射入站信号，只有当接收到静默解除指令后才能恢复正常工作。

1. 指标要求

用户机在收到无线电静默指令后，不能发送入站申请，则具备此功能。

2. 检测方法

测试流程说明：

（1）控制信号源，配置对应的信号源场景（报告信号场景、功率、频点、波束、是否有动态等）。

（2）按照要求配置出站波束和出站功率,检测用户机功率,如果用户机检测功率失败,当次测试失败,则结束测试。

（3）控制用户机依次发送定位、通信入站申请。

（4）检测是否收到用户机的入站申请,并比较是否正确,收到并且正确则继续,否则测试失败,进入下轮测试。

（5）给用户机发送无线电静默指令,并根据用户机反馈值判断是否执行成功。

（6）控制用户机发送定位、通信入站申请。

（7）检测是否能收到用户机的入站申请,如果没有收到用户机的入站申请,则测试成功,继续下一步测试,反之则失败,进入下轮测试。

（8）发送无线电静默解除指令,并根据用户机反馈值判断是否执行成功。

（9）控制用户机发送定位、通信入站申请。

（10）检测是否收到用户机的入站申请,并比较是否正确,收到并且正确则继续,否则测试失败,进入下轮测试。

（11）统计结果。

3. 评估准则

在规定的信号功率条件下,如被测终端结果满足指标要求,则合格;否则不合格。

给用户机发送无线电静默指令后,用户机仅能接收信号,但不能发送入站信号;发送无线电静默解除指令后,用户机恢复正常,能进行信号收发;符合要求则用户机具备无线电静默能力,测试合格。

7.3.22　兼收功能测试

兼收功能为指挥机功能。

1. 指标要求

要求兼收成功率≥99% 。

2. 检测方法

测试流程说明:

（1）控制信号源,配置对应的信号源场景（报告信号场景、功率、频点、波束、是否有动态等）。

（2）按照要求配置出站波束和出站功率,检测用户机功率,如果用户机检测功率失败,当次测试失败,则结束测试。

（3）发送 10 个波束 20 个支路按照设定规则搭载定位、通信电文的出站信息。

（4）用户机开始兼收。

（5）统计结果。

3. 评估准则

在规定的信号功率条件下,如被测终端结果满足指标要求,则合格;否则不合格。

给 10 个波束的 20 个支路全部搭载属于指挥机下属用户的定位、通信出站信息,指挥机能兼收下属用户的信息,要求兼收成功率不低于 99%。

$$成功率 = 兼收正确数/发送总数$$

测试多少下属用户、每个下属用户测试多少条通信、多少条定位、信息搭载在什么位置都可按照要求进行配置,不同类型指挥机要求不尽相同。

7.3.23 通播功能测试

通播功能为指挥机功能。

1. 指标要求

具备向下属用户发送通播信息功能,以通播地址向所有下属用户以广播形式发送信息。

2. 检测方法

测试流程说明:

（1）控制信号源,配置对应的信号源场景(报告信号场景、功率、频点、波束、是否有动态等)。

（2）按照要求配置出站波束和出站功率,检测用户机功率,如果用户机检测功率失败,当次测试失败,则结束测试。

（3）循环开始:控制用户机向通播地址发送通信入站信息。

（4）信号源检测是否收到对应入站信息,并判断信息是否正确,正确则继续;否则测试失败,进入下轮循环。

（5）信号源在 10 个波束在相同帧号搭载与入站对应的相同的指挥机通播出站信息。

（6）检测用户机是否收到,并判断是否正确,收到且正确则测试成功,否则测试失败(要求只收到 1 条,但总站判收到 10 个也行)。

（7）统计结果。

3. 评估准则

在规定的信号功率条件下,如被测终端结果满足指标要求,则合格;否则不合格。

能正确往通播地址发送通播入站信息申请,则用户机具备通播功能,且多次测试,所有测试次数全部通过则合格。

7.3.24 定位查询功能测试

定位查询功能属于指挥功能。

1. 指标要求

附属于通信功能,能正确进行定位查询申请,并能正确接收,则该功能具备。

2. 检测方法

测试流程说明:

(1)控制信号源,配置对应的信号源场景(报告信号场景、功率、频点、波束、是否有动态等)。

(2)按照要求配置出站波束和出站功率,检测用户机功率,如果用户机检测功率失败,当次测试失败,则结束测试。

(3)循环开始:控制用户机发送定位查询申请。

(4)判断用户机是否收到查询申请,并对比申请信息是否正确,正确则继续,未收到或不正确则此轮测试失败,进入下次循环。

(5)发送与申请对应的出站信息。

(6)判断用户机是否收到出站信息,并判断出站信息是否正确,正确则测试成功,未收到或错误则测试失败,进入下轮循环,直到达到设定的测试次数。循环结束。

(7)统计结果。

3. 评估准则

在规定的信号功率条件下,如被测终端结果满足指标要求,则合格;否则不合格。

控制用户机进行多次定位查询测试,要求所有次数定位查询出入站都必须全部正确,则合格。

7.3.25 自毁功能

1. 指标要求

通过串口向用户机发送自毁指令,用户机响应后能自毁核心保密部件,且无法正常工作。

2. 检测方法

测试流程说明:

(1)控制信号源,配置对应的信号源场景(报告信号场景、功率、频点、波束、是否有动态等)。

(2)按照要求配置出站波束和出站功率,检测用户机功率,如果用户机检测功率失败,当次测试失败,则结束测试。

（3）控制用户机发送定位申请。

（4）检测是否收到用户机的入站申请,收到则继续,未收到则测试失败,退出测试。

（5）向用户机串口发送自毁指令,并等待生效。

（6）等待用户机执行成功的回执,如果收到且关闭则继续,否则测试失败。

（7）控制用户机发送定位申请。

（8）检测是否收到入站申请,收到则测试失败,未收到则永久关闭,测试结束。

（9）统计结果。

3. 评估准则

在规定的信号功率条件下,如被测终端结果满足指标要求,则合格;否则不合格,如表 7 – 11 所列。

永久关闭且收到用户机的关闭应答后用户设备将不能进行入站。

表 7 – 11　评估准则

关闭前入站	通过串口向用户机发送自毁指令, 并等待执行成功回执	关闭后入站	评判
需收到用户机入站	收到执行成功回执,且内容为执行成功	用户机无入站	合格

⤵ 7.4　测量型接收机检定

7.4.1　接收机一般性检视

1. 外观检查

用目视和手动检查,外观检查如下:

（1）仪器主机和天线的外观应良好。

（2）各种部件、附件应齐全、完好。

（3）目测接收机表面是否有划痕、裂缝和变形。

（4）实际操作检查接收机外壳是否具有一定的刚度和强度。

（5）实际操作检查各按键反应是否灵敏、功能是否正常。

（6）接插部位不应有松动脱落现象。

（7）使用手册应齐全,新出厂的仪器随机应带有中文说明书、保修卡。

（8）随机数据处理软件应完整可靠、安装光盘应能正确安装。

（9）软件能够方便地导入观测数据,精确地解算基线矢量,对基线矢量构成的控制网进行合理正确的平差计算,能把 WGS84 坐标转换到国家坐标,或者转换到其他当地坐标。

2. 通电检查

仪器加电和目视检查,包括:电缆型号及接头应配套完好,用万用表测量电池充电前后的电压,充电功能应工作正常,电池容量应满足测量的基本需求。将主机、天线、控制器及电源之间的电缆正确连接,确保稳固可靠;开启电源,各种信号灯、显示系统、按键工作应正常;接收机锁定卫星的时间、接收信号强度、数据传输性能应符合厂家随机发布的手册要求。

7.4.2 接收机内部噪声水平测试

GNSS 接收设备内部噪声水平应满足厂商的指标,采用专用功率分配器测定时的零基线值及坐标分量绝对值应小于 1mm,采用超短基线测定时基线的坐标分量变化应小于 GNSS 接收设备标称的固定误差。

根据 GNSS 接收设备的具体情况,分体式 GNSS 接收机(天线与主机分开)采用零基线方法检验,一体式 GNSS 接收机(天线与主机封装在一起)采用超短基线方法检验。

1. 零基线法

采用专用功率分配器进行检定:将同一天线接收到的卫星信号分配给若干个 GNSS 接收设备进行静态观测,观测时间为 30min,得到的基线分量绝对值和基线长度值应小于 1mm。

如图 7-3 所示,用功率分配器将同一天线接收的卫星信号按照功率、相位相同的原则分成两路或者多路,分别送入各个接收机主机,设置采样间隔 10s,按照静态作业模式同步观测 30~60min,用生产厂家提供的随机软件对观测数据进行基线解算处理,求得坐标增量 ΔX、ΔY、ΔZ 和基线长度 S 应符合规定。

2. 超短基线法

无法使用功率分配器的情况下可以采用此方法。按下述规定进行:静态连续观测两个时段,每个时段观测 30min,时段间保持 GNSS 接收设备的状态不变,得到的基线分量和基线长度变化的绝对值应小于 GNSS 接收设备的固定误差。

选择 10m 以内超短基线的观测点安置受检 GPS 接收机,设置采样间隔 10s,按照静态作业模式同步观测 60min,用生产厂家提供的随机软件对观测数据进行基线解算。基线的解算长度与已知长度之差为

$$\Delta S = B - B_0$$

式中:B 为基线测量长度;B_0 为基线已知长度。

ΔS 应符合规定。

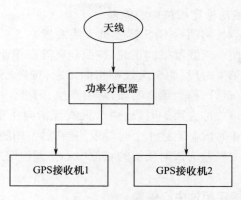

图 7 - 3　零基线检测法

7.4.3　接收机天线相位中心偏差测试

天线的相位中心偏差是指相位中心与几何中心之间的偏差,不应大于 2 倍标称固定标准偏差。

1. 旋转 90°法检定相位中心偏差

如图 7 - 4 所示,将两台 GPS 接收机天线安置在 5 ~ 24m 的超短边基线上,精确对中、整平,两个天线都指向正北,按照静态作业模式同步观测一个时段 (30 ~ 60min),称为第 1 时段;固定天线 A 方向不变,另一个天线 B 依次旋转 90°、180°、270°,分别指向东、南、西,测量第 2、3、4 时段,如图 7 - 4 中(b)、(c)、(d)所示。求得 4 个时段的基线值,它们的最大互差即为 B 天线的相位中心偏差。然后,将 B 天线方向固定向北,保持不动,把 A 天线依次旋转 90°、180°、270°,分别指向东、南、西,又分别测得第 5、6、7 三个时段。第 1、5、6、7 四个时段所测量的基线长度最大互差为 A 天线的相位中心偏差,计算公式为

$$\Phi = (S_{max} - S_{min})$$

式中:Φ 为相位中心偏差;S_{max} 为 4 个时段所测量的基线长度最大值;S_{min} 为 4 个时段所测量的基线长度最小值。

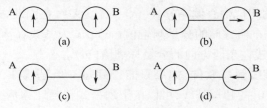

图 7 - 4　旋转 90°测定法测量天线相位中心

2. 配对交换天线法检定相位中心偏差

将接收机两两配对,将两台 GPS 接收机天线安置在 5 ~ 24m 的超短边基线上,精确对中、整平,两个天线都指向正北,按照经典静态作业模式同步观测一个时段(60 min),称为第 1 时段;两个天线都指向正东,按照经典静态作业模式同步观测一个时段(60 min),称为第 2 时段;对换点位,两个天线都指向正北,同步观测一个时段(60 min),称为第 3 时段;两个天线都指向正东,同步观测一个时段(60 min),称为第 4 时段。上述 4 个时段观测结束后,用随机软件计算基线的坐标差,取其中的最大较差为该对天线的相位中心偏差检定结果,其绝对值应符合规定。

3. 旋转 180°法检定相位中心偏差

如图 7 - 5 所示,在 5 ~ 24m 的超短基线上,把两个天线的朝向按北 - 北(NN↑↑)、北 - 南(NS↑↓)、南 - 南(SS↓↓)、南 - 北(SN↓↑)四个组合分别观测一个时段(60 min),得到基线测量值 DX_{NN}、DY_{NN}、DX_{NS}、DY_{NS}、DX_{SS}、DY_{SS}、DX_{SN}、DY_{SN},从它们与天线相位偏差的关系中可以解算出如下结果:

$$dx = \frac{DX_{NN} + DX_{NS} + DX_{SS} + DX_{SN}}{4}$$

$$dy = \frac{DY_{NN} + DY_{NS} + DY_{SS} + DY_{SN}}{4}$$

$$e_0 = dx - \frac{DX_{NN} + DX_{NS}}{2} = \frac{DX_{SS} + DX_{SN} - DX_{NN} - DX_{NS}}{4}$$

$$f_0 = dy - \frac{DY_{NN} + DY_{NS}}{2} = \frac{DY_{SS} + DY_{SN} - DY_{NN} - DY_{NS}}{4}$$

$$e_1 = \frac{DX_{NN} + DX_{SN} - DX_{SS} - DX_{NS}}{4}$$

$$f_1 = \frac{DY_{NN} + DY_{SN} - DY_{SS} - DY_{NS}}{4}$$

式中:e_0 为 0 号天线在 X 方向相位中心偏差分量(m);f_0 为 0 号天线在 Y 方向的相位中心偏差分量(m);e_1 为 1 号天线在 X 方向的相位中心偏差分量(m);f_1 为 1 号天线在 Y 方向的相位中心偏差分量(m);DX 为基线在南北方向的分量测量值(m);DY 为基线在东西方向的分量测量值(m);dx 为基线在南北方向的分量标准值(m);dy 为基线在东西方向的分量标准值(m)。

通过随机的基线解算软件,如果只能得到每一条基线在 WGS84 坐标系的 dL、dB,对于 5 ~ 24m 的超短基线,可以按下列公式精确计算基线分量:

$$DX = \frac{dB''}{206265}M$$

$$DY = \frac{dL''}{206265} N\cos B$$

$$M = \frac{a(1 - e^2)}{W^3}$$

$$N = \frac{a}{W}$$

$$W = \sqrt{1 - e^2 \sin^2 B}$$

式中：M 为子午圈曲率半径（m）；N 为卯酉圈曲率半径（m）；B 为基线端点的纬度（m）。

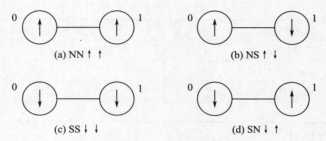

图 7 – 5　旋转 180°法测量天线相位中心

对于 WGS84 坐标系，$a = 6378137\mathrm{m}$，$e = 0.08181919084255$。

天线的相位中心偏差 $\varPhi$ 按下列公式计算：

$$\varPhi_0 = \sqrt{e_0^2 + f_0^2}$$

$$\varPhi_1 = \sqrt{e_1^2 + f_1^2}$$

式中：$\varPhi_0$ 为 0 号天线的相位中心偏差；$\varPhi_1$ 为 1 号天线的相位中心偏差。

7.4.4　接收机野外作业性能及不同测程精度指标的测试

将接收机安置在检验场地的点位上，基线长度为 8 ~ 20km，观测 4 个时段，每个时段的观测时间应不少于 30min，设置卫星截止高度角不大于 15°，采样间隔不大于 15s，按以下公式计算的静态基线测量精度应优于接收机标称标准差 σ。

$$m_{hs} = \sqrt{\frac{1}{4}\sum_{i=1}^{4}\left[(\Delta N_i - \Delta N_0)^2 + (\Delta E_i - \Delta E_0)^2\right]}$$

$$m_{vs} = \sqrt{\frac{1}{4}\sum_{i=1}^{4}(\Delta U_i - \Delta U_0)^2}$$

式中：m_{hs}、m_{vs} 分别为静态基线测量水平、垂直精度，单位为 mm；ΔN_0、ΔE_0、ΔU_0 分

别为已知基线在站心地平坐标系下北、东、高方向分量,单位为 mm;ΔN_i、ΔE_i、ΔU_i 分别为第 i 时段基线测量结果在站心地平坐标系下北、东、高方向分量,单位为 mm。

$$\sigma = \sqrt{a^2 + (b \times D)^2}$$

式中:σ 为接收机标称标准差(mm);a 为固定误差(mm);b 为比例误差(mm/km);D 为基线长度(km),当实际基线长度 $D < 0.5$km 时,取 $D = 0.5$km 进行计算。

中长距离最短观测时间如表 7 – 12 所列。

表 7 – 12 中长距离最短观测时间表

基线长度分类	最短观测时间/h
$D \leqslant 5$km	1.5
5km $< D \leqslant 15$km	2.0
15km $< D \leqslant 30$km	2.5
$D > 30$km	4.0

1. 短基线比对

在短基线两端分别安置一台 GNSS 接收机,要求天线精确整平对中,对中误差应小于 0.5mm,天线指向正北,精确量取天线高度,按照静态作业模式同步观测 60 min,用厂家所配软件计算基线长度 S。

GNSS 静态定位模式测量的基线长度与已知基线长度偏差不应大于标称标准偏差 σ。

2. 中边基线比对

在中边基线同一条边上按照静态模式进行两个时段测量,每个时段同步观测 90min,用厂家所配软件计算出基线的空间长度 S_1、S_2,二者的较差为 $\Delta S = S_1 - S_2$,测量基线与基线标准长度 B_1 比较,得到基线偏差 ΔB_1、ΔB_2。

$$\Delta B_1 = B_1 - S_1, \Delta B_2 = B_1 - S_2$$

式中:S_1、S_2 为基线测量长度;B_1 为基线标准长度。

GPS 静态定位模式测量的任何一个时段基线长度与已知基线长度之差 ΔB 的绝对值不应大于 3 倍标称标准偏差;不同时段的基线长度较差 ΔS 的绝对值不应大于 2 倍标称标准偏差。

3. 长边基线比对

在长边基线两端分别安置 GPS 接收机,要求天线严格整平、对中,对中误差小于 1mm,天线指向正北,精确量取天线高度,记录测站的温度、气压,按照静态模式同步观测 240min,采样间隔 30s,用专用基线解算软件和精密星历,加入气象修正、电离层折射修正和板块移动修正,计算出基线的空间长度 S,与基线标准长度 B 比较,得到基线偏差 ΔB。

$$\Delta B = B - S$$

静态定位模式测量的任何一个时段基线长度与已知基线长度之差 ΔB 的绝对值不应大于 3 倍标称标准偏差;不同时段的基线长度较差 ΔS 的绝对值不应大于 2 倍标称标准偏差。

7.4.5　方位角测量误差检定

GNSS 方位角测量误差检定一般在 0.3 ~ 5km 的基线上进行,每一时段所测量的大地方位角与已知方位角的差值应不大于 3″。

1. 检定方法一

选择基线长度为 0.3 ~ 5km 的两个检测点,按"基于连续运行基准站作业模式"观测两个时段,每个时段为 240min,采样间隔 30s,用随机软件或者专用软件,输入基准站的 WGS84 精确坐标,固定基准站,分别推算两个检测点的坐标,根据推算坐标计算两个检测点之间的大地方位角,与已知的大地方位角比较,其较差应不大于 3 ″。因为基准站的测量数据每天截止时间为格林尼治时间 0 点,所以要求任意时段都不要跨越北京时间 8:00。

注 1:连续运行基准站是指长期不间断进行 GPS 观测,为大地测量、地壳运动监测服务的永久性 GPS 地面测量站。

注 2:"基于连续运行基准站作业模式"是指未知点上的 GPS 接收机与连续运行基准站进行同步观测,直接以基准站为起算点确定未知点精确位置的作业方法。

2. 检定方法二

选择基线长度为 0.3 ~ 5km 的两个检测点,要求两个检测点的 WGS84 坐标精确已知,按照静态模式观测两个时段,每个时段为 60min,采样间隔 15s,用随机软件计算基线,固定一个检测点,推算另一检测点的 WGS84 坐标,根据推算坐标计算两个检测点之间的大地方位角,与已知的大地方位角标准值比较,其较差应不大于 3 ″。

7.4.6　测量环线闭合差

把同一组(至少 3 台)受检仪器一起架设在检测点上,构成一个环线,要求环线上的各个基线长度都在 100 ~ 2000m,同步观测两个时段,每个时段为 60min,采样间隔 15s,用随机软件计算任意三边构成的同步环闭合差和多边构成的异步环闭合差,取绝对值最大的同步环闭合差和绝对值最大的异步环闭合差为该组仪器的检定结果。

同步环闭合差的三个坐标分量 wX、wY、wZ 均不许超过 $\frac{\sqrt{n}}{5}\sigma$，异步环闭合差 WX、WY、WZ 均不许超过 $3\sqrt{n}\sigma$。其中：n 为测量环线中的基线个数；σ 为测量环线中基线的平均长度。

7.5　环境适应性测试

环境适应性测试按照低温储存、高温储存、冲击、振动、淋雨、湿热、低温工作、高温工作的顺序进行。

7.5.1　低温储存

1. 试验条件

试验温度：$-55℃$；试验时间：24h。

2. 试验方法

首先在常温状态下对试验样机进行初始检测。将样机的整机及附件置于试验箱内。将试验箱温度以不高于 $3℃/min$ 的速率降至 $-50℃$，并保持24h。将试验箱温度按规定速率恢复到常温后，进行试后状态检测，并记录状态改变情况。

7.5.2　高温储存

1. 试验条件

试验温度：70℃；试验时间：24h。

2. 试验方法

首先在常温状态下对试验样机进行初始检测。将样机的整机及附件置于试验箱内。将试验箱温度以不高于 $3℃/min$ 的速率降至70℃，并保持24h。将试验箱温度按规定速率恢复到常温后，进行试后状态检测，并记录状态改变情况。

7.5.3　冲击

1. 试验条件

波形：半正弦形脉冲；峰值加速度：$30g$；脉冲周期：11ms；X、Y、Z 每个轴向冲击次数：3 次。

2. 试验方法

首先在常温状态下对试验样机进行初始检测。将样机主机和天线固定在振动台上。按照预设参数分别在 X、Y、Z 三个轴向各冲击 3 次。试验完成后,进行试后状态检测,并进行记录。

7.5.4 振动

1. 试验条件

试验类型:正弦扫频;频率范围:5.5 ~ 200Hz,加速度:15m/s^2;扫描时间:12min。

2. 试验方法

首先在常温状态下对试验样机进行初始检测。将样机的主机和天线固定在振动台上。设置试验参数,分别对三个轴向进行振动试验。试验完成后,进行试后状态检测。

7.5.5 淋雨

1. 试验条件

降雨强度:1.7mm/min;雨滴尺寸:0.5 ~ 4.5mm;风速:18m/s;持续时间:30min;试件温度高于水温 10℃。

2. 试验方法

首先在常温状态下对天线进行初始检测。将外接天线均匀置于试验箱内。将试验箱温度升至高于水温 10℃后,开始进行有风源淋雨。淋雨 30min 后,取出天线,进行漏水检查,记录情况。最后加电开机,进行试后检测。

7.5.6 湿热

1. 试验条件

试验温度:30 ~ 60℃;试验湿度:95%;试验时间:10 个循环,一个循环 24h。

2. 试验方法

首先在常温下对样机进行初始检测。样机整机放入试验箱后,将温度调整到 30℃,在 2h 内将其温度由 30℃调整到 60℃,相对湿度为 95%;在 60℃、相对湿度 95% 下保持 6h;在 8h 内,将试验箱温度由 60℃降到 30℃,相对湿度应不小于 85%;在 30℃、相对湿度 95% 下保持 8h。重复上述步骤 10 次。试验步骤结束后,取出样机进行试后检测。湿热试验温度变化曲线图如图 7 - 6 所示。

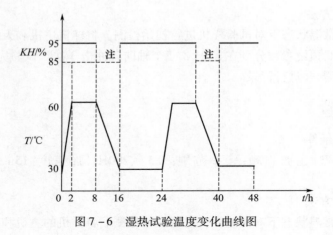

图 7 – 6　湿热试验温度变化曲线图

7.5.7　低温工作

1. 试验条件

试验温度：– 40℃。

2. 试验方法

将样机按照有线测试图架设,进行定位精度指标测试,记录结果,作为初始状态检测标准。将试验箱温度降至要求温度,稳定后保持 2h,进行定位精度测试,并记录结果。恢复常温后,进行试后状态检测。

7.5.8　高温工作

1. 试验条件

试验温度：55℃。

2. 试验方法

将样机按照有线测试图架设,进行定位精度指标测试,记录结果,作为初始状态检测标准。将试验箱温度降至要求温度,稳定后保持 2h,进行有线性能测试,并记录结果。恢复常温后,进行试后状态检测。

7.6　电磁兼容试验

电磁兼容性(EMC)是指设备或系统在特定的电磁环境中符合设计要求、运行正常并不对其环境中的任何设备产生超出限值范围的电磁干扰的能力。因此,EMC 包括两个方面的要求:一方面是指设备在正常运行过程中对所在环境产生的电磁干扰不能超过一定的限值;另一方面是指设备对所在环境中存在的电磁干扰具有一定程度的抗扰度,即电磁敏感性。

随着卫星导航系统在民用和军用领域的广泛应用,导航接收机工作场所的电磁环境日益复杂,成为影响其正常工作的一个因素。因此,导航接收机必须满足电磁兼容性要求,才能保证在任何环境中发挥其作用。

卫星导航应用设备的电磁兼容性检测依据的标准主要包括:

GB/T 17626.2《电磁兼容　试验和测量技术　静电放电抗扰度试验》;

GB/T 17626.3《电磁兼容　试验和测量技术　射频电磁场辐射抗扰度》;

GB/T 17626.4《电磁兼容　试验和测量技术　电快速瞬变脉冲群抗扰度》;

GB/T 17626.5《电磁兼容　试验和测量技术　浪涌(冲击)抗扰度试验》;

GB/T 17626.6《电磁兼容　试验和测量技术　射频场感应的传导骚扰抗扰度》;

GB 9254《信息技术设备的无线电骚扰限值和测量方法》。

7.6.1　电磁兼容实验室

电磁兼容试验进行的场所即电磁兼容实验室。完整系统的电磁兼容实验室一般包括屏蔽室和电波暗室两类。

屏蔽室是指采用拼接结构或者焊接结构的六面体金属房间(包含供人员和设备进出的屏蔽门、空气循环作用的波导窗、电力传输的滤波器等特殊必备结构,均使用专业的屏蔽技术处理),其目的是防止室外的电磁场导致室内的电磁环境特性下降,并避免室内电磁发射干扰室外活动。通俗地讲,就是里面的出不去,外面的进不来。以中国电力科学研究院电磁兼容实验室的屏蔽室来举例,屏蔽效能(SE)在 10～150kHz 频段内达到 90dB 以上,在 150kHz～18GHz 频段内达到 110dB以上。屏蔽室内可进行 GB 17625 系列和 GB 17626 系列的 24 项电磁兼容试验。

电波暗室是在屏蔽室的基础上,在内壁铺设了吸波材料,模拟一个无电磁波反射的开阔场环境,暗室比屏蔽室价格高很多就是高在暗室内贴的这些吸波材料上。里面的电磁波发射到内壁会被吸收,基本不会像屏蔽室那样产生反射叠加的混波效应,满足测试样品的辐射发射和抗干扰试验条件。

电波暗室根据布局设计,一般分为全电波暗室和半电波暗室;根据测试距离,一般分为 3m 法暗室、5m 法暗室、10m 法暗室,10m、5m 和 3m 的含义是指待测试品距离天线参考点的距离。

10m 法暗室一般为 10m 法半电波暗室,是指除地面以外的其他五面都是铺设了吸波材料的屏蔽空间,地面为全导通金属地面,能够模拟无反射的空阔场地。10m 法半电波暗室可进行辐射发射试验和辐射抗扰度试验,以及屏蔽效能

试验等电磁兼容试验。结合辐射骚扰、辐射抗扰度测试系统,达到如下要求:

(1) 10m 法电波暗室满足 CISPR16 - 1 - 4、ANSI 63.4、CISPR11、CISPR22、CISPR25、IEC 61000 - 4 - 3、GJB 152A、GB 12190 等标准对辐射骚扰和抗扰度测试场地的要求。

(2) 辐射骚扰测试系统满足 CISPR16 - 1 - 1/ - 2/ - 3/ - 4、CISPR16 - 2 - 1/ - 2/ - 3/ - 4、CISPR11、CISPR 22 等标准的辐射骚扰自动化测试对电磁兼容性(EMC)测试系统的全部要求。

(3) 辐射抗扰度测试系统满足 CISPR16 - 1 - 1/ - 2/ - 3/ - 4、CISPR16 - 2 - 1/ - 2/ - 3/ - 4、IEC 61000 - 4 - 3 等标准的辐射抗扰度自动化测试对电磁兼容性(EMC)测试系统的全部要求。

(4) 能够进行 CISPR11、CISPR22,以及相应国标规定的各类电子设备、通信设备、汽车电子设备、工业、科学和医疗设备等的辐射骚扰测试。

(5) 能够进行 IEC 61000 - 4 - 3、GB 17619、DL/T 1087、DL/Z 713 等标准规定的各类电子设备、通信设备、汽车电子设备、变电站和换流站二次设备等的辐射抗扰度测试。

(6) 10m 法电波暗室和辐射骚扰、辐射抗扰度测试系统性能具有一定的前瞻性,适应电磁兼容测试技术及标准的发展方向。

10m 法电波暗室主要有五大技术指标,分别是屏蔽效能、归一化场地衰减、场地电压驻波比、场均匀性和环境噪声。10m 法电波暗室主要包括暗室本体、屏蔽控制室、屏蔽负载室、屏蔽功放室、转毂工作室等几部分。10m 法电波暗室的主要设施有屏蔽体和钢结构、屏蔽门、吸波材料、转台和转毂、天线塔、滤波器等。

3m 法电波暗室一般为可进行半/全转换的电波暗室。所谓全电波暗室,是指六个面铺设吸波材料的电波暗室,可进行辐射抗扰度试验,又称屏蔽暗室;所谓半电波暗室,是指地面为金属地面,其他五个面为吸波材料的电波暗室。3m 法电波暗室可进行半/全电波暗室的转换,方便测试需求。

电磁兼容的各个测试项目都要求有特定的测试场地,其中以辐射发射和辐射抗扰度测试对场地的要求最为严格。由于 80 ~ 1000MHz 高频电磁场的发射与接受完全是以空间直射波与地面反射波在接收点相互叠加的理论为基础的,场地不理想,必然带来较大的测试误差。

开阔试验场是重要的电磁兼容测试场地,但由于开阔试验场造价较高并远离市区,使用不便;或者建在市区,背景噪声电平大而影响 EMC 测试,所以常用室内屏蔽室来替代,但是屏蔽室是一个金属封闭体,存在大量的谐振频率,一旦被测设备的辐射频率和激励方式促使屏蔽室产生谐振时,测量误差可达 20 ~ 30dB,所以需要在屏蔽室的四周墙壁和顶部上安装吸波材料,使反射大大减弱,即电波传播时只有直达波和地面反射波,并且其结构尺寸也以开阔试验场的要求为依据,从而能模拟室外开阔场的测试,称为电磁兼容暗室(也就是前面所说的半电波暗室),简称 EMC 暗室,成了应用较普遍的 EMC 测试场地。美国 FCC、ANCI C63. 6—1992、IEC、CISPR 及国军标 GJB 152A—97、GJB 2926—97《电磁兼容性测试实验室认可要求》等标准容许用电磁屏蔽半电波暗室替代开阔试验场进行 EMC 测试。

对实验环境要求不高的测试如传导骚扰、静电测试、浪涌测试、雷击测试等都是通过电源线上进行的,所以只需要在屏蔽室内进行就够了;而对于空间辐射、空间骚扰通过空间传播的骚扰或者是抗干扰则对空间有特殊要求,因此需要在暗室内进行,模拟空旷场地的空间。

EMC 测试设备包括示波器、接收机、频谱仪、网络分析仪,以及天线、信号发生器、功率放大器、前置放大器、射频线缆、功率计、场强探头等。

7.6.2　静电放电抗扰度试验

7.6.2.1　试验目的

模拟操作人员或物体在接触设备时放电,及人或物体对邻近物体的放电,以考察被试设备抵抗静电放电干扰的能力是否符合相关标准的要求。前者是通过导体直接耦合,属于直接放电影响;后者是通过空间辐射耦合,属于间接放电影响。

其中,静电放电电流的典型波形如图 7 - 7 所示。

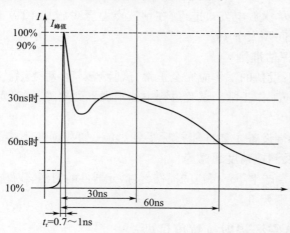

图 7 - 7　静电放电电流的典型波形图

7.6.2.2　试验条件

环境温度:15 ~ 35℃。

相对湿度:30% RH ~ 60% RH。

大气压力:86～106 kPa。

7.6.2.3 试验方法

静电放电抗扰度试验有两种试验方法:接触放电和空气放电。

接触放电方法是指试验发生器(静电放电发生器)的电极保持与用户终端接触,并由发生器内的放电开关激励放电的一种试验方法,这是试验通常优先选择的方法。接触放电法还可以分为直接放电和间接放电两种方式。直接放电是指直接对用户终端实施放电;间接放电是对受试设备附近的耦合板实施放电,以模拟人员对受试设备附近物体的放电。

空气放电方法是指将试验发生器的充电电极靠近受试设备并由火花对受试设备激励放电的一种试验方法。

卫星导航接收机的静电放电抗扰度试验采用在实验室内进行接触直接放电的方式,试验布置参见 GB/T 17626.2—2006 图5,试验方法如下:

(1)将导航终端设备放置在静电试验台,调整发射天线正对终端设备。

(2)设置卫星导航信号模拟器,输出正常的 8～12 颗卫星信号。

(3)将导航终端设备加电,进行试验前检查,确认终端设备正常后方可进行余下试验。

(4)试验时,终端设备处于正常开机运行状态,数据采集及分析系统应远离或隔离在测试区域外。

(5)试验以单次放电方式进行,在预选点上至少施加 10 次单次放电,单次放电之间的时间间隔大于 1s。

7.6.2.4 评估准则

试验过程中,设备的工作应完全正常,试验结束后,对终端设备进行加、断电测试,终端设备应工作正常。试验过程中如出现下列故障,可判定所测终端设备未通过测试。

(1)受试终端设备主要性能指标受到影响(如数据帧不连续、卫星捕获状态不稳定、定位及测速精度超标等)。

(2)用户终端产生了不可逆的损伤,包括元器件的损伤、软件或数据丢失等。

(3)用户终端死机。

7.6.3 射频电磁场辐射抗扰度试验

7.6.3.1 试验目的

射频辐射电磁场对设备的干扰往往是在使用移动电话、无线电台、电视发射台、移动无线电发射机等电磁辐射源产生的(以上属有意发射),汽车点火装置、电焊机、晶闸管整流器、荧光灯工作时产生的寄生辐射(以上属无意发射)也都会产生射频辐射干扰。本试验的目的是评定卫星导航终端设备抗射频辐射电磁场干扰的能力。

7.6.3.2　试验条件

（1）被测终端设备在预定气候条件（温度：15～35℃，相对湿度：30% RH～70% RH，大气压强：86～106kPa）下，在实际工作状态下运行。

（2）需避开被测终端设备工作的信号频段。

7.6.3.3　试验方法

试验在安装有吸波材料的屏蔽室中进行，试验通过射频信号发生器、功率放大器和发射天线，对被测终端设备正对发射干扰信号。射频信号发生器能够覆盖所有相关频带，试验信号依据 IEC 61000 - 4 - 3 及 GB/T 17626.3 标准要求，需用 1kHz 的正弦波进行 80% 调幅调制。试验设施布置参见 GB/T 17626.3—2006 图 2，试验方法如下：

（1）将导航终端设备放置在静电试验台，调整发射天线正对终端设备。

（2）设置卫星导航信号模拟器，输出正常的 8～12 颗卫星信号。

（3）将导航终端设备加电，进行试验前检查，确认终端设备正常后方可进行余下试验。

（4）试验时，终端设备处于正常开机运行状态，数据采集及分析系统应远离或隔离在测试区域外。

（5）用 1kHz 的正弦波对信号进行 80% 的幅度调制后，在预定的频率范围内进行扫描测量；每一频点上扫描停留时间不应短于被试终端设备操作和反应所需时间，一般设为 1s。

（6）对被测终端设备的每一侧面在发射天线的两种极化状态下进行试验，一次在天线垂直极化位置，另一次在天线水平极化位置。

7.6.3.4　评估准则

试验过程中，设备的工作应完全正常，试验结束后，对终端设备进行加、断电测试，终端设备应工作正常。试验过程中如出现下列故障，可判定所测终端设备未通过测试。

（1）受试终端设备主要性能指标受到影响（比如数据帧不连续、卫星捕获状态不稳定、定位及测速精度超标等）。

（2）终端设备产生了不可逆的损伤，包括元器件的损伤、软件或数据丢失等。

（3）终端设备死机。

7.6.4　电快速瞬变脉冲群抗扰度试验

7.6.4.1　试验目的

评估通信和电子设备的供电电源端口、信号、控制和接地端口在受到电快速瞬变脉冲群干扰时的性能,验证通信和电子设备对来自切换瞬态过程(切断感性负载、继电器触点弹跳等)的各类型瞬变骚扰的抗扰度。

7.6.4.2 试验条件

被测设备应在实际使用的工作状态和气候条件下进行测试。气候条件通常是环境温度:15~35℃,相对湿度:30%~70%,大气压力:86~106kPa。实验室电磁条件应能保证被测终端设备的正常工作。

7.6.4.3 试验方法

试验示意图、试验配置图分别参见 GB/T 17626.4—2018 图9、图11、图12 和图 13。本试验测试卫星导航终端承受耦合到输入电源线上的干扰的能力。

(1)按试验配置图连接试验设备和被测终端设备,并调整被测终端设备在正常工作状态。

(2)将被测终端设备的电源系统接入电快速瞬变脉冲群发生器中,以电快速瞬变脉冲群发生器模拟产生的脉冲群进行测试。

(3)试验开始时,将电快速瞬变脉冲群发生器重复频率调为 5kHz 或者 100kHz,脉冲持续时间设置为 15ms(5kHz)或者 0.75ms(100kHz),脉冲群周期设置为 300ms。

(4)在要求的测试电压进行干扰测试。

(5)受试设备分别在正常工作和待机状态下试验,分别使用正、负极性脉冲。

7.6.4.4 评估准则

试验过程中,设备的工作应完全正常,试验结束后,对终端设备进行加、断电测试,终端设备应工作正常。试验过程中如出现下列故障,可判定所测终端设备未通过测试。

(1)受试终端设备主要性能指标受到影响(比如数据帧不连续、卫星捕获状态不稳定、定位及测速精度超标等)。

(2)终端设备产生了不可逆的损伤,包括元器件的损伤、软件或数据丢失等。

(3)终端设备死机。

7.6.5 浪涌(冲击)抗扰度试验

7.6.5.1 试验目的

浪涌(冲击)干扰是由于设备开关通断或雷电作用时,产生瞬变过电压,引起对通信和电子设备产生单极性的瞬态干扰。浪涌抗扰度试验主要通过使用浪涌抗扰度测试仪模拟雷击和开关操作产生瞬变过电压干扰波,来对被测试设备进行组合波浪涌(冲击)试验,测量浪涌(冲击)抗扰度,评估设备的抗电磁干扰能力是否满足要求。

7.6.5.2　试验条件

被测设备应在实际使用的工作状态和气候条件下进行测试。气候条件通常是环境温度:15～35℃,相对湿度:30% RH～70% RH,大气压力:86～106kPa。实验室电磁条件应能保证被测终端设备的正常工作,而不影响试验结果。

7.6.5.3　试验方法

(1)使被测终端设备处于正常工作状态,用浪涌抗扰度测试仪分别对电源的输入/输出和通信端口进行试验。对电源的输入/输出需分别对线对线和线对地进行试验,除了通信网络中带屏蔽的端口仅进行线对地的试验,且仅对屏蔽层进行试验,其他通信网络端口还是需要分别对线对线和线对地进行试验。

(2)在每个选定端口上,正负极性的干扰至少要各加 5 次,每次间隔时间不少于 1min。

7.6.5.4　评估准则

试验过程中,设备的工作应完全正常,试验结束后,对终端设备进行加、断电测试,终端设备应工作正常。试验过程中如出现下列故障,可判定所测终端设备未通过测试。

(1)受试终端设备主要性能指标受到影响(比如数据帧不连续、卫星捕获状态不稳定、定位及测速精度超标等)。

(2)终端设备产生了不可逆的损伤,包括元器件的损伤、软件或数据丢失等。

(3)终端设备死机。

7.6.6　射频场感应的传导骚扰抗扰度试验

7.6.6.1　试验目的

传导骚扰抗扰度试验是关于电气和电子设备对来自 150kHz～80MHz 频率范围内射频发射机产生的传导抗扰度要求。当射频场感应的传导骚扰作用于电气和电子设备的电源线、通信线以及地线等连接电缆上,这些设备至少有一根连接电缆与射频电磁场相耦合。因此,射频发射机的电磁场可能作用于整条电缆。虽然被干扰设备(多数是较大系统的一部分)尺寸比骚扰波长要小,但与待测试物品的连接电缆就有可能成为无源的接收天线网络和有用及无用信号的传导路径,接受外界电磁场的感应,连接电缆就可以通过传导方式耦合外界干扰到设备内部(最终以共模电压和电流所形成的近场电磁骚扰到设备内部)对设备产生干扰,从而影响设备的正常运行。

传导骚扰抗扰度试验就是评估通信和电子设备的供电电源端口、信号和控制端口在受到射频电磁场感应的传导骚扰信号干扰时的性能。

7.6.6.2　试验条件

被测设备应在实际使用的工作状态和气候条件下进行测试。气候条件通常是环境温度:15 ~ 35℃,相对湿度:30% RH ~ 70% RH,大气压力:86 ~ 106 kPa。通常该试验可以不在屏蔽室内进行,但是当试验布置的辐射超过允许的电平时就应在屏蔽室内进行。

7.6.6.3　试验方法

该项测量方法是使受试设备承受在骚扰源作用下形成的电场和磁场来模拟来自实际发射机的电场和磁场,如图 7 - 8 所示。这些骚扰场(电场和磁场)是由试验装置所产生的电压或电流所形成的近区电场和磁场来近似表示的。如图 7 - 9 所示,用耦合和去耦装置提供骚扰信号给某一电缆,同时保持其他电缆不受影响,只近似于骚扰源以不同的幅度和相位范围同时作用于全部电缆的实际情况。

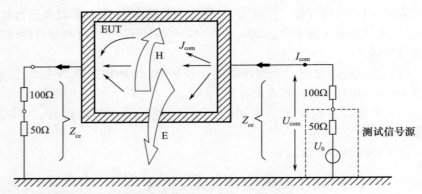

Z_{ce}——耦合和去耦网络系统的共模阻抗,Z_{ce}=150Ω;
注: 100Ω电阻包含在耦合和去耦网络中。左边输入端口由一个(无源)50Ω负载端接,而右边输入端口由信号发生器的源阻抗端接。
U_0——测试信号发生器源电压(e. m.f.);
U_{com}——被测设备与参考平面之间的共模电压;
I_{com}——流经被测设备的共模电流;
J_{com}——在被测设备的导电平面或其他导体上的电流密度;
E,H——电场和磁场。

图 7 - 8　在被测设备附近由被测设备电缆上的共模电流产生的电磁场的示意图

传导骚扰抗扰度试验可分为钳注入和直接注入两种方式。钳注入方式中,耦合和去耦合功能是分开的,由钳注入装置提供耦合,而共模阻抗和去耦功能是建立

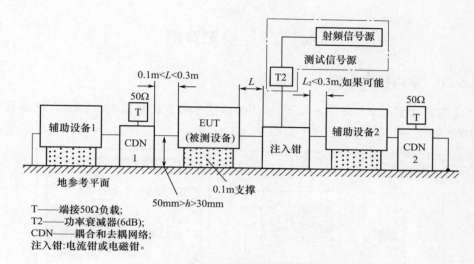

T——端接50Ω负载;
T2——功率衰减器(6dB);
CDN——耦合和去耦网络;
注入钳:电流钳或电磁钳。

图7-9 对射频传导骚扰的抗扰度试验

在辅助设备上的。直接注入方式中,来自试验信号发生器的骚扰信号通过100Ω电阻注入到同轴电缆的屏蔽层上(即使屏蔽层未接地或仅仅只有一个接地点)。

卫星导航终端设备可选用钳注入方式进行试验。

(1)将被测终端设备放置在接地参考平面上面0.1m高的绝缘支架上,使其保持正常工作状态。

(2)依次将测试信号发生器连接到每个耦合装置上(耦合和去耦合网络、电磁钳、电流注入探头)。

(3)用1kHz正弦波信号进行80%的幅度调制后,在150kHz~80MHz频率范围内进行扫频测量,扫描步长不应超过先前频率值的1%。

(4)每一频点上扫描停留时间不应短于被测设备操作和反应所需的时间,一般设为1s。

7.6.6.4 评估准则

试验过程中,设备的工作应完全正常,试验结束后,对终端设备进行加、断电测试,终端设备应工作正常。试验过程中如出现下列故障,可判定所测终端设备未通过测试。

(1)受试终端设备主要性能指标受到影响(比如数据帧不连续、卫星捕获状态不稳定、定位及测速精度超标等)。

(2)终端设备产生了不可逆的损伤,包括元器件的损伤、软件或数据丢失等。

(3)终端设备死机。

↘ 7.7　检测案例

7.7.1　室内检测案例

室内检测通常在暗室环境下,采用模拟信号的方式测试,包括 RNSS 测试和 RDSS 测试,测试框图如图 7 - 10 所示。

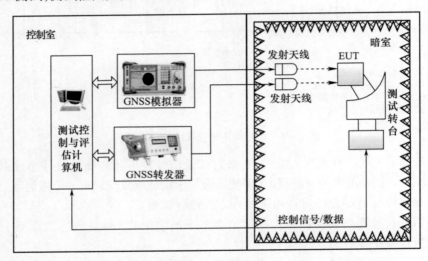

图 7 - 10　室内测试框图

下面以某车载型北斗双模标准接收机为例,说明室内暗室测试过程,测试项目包括定位精度、速度精度、发射 EIRP、发射频率准确度、双向零值、发射抑制、定位、通信功能。

1. 被测终端安装

(1) 将被测终端安放在终端测试转台的相应夹具上(图 7 - 11)。

(2) 按照用户手册说明将被测终端的数据线与系统串口线相连。

(3) 按照用户手册说明连接被测终端的电源线。

(4) 被测终端加电开机,进入测试等待状态。

2. 系统加电

(1) 根据被测终端类型和测试项目要求选择合适的卫星导航模拟器,保证系统机柜内的各设备对外电源连接电缆连接正确后,打开机柜的空气开关以及暗室内程控电源的开关。

(2) 依次打开机柜上的时频基准源、卫星导航模拟器、数学仿真计算机和测

图 7 - 11　终端安装图

试控制与评估计算机。

（3）为保证模拟卫星导航信号源模拟器的测试精度，在进行用户终端技术指标检验前，机柜内各设备加电预热时间不应少于0.5h。

（4）为保证卫星导航信号源模拟器的测试精度，设备机柜所在的实验室内环境条件必须符合要求，并且避免温度快速变化。

（5）运行数学仿真计算机上的数学仿真软件，检查软件与卫星导航信号模拟器的连接状态是否正常。

（6）运行测试控制与评估计算机内的试验控制与评估软件，检查各个设备的状态是否正常。

3. 数学仿真软件的运行

双击 NavSrc. exe 程序图标，进入数学仿真软件，如图 7 - 12 所示。

4. 试验控制与评估软件的运行

在 Windows 桌面上双击"NavigationTerminalTestSystem. exe"打开软件。在用户打开软件后，首先需要进行用户登录，软件的登录界面如图 7 - 13 所示。

5. 测试系统自检及初始化

登录成功后，软件自动进行系统信息链路检测并初始化，如图 7 - 14 所示。

6. 填写被测终端信息

在选择测试项目及测试流程前，应录入被测终端的相应信息，如生产厂家、型号规格、编号等，该信息将自动加载到认证测试报告中。信息录入界面如图 7 - 15所示。

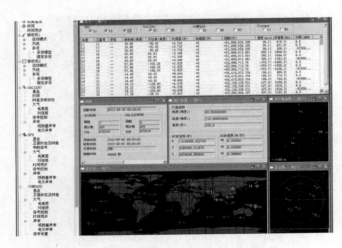

图 7-12　数学仿真软件主界面

图 7-13　登录界面

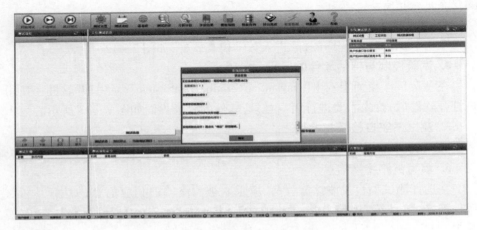

图 7-14　系统自检及初始化

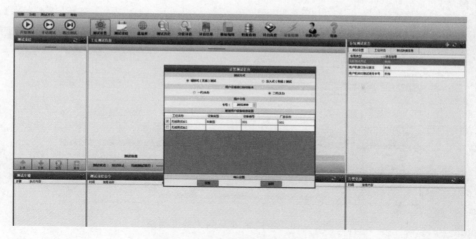

图 7 - 15　被测产品信息录入界面

7. 选择测试项目

系统各设备连接检测正常后,按照相应测试需求依据,完成测试前的系统测试信息设置和测试模板选择,选择"测试开始",软件即自动进行所选项目的测试,测试过程和评估信息实时显示,测试完成自动生成测试报表并进行测试报表的显示或打印。项目选择及测试过程在"测试设置"栏进行设置。

8. 测试、评估及结果生成

根据项目选择模板所选择的项目,依次对定位精度、速度精度、发射 EIRP、发射频率准确度、发射抑制、发射频度、接收性能、双向零值、定位功能、通信功能进行测试。

(1) 定位精度及测速精度测试(图 7 - 16)。

(2) 发射 EIRP 及频率准确度测试(图 7 - 17)。

(3) 发射抑制测试(图 7 - 18)。

(4) 发射频度测试(图 7 - 19)。

(5) 接收性能测试(图 7 - 20)。

(6) 定位功能测试(图 7 - 21)。

(7) 通信功能测试(图 7 - 22)。

(8) 双向零值测试(图 7 - 23)。

9. 认证测试报告生成

整个测试流程完毕后,北斗卫星应用产品认证测试系统将自动生成该产品的认证测试报告(表 7 - 13 ~ 表 7 - 20),报告签署完整后,由检测机构交至认证机构,作为型式试验判定结果。

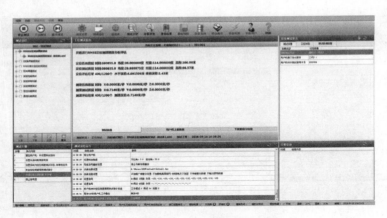

图 7 – 16　定位精度及测速精度测试

图 7 – 17　发射 EIRP 及频率准确度测试

图 7 – 18　发射抑制测试

图 7 - 19　发射频度测试

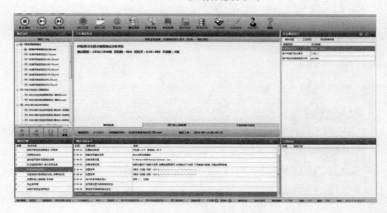

图 7 - 20　接收性能测试

图 7 - 21　定位功能测试

图 7 – 22　通信功能测试

图 7 – 23　双向零值测试

表 7 – 13　RNSS 定位精度测试结果

RNSS 定位精度及更新率测试			
测试时间	2018 – 9 – 5 9：24：2	设备编号	001
测试条件			
工作频点	B3	运动模式	动态
俯仰/方位	50°/180°	干扰设置	无干扰
测试场景	C：\data\2h 定位精度测试动态 V300A40		
PDOP 值范围	0.8 ~ 2.5		
测试结果（第 1 次，共 1 次）			
方向	水平精度/m		垂直精度/m
测试结果	0.208		0.105
指标要求	10/m		

（续）

评价	合格
定位更新率(1Hz)	1Hz
评价	合格
定位结果统计图	

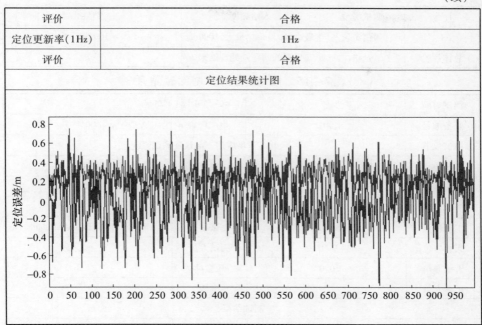

表7-14 RDSS发射频度测试结果

测试时间	2018-9-5 9:44:55		
装备编号	001	生产厂家	001
测试仪器	北斗卫星应用产品认证测试系统		
测试地点		温度	27.0℃
湿度	20.0%	下行信号功率	-127.6dBm
测试方法	辐射式		
工作频点	S频点	测试场景	D:\Navsrc\SCN\Default\Default. dat
天线方位	0.0°	测试人员	
天线仰角	50.0°	质量师	
记录人员		审核	
测试结果			
序号	测试类型	入站频度	结果
1	单次定位	最小:1000ms 最大:1000ms	1000ms
2	自动定位	最小:1000ms 最大:1000ms	1000ms
3	紧急定位	最小:2000ms 最大:2000ms	2000ms

(续)

序号	测试类型	入站频度	结果
4	通信定位	最小:1000ms 最大:1000ms	1000ms
总体评价	合格	出现的问题及处理结果	

表7-15 RDSS发射抑制测试结果

测试时间	2018-9-5 9:41:46		
装备编号	001	生产厂家	001
测试仪器	北斗卫星应用产品认证测试系统		
测试地点		温度	27.0℃
湿度	20.0%	下行信号功率	-127.6dBm
测试方法	辐射式		
工作频点	S频点	测试场景	D:\Navsrc\SCN\Default\Default.dat
天线方位	0.0°	测试人员	
天线仰角	50.0°	质量师	
记录人员		审核	
测试结果			
序号	用户卡类型	抑制类型	结果
1	三类用户机(进行身份认证)	第一类抑制	正确
2	三类用户机(进行身份认证)	第二类抑制	正确
3	三类用户机(进行身份认证)	第三类抑制	正确
4	三类用户机(进行身份认证)	无抑制	正确
总体评价	合格	出现的问题及处理结果	

表7-16 RDSS接收性能测试结果

测试时间	2018-9-5 9:09:58	指标要求	1.00E-005
装备编号	001	生产厂家	001
测试仪器	北斗卫星应用产品认证测试系统		
测试地点		温度	27.0℃
湿度	20.0%	测试方式	辐射式
工作频点	S频点	支路号	I支路
测试场景	D:\Navsrc\SCN\Default\Default.dat	测试人员	
记录人员		质量师	
审核			

（续）

			测试结果				
次数	天线方位	天线仰角	信号功率	样本数	丢帧数	误码数	误码率
1	0.0°	20.0°	−124.6dBm	1920	0	0	0.0E+000
2	0.0°	70.0°	−127.6dBm	1920	0	0	0.0E+000
3	180.0°	20.0°	−124.6dBm	1919	1	221	5.2E−004
4	180.0°	70.0°	−127.6dBm	1920	0	116	2.7E−004
5	270.0°	20.0°	−124.6dBm	1920	0	0	0.0E+000
6	270.0°	70.0°	−127.6dBm	1920	0	0	0.0E+000
7	90.0°	20.0°	−124.6dBm	1919	1	224	5.3E−004
8	90.0°	70.0°	−127.6dBm	1920	0	0	0.0E+000
总体评价			不合格				
出现的问题及处理结果							

表7-17 RDSS双向零值测试结果

测试时间	2018-9-5 9:06:17	指标要求	10ns
装备编号	001	生产厂家	001
测试仪器		北斗卫星应用产品认证测试系统	
测试地点		温度	27.0℃
湿度	20.0%	信号功率	−127.6dBm
测试方法		辐射式	
工作频点	S频点	测试场景	D:\Navsrc\SCN\Default\Default.dat
天线方位	0.0°	测试人员	
天线仰角	50.0°	质量师	
记录人员		审核	

	测试结果	
次数	均值/ns	方差
1	1000002.7435	1.8101
总体评价	合格	
出现的问题及处理结果		

表7-18 RDSS定位功能测试结果

测试时间	2018-9-5 9:54:03	指标要求	98.00%
装备编号	001	生产厂家	001

（续）

测试仪器	北斗卫星应用产品认证测试系统		
测试地点		温度	27.0℃
湿度	20.0%	信号功率	−127.6dBm
测试方法	辐射式		
工作频点	S 频点	测试场景	D：\Navsrc\SCN\Default\Default. dat
天线方位	0.0°	测试人员	
天线仰角	70.0°	质量师	
记录人员		审核	
测试结果			
有高程方式	具备	I 支路	具备
无测高方式	具备	Q 支路	具备
测高 1	具备	高空	具备
测高 2	具备	低空	具备
精度提示	具备	紧急定位	具备
多值解提示	具备	样本数	21
定位成功率	100.00%		
总体评价	合格		
出现的问题及处理结果			
备注	1：I 支路收到入站数据正确收到出站数据正确 2：I 支路收到入站数据正确收到出站数据正确 3：I 支路收到入站数据正确收到出站数据正确 4：I 支路收到入站数据正确收到出站数据正确 5：I 支路收到入站数据正确收到出站数据正确 6：I 支路收到入站数据正确收到出站数据正确 7：I 支路收到入站数据正确收到出站数据正确 8：I 支路收到入站数据正确收到出站数据正确 9：I 支路收到入站数据正确收到出站数据正确 10：I 支路收到入站数据正确收到出站数据正确 11：I 支路收到入站数据正确收到出站数据正确 12：I 支路收到入站数据正确收到出站数据正确 13：Q 支路收到入站数据正确收到出站数据正确 14：Q 支路收到入站数据正确收到出站数据正确 15：Q 支路收到入站数据正确收到出站数据正确 16：Q 支路收到入站数据正确收到出站数据正确 17：Q 支路收到入站数据正确收到出站数据正确 18：Q 支路收到入站数据正确收到出站数据正确 19：Q 支路收到入站数据正确收到出站数据正确		

表 7 - 19　RDSS 发射信号 EIRP、发射信号频率准确度测试结果

测试时间	2018 - 9 - 5 9 : 29 : 44	EIRP 指标要求		3 ~ 19dBW
频率偏移指标要求	807. 84Hz	频率准确度指标要求		5. 00E - 007
装备编号	001	生产厂家		001
测试仪器	北斗卫星应用产品认证测试系统			
测试地点		温度		27. 0℃
湿度	20. 0%	下行信号功率		- 124. 6dBm
工作频点	S 频点	测试方法		辐射式
运动模式	固定角度	测试场景		D:\Navsrc\SCN\Default\Default. dat
测试人员		质量师		
记录人员		审核		
测试结果				
次数	天线方位	天线仰角	EIRP 值	频率偏差	频率准确度
1	0. 0°	20. 0°	7. 66dBW	142. 79Hz	9. 316E - 008
2	0. 0°	70. 0°	12. 9dBW	143. 19Hz	9. 342E - 008
3	180. 0°	20. 0°	8. 29dBW	144. 23Hz	9. 410E - 008
4	180. 0°	70. 0°	12. 85dBW	145. 95Hz	9. 522E - 008
5	270. 0°	20. 0°	8. 98dBW	145. 56Hz	9. 497E - 008
6	270. 0°	70. 0°	12. 61dBW	146. 69Hz	9. 571E - 008
7	90. 0°	20. 0°	7. 67dBW	146. 53Hz	9. 560E - 008
8	90. 0°	70. 0°	12. 33dBW	146. 48Hz	9. 557E - 008
评价	合格				
出现的问题及处理结果					

表 7 - 20　RDSS 通信功能测试结果

测试时间	2018 - 9 - 5 9 : 57 : 46		
装备编号	001	生产厂家	001
测试仪器	北斗卫星应用产品认证测试系统		
测试地点		温度	27. 0℃
湿度	20. 0%	信号功率	- 127. 6dBm
测试方法	辐射式		
工作频点	S 频点	测试场景	D:\Navsrc\SCN\Default\Default. dat
天线方位	0. 0°	测试人员	

（续）

天线仰角	70.0°	质量师	
记录人员		审核	
测试结果			
I 支路	具备	汉字	具备
Q 支路	具备	代码	具备
密钥	不具备	特快通信	具备
通信次数	100	成功次数	99
总体评价	合格		
出现的问题及处理结果			
备注	1：I 支路收到入站数据正确收到出站数据正确 2：I 支路收到入站数据正确收到出站数据正确 3：I 支路收到入站数据正确收到出站数据正确 4：I 支路收到入站数据正确收到出站数据正确 5：Q 支路收到入站数据正确收到出站数据正确 6：Q 支路收到入站数据正确收到出站数据正确 7：I 支路收到入站数据正确收到出站数据正确 8：I 支路收到入站数据正确收到出站数据正确 9：Q 支路收到入站数据正确收到出站数据正确 10：I 支路收到入站数据正确收到出站数据正确 ⋮ 91：I 支路收到入站数据正确收到出站数据正确 92：Q 支路收到入站数据正确收到出站数据正确 93：Q 支路收到入站数据正确收到出站数据正确 94：Q 支路收到入站数据正确收到出站数据正确 95：Q 支路收到入站数据正确收到出站数据正确 96：Q 支路收到入站数据正确收到出站数据正确 97：I 支路收到入站数据正确收到出站数据正确 98：Q 支路收到入站数据正确收到出站数据正确 99：Q 支路收到入站数据正确收到出站数据正确 100：Q 支路收到入站数据正确收到出站数据正确		

7.7.2 室外静态检测案例

本案例中的室外静态检测指某高精度测量接收机单点 RTK 定位精度的检测。

7.7.2.1 测试条件

（1）测试在标称的工作环境条件下进行。

（2）测试场地附近应无信号遮挡、无振动源、无强电磁干扰,接收机及数据链工作正常。

（3）选取不大于 5km 的基线进行检验。

（4）采用实际导航卫星北斗 B1、GPS L1 双频信号。

（5）单系统有效 GNSS 卫星数目不少于 8 颗,卫星截止高度角不大于 10°,PDOP 值应小于 6。

7.7.2.2 测试方法

按照图 7 – 24 所示架设好基准站并设置基准站各项参数（包括参考站坐标、天线高、参考站电台频率、数据传输通道等）,通电正常工作,连接并设置移动站（也称流动站）,进行初始化。

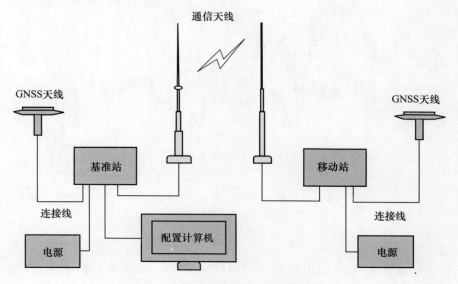

图 7 – 24 室外静态检测设备连接框图

初始化完成后,流动站在已知坐标的点位上进行观测,RTK 稳定定位后存储数据,采样间隔不小于 15s,采集不少于 1000 个 RTK 测量结果,按照下面公式计算得到定位精度。

$$m_{hk} = \sqrt{\frac{\sum_{i=1}^{n} \left[(N_i - N_0)^2 + (E_i - E_0)^2 \right]}{n}}$$

$$m_{vs} = \sqrt{\frac{\sum_{i=1}^{n} (U_i - U_0)^2}{n}}$$

式中:m_{hk}、m_{vs}分别为 RTK 测量水平、垂直精度(mm);n 为动态 RTK 测量结果序号;N_i、E_i、U_i 分别为被测设备第 i 个定位结果在站心坐标系下北、东、高的坐标(mm);N_0、E_0、U_0 分别为被测设备第 i 个定位结果在站心坐标系下北、东、高的坐标(mm)。

取 RMS 值作为最终的测量结果,测试数据比对如图 7 – 25 所示。

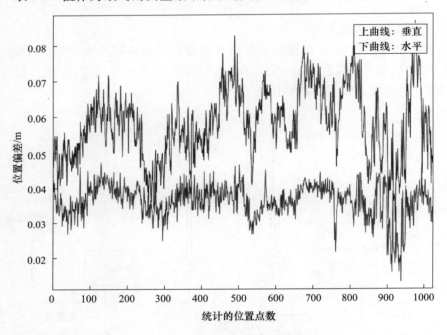

图 7 – 25　测试数据比对图

定位结果为:水平定位精度 0.036317m(RMS),垂直定位精度 0.058845m(RMS)。

7.7.3　室外动态检测案例

7.7.3.1　动态定位精度

如图 7 – 26 所示,将自建基准站天线置于超短基线场某一固定点位上,设置完成后使其发射 RTCM 协议差分改正数。按图 7 – 27、图 7 – 28 在车上同时架设组合导航系统和被测接收机,设置数据更新率为 1Hz。动态跑车以不低于20km/h 的速度运动,舍弃其中的 PDOP > 6 的数据,对采集到的数据进行了统计,利用被测设备的定位数据与组合导航系统的同步定位数据的差值计算动态定位精度,结果如图 7 – 29、表 7 – 21 所示。

图 7 - 26　高精度超短基线场

图 7 - 27　动态跑车(装载组合导航系统)

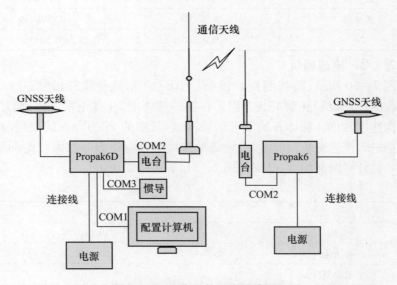

图 7 - 28　组合导航系统连接框图

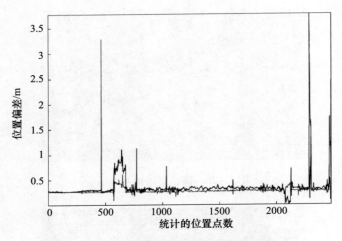

图 7 - 29　动态定位精度统计图

表 7 - 21　动态定位精度结果

参数	水平/m	垂直/m
均值	0.29427	0.32162
RMS	0.34949	0.34126
标准差	0.18857	0.1141
最大值	3.7693	1.3342
最小值	0.085928	0.0020139
2σ	0.40266	0.50131

7.7.3.2　测速精度

如图 7 - 30 所示,将被测接收设备(或天线)和具有载波相位差分功能的 GPS 接收机(或天线)正确安装并固定在同一载体上,让其正常工作,设置 1m/s 输出 1 次速度数据。载体开始正常运动,舍弃其中的 PDOP > 6 的数据,对采集到的数据进行统计分析,利用接收设备的速度数据与组合导航系统的同步速度数据的差值计算测速精度,结果如图 7 - 31、表 7 - 22 所示。

表 7 - 22　速度精度结果

统计点数	1680
均值/(m/s)	0.018979
最大值/(m/s)	0.090027
最小值/(m/s)	0
RMS/(m/s)	0.047843

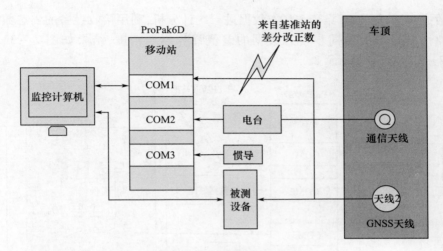

图 7 - 30 测速设备安装图示

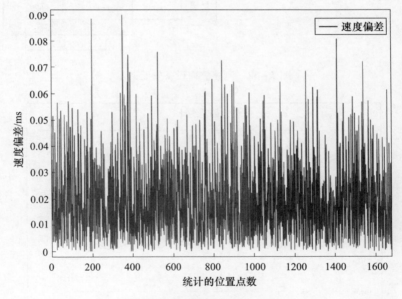

图 7 - 31 速度精度统计图

7.7.3.3 测姿精度

如图 7 - 32 所示,将惯性测量单元、被测接收设备(或天线阵列)和具有载波相位差分功能的 GPS 接收机(或天线)正确安装并固定在同一载体上,让其正常工作,设置每秒输出 1 次姿态数据。载体开始正常运动,舍弃其中的PDOP > 6

的数据,对采集的 50 条姿态样本数据进行统计分析,利用接收设备的姿态数据与惯性测量单元的同步姿态数据的差值计算测姿精度,结果如图 7 - 33 ~ 图 7 - 35、表 7 - 23 所示。

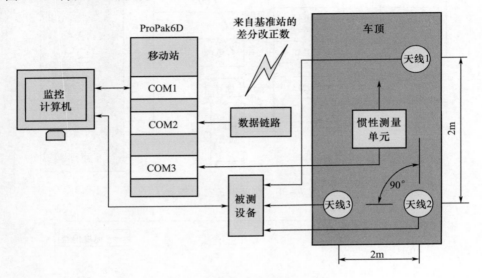

图 7 - 32　测姿测向设备安装图示

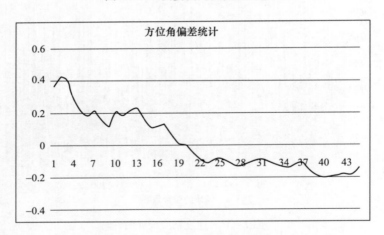

图 7 - 33　方位角偏差统计图

表 7 - 23　姿态精度结果

精度单位	方位角/(°)	俯仰角/(°)	横滚角/(°)
RMS	0.31	0.26	0.29

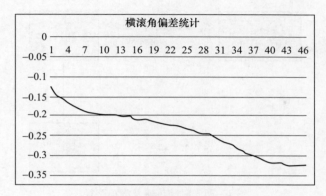

图 7 - 34　横滚角偏差统计图

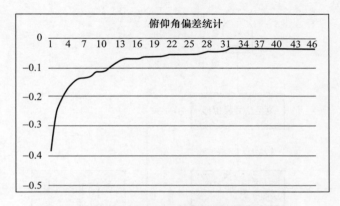

图 7 - 35　俯仰角偏差统计图

7.7.4　授时终端检测案例

7.7.4.1　授时系统时间传递路径

北斗卫星导航系统的系统时间称北斗时(BDT)。北斗时属原子时,起算历元时间是 2006 年 1 月 1 日 00 时 00 分 00 秒(UTC,协调世界时),BDT 溯源到我国协调世界时 UTC(NTSC,国家授时中心),与 UTC 的时差准确度小于 100ns,时间传递及溯源路径如图 7 - 36 所示。

7.7.4.2　测试方法

采用模拟环境下的定时精度测试,模拟环境下的定时精度测试原理如图 7 - 37所示。模拟器输出的 PPS 信号表示 BDT,接收机输出的 PPS 信号为解算导航电文并通过内部电路和 BDT 对齐后的时标信号,为被测时标信号。

测试步骤如下:

259

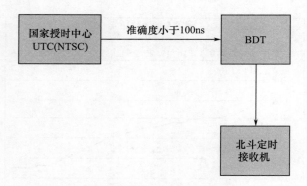

图 7-36　时间传递及溯源路径

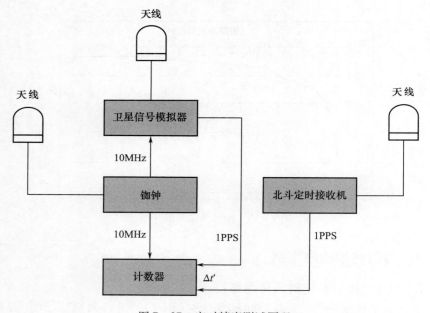

图 7-37　定时精度测试原理

（1）搭建模拟时间系统。使用卫星信号模拟器构建一个模拟的北斗时间系统，通过铷钟为模拟器和计数器提供一个稳定的原子钟振荡器并保证振荡器同源。

（2）观测接收机及模拟器提供的 1PPS 信号类型。通过示波器查看接收机和模拟器的 PPS 信号幅值和方向，由此确定时间间隔计数器的开门和关门触发方式。

（3）等待接收机稳定定位。接收机定位稳定后，输出和 BDT 对齐的 PPS 时标信号。

（4）获取定时接收机定时精度。使用接收机 PPS 脉冲上升沿触发时间间隔计数器开门信号,使用模拟器 PPS 脉冲触发时间间隔计数器关门信号,并记录时间间隔为 Δt。

（5）修正天线、线缆及接收机通道时延,定时精度 $\Delta t'$ 为

$$\Delta t' = \Delta t - t_{接收机时延}$$

7.7.5　终端设备检测操作指南

为使读者能够更加深入地领会前面章节介绍的检测相关知识,更加直观、具体、全面地了解、掌握相关检测方法和步骤,本书以 GB/T 19056—2012 汽车行驶记录仪为例,详细介绍了卫星导航应用产品的测试条件、测试场景、测试流程步骤以及判断依据,具体内容见附录 C-1:汽车行驶记录仪标准实施指南;同时,为使广大检测人员进一步掌握实际操作方法,为广大检测人员在今后工作中编制技术文件提供参考,本书以作业指导书的形式,详细介绍了卫星终端设备检测平台搭建、软件操作、检测步骤等内容,具体内容请参见附录 C-2:卫星终端设备测试实施细则。

附录 A - 1

卫星导航相关术语和概念

（根据汉语拼音排序）

B

北斗时 BeiDou time(BDT)

北斗卫星导航系统建立和保持的时间基准,采用国际单位制秒的无闰秒连续时间。北斗时的起始历元是协调世界时 UTC 2006 年 1 月 1 日的 00:00:00,通过中国维持的协调世界时 UTC(NTSC)与国际 UTC 建立联系。BDT 使用周计数和周内秒表示。

标准频率 standard frequency

标准频率是一个特定的频率,在卫星导航系统中通常为 10MHz。

捕获 acquisition

用户设备对接收到的 GPS 卫星信号完成码识别、码同步和载波相位同步的处理,来获取满足精度要求的定位过程。

捕获灵敏度 acquisition sensitivity

用户设备在冷启动条件下,捕获导航信号并正常定位所需的最低信号电平。

C

测地型接收机 geodetic receiver

能够提供卫星信号原始观测值用于高精度测量的接收机,主要用于精密大地测量和精密工程测量。这类仪器主要采用载波相位观测值进行相对定位,定位精度高。

测距精度 ranging accuracy

用户距离误差也称测距精度,是指伪距测量值和伪距期望值之间的偏差统计值,一般用误差的均方根(RMS)度量。

测速精度 velocity accuracy

观测的速度与真实速度之差的统计值。

测向型接收机 azimuth-determination receiver

用以测量载体方向等参数的接收机,通常由双天线、OEM(主机板)和相应的处理器组成。

测姿型接收机 attitude-determination receiver

用以测量载体方向、横滚和俯仰等参数的 GPS 接收机,通常由多个 GPS 接收天线、OEM 和相应的处理器组成。

差分 differential

差分 GPS differential GPS(DGPS)

一种提高无线电导航系统定位精度的技术。通过确定已知位置的定位误差,随后将该误差或校正因子发送给在相同地理区域内使用同一个无线电导航系统信号源的用户,使用户设备接收并利用修正量以提高其定位精度。

差分 GPS 接收机 differential GPS receiver

能够接收由差分基准站的数据链路发射的差分修正数据,而进行差分导航定位 的 GPS 用户设备,一般包括数据链信号接收机和能利用差修正信息的 GPS 接收机。

差分电文 differential message

又称为电文,将差分数据按照规定格式排列,加上前缀符、数据长度、校验等信息后形成的二进制数据流。每条电文都具备一个标识字段,称为电文类型号。

差分定位 differential positioning

一种提高卫星导航定位精度的技术。在已知点上设置卫星导航基准接收机,根据由此获得的卫星导航观测值或误差修正量,实时或事后提供给差分用户设备,使用户设备接收并利用修正量以提高其定位精度。

差分基准站 differential reference station

差分站 differential station

设在已知坐标点上的 GPS 基准接收机连续观测视界内的卫星,产生差分修正量,再利用数据链发射台向差分 GPS 用户设备发送差分修正信息。这种固定站称为差分基准站。

差分数据 differential data

用于 DGNSS(差分 GNSS)的数据,包括各类用于修正用户接收机观测值的伪距观测值、载波相位观测值、多普勒观测值、卫星信息、坐标转换信息、轨道信息等数据统称为差分数据,又称为差分改正数据。

超短基线 mini – baseline

指边长为 5～10m 的基线。

重捕获灵敏度 reacquisition sensitivity

用户设备在接收的导航信号短时失锁后,重新捕获导航信号并正常定位所需的最低信号电平。

重捕获时间 reacquisition time

用户设备在接收的导航信号短时失锁后,从信号恢复到重新捕获导航信号所需的时间。

粗/捕获码 coarse/acquisition code

C/A 码 C/A code

用于调制 GPS 卫星 L_1 载频(1575.42MHz)信号的民用伪随机码。

D

大地坐标系 geodetic coordinate system

以参考椭球中心为原点,起始子午面和赤道面为基准面,法线为基准线的地球坐标系。常用大地经度、大地纬度、大地高等三个参量描述一个点的空间位置。

单点定位 single point positioning

利用单台 OEM 板实时观测量,不使用差分数据进行定位的方法。

单通道 GPS 接收机 single channel GPS receiver

采用单个硬件通道,按照一定的时序实现对多颗卫星信号的跟踪,并完成定位功能的老式 GPS 接收机。

导航电文 navigation message

由导航卫星播发给用户的描述卫星运行状态和其他参数的信息数据,包括卫星健康状况、星历、历书、卫星时钟的修正值、电离层时延模型参数等内容。

导航数据 navigation data(navdata)

由每颗卫星在 L_1 和 L_2 信号上,以 50bit/s 发播的 1500bit 导航信息,包括卫星星历参数和 GPS 系统时间与 UTC 时间转换参数、卫星时钟修正参数、电离层时延模型参数及卫星工作状态数据。

导航卫星星座 navigation satellite constellation

卫星星座是发射入轨能正常工作的卫星的集合,通常是由一组卫星环按一定的方式配置组成的一个卫星网(GPS 导航系统共有 24 颗卫星,分别在 6 个轨道运行,每条轨道运行 4 颗卫星;GLONASS 系统卫星数量也是 24 颗,在 3 个轨道上运行,每条轨道运行 8 颗卫星;伽利略卫星导航系统共有 30 颗卫星组成,其中 27 颗是工作卫星,3 颗是备用卫星,共有 3 个轨道,每条轨道运行 10 颗卫星;北斗导航的卫星布局相对复杂,由 5 颗静止轨道卫星和 30 颗非静止的轨道卫星组成,总共达到了 35 颗,而 30 颗非静止卫星包含了 27 颗中轨道导航卫星和 3 颗倾斜轨道的同步卫星)。

导航信号 navigation signal

供各类用户进行定位、测速、授时及附加信息传递的无线电信号。

导航型 GPS 接收机 navigational GPS receiver

能在动态条件下提供实时定位及其他数据并具有导航功能的 GPS 接收机。

地面段 ground segment

也称地面控制段,维持卫星导航系统正常运行的地面监测和控制系统的总称。一般包括主控站、卫星监测站和时间同步/注入站(又称地面天线),以及把它们联系起来的数据通信网络。

地球静止轨道 geostationary earth orbit(GEO)

卫星的轨道周期等于地球的自转周期,且方向亦与之一致;轨道平面与地球赤道平面重合,即卫星与地面的位置相对保持不变。地球同步轨道是通信卫星常用轨道。

实现地球同步轨道,需满足下列条件:

(1) 卫星运行方向与地球自转方向相同。

(2) 轨道偏心率为 0,即轨道是圆形的。

(3) 轨道周期等于地球自转周期(23h56min4s),静止卫星的高度为 35786km。

电离层延迟 ionospheric delay

导航卫星信号通过电离层时,相对于信号在真空传播而言所产生的传输时延,通常以米为单位。

定时校频 GPS 接收机 GPS time/frequency receiver

同时产生 GPS 标准秒信号和基准频率的 GPS 接收机,用于对用户的时钟和频率源进行定时和校准。

定时精度 time accuracy

定时精度,也称准确度,是指接收终端在正常接收导航信号的情况下,输出的本地时间秒脉冲与基准秒脉冲之间的差值。

定位测速更新率 location and speed detection update rate

定位测速更新率是指接收终端正常工作时,定位测速信息的输出频度。

定位精度 positioning accuracy

定位精度是指接收终端在特定星座和星历条件下,接收卫星导航信号进行定位解算得到的位置与真实位置的接近程度,一般以水平定位精度和高程定位精度方式表示。

根据测试条件分为静态定位精度和动态定位精度两类。

静态定位精度是指接收终端的定位位置相较于一个已知位置点的精度,该精度具备三个特点:

(1)可预测性:相对于一个已知、标定的位置点,接收机解算的位置与之比较应处于该精度范围内。

(2)可重复性:在该静态导航精度范围内,用户可以返回到此前用同一接收机测知的某坐标点。

(3)相对性:一个用户测得的位置与另一用户在同一时间使用相同接收机测得的位置都处于该精度范围内。

动态定位精度是接收终端在指标规定的动态条件下,接收终端解算位置与基准位置间的偏差。

对流层延迟 tropospheric delay

无线电信号经过地球大气中的对流层时,受到大气折射的影响,产生时延和路径弯曲,由此造成信号的传播延迟,通常以米为单位。

多普勒观测值 doppler observation

卫星发射的信号由于卫星与接收机之间的相对运动导致接收频率变化的观测值。

多通道 GPS 接收机 multichannel GPS receiver

一个包含多个并行通道的 GPS 接收机。每个通道都能独立连续跟踪一颗或一颗以上卫星。

F

仿真场景 scenarios

GNSS 信号模拟器在进行仿真设置时定义的一组数据,用于表征卫星导航接收机观测到的卫星信号特征和信号环境特征。

G

高程精度因子 vertical dilution of precision(VDOP)

表征卫星几何位置布局对用户高程定位精度影响的精度因子。

跟踪 tracking

对捕获到的 GPS 卫星信号继续保持码同步和载波相位同步的过程。

跟踪灵敏度 tracking sensitivity

用户设备在正常定位后,能够继续保持对导航信号的跟踪和定位所需的最低信号电平。

共视比对 time comparison using common view methods

共视时间比对 common – view time transfer(compare)

两地设备同时测量本地时钟相对于同一颗卫星同一时刻的时差,经交换数据,计算得到两地时钟钟差的一种高精度时间比对方法。

故障检测和排除 fault detection exclusion(FDE)

在 RAIM 中,利用冗余 GPS 卫星的伪距测量信息,具体地判定某一颗卫星不可用而将其从求解组合中排除不用的方法。

注:当可见卫星为 6 颗以上时,才能做故障检测和排除。

观测时刻 observation time

接收机接收到卫星发射的信号,并能够观测到伪距和卫星载波相位的时刻。

惯性导航 inertial navigation

通过测量飞行器的加速度,并自动进行积分运算,获得飞行器瞬时速度和瞬时位置数据的技术。组成惯性导航系统的设备都安装在运载体内,工作时不依赖外界信息,也不向外界辐射能量,不易受到干扰,是一种自主式导航系统。

广播星历 broadcast ephemeris

广播星历又称预报星历,是卫星播发的电文中所包含的本颗卫星的轨道参数或卫星的空间坐标,是用于确定导航卫星精确位置的预报参数。广播星历是由全球定位系统的地面控制部分所确定和提供的。

广播星历误差 broadcast ephemeris error

通过广播星历计算得到的导航卫星轨道与实际卫星轨道的差。

广域差分 wide area differential

广域差分是在较大区域内提高 GNSS 定位性能的一种技术。利用布设在较大区域内的多个 GNSS 基准站,监测视野内的 GNSS 卫星,通过集中数据处理,分类获得误差改正参数和完好性信息,并发送给用户,使用户获得较高定位性能。误差改正参数通常包括星历误差改正、卫星钟误差改正和电离层延迟改正参数等。

国际原子时 international atomic time(TAI)

由国际计量局(BIPM)建立和保持的、以分布于全世界的大量运转中的原子钟的数据为基础的一种时间尺度。它的初始历元设定在 1958 年 1 月 1 日,在这个时刻 TAI 与 UT1 之差近似为零。国际单位制(SI)秒的定义是铯原子 133

基态的两个超精细能级间跃迁辐射 9192631770 周所持续的时间长度,TAI 的速率与其直接相关。

H

航位推算 dead reckoning

航位推算是一种常用的定位技术,起源于 17 世纪航海,指由已知的定点以罗盘及航速推算出目前所在位置的方法。

J

几何精度因子 geometrical dilution of precision(GDOP)

表征卫星几何位置布局对用户三维位置误差和时间误差综合影响的精度因子。GDOP 值越小,定位精度越高。

基准频率 primary frequency

用于生成导航信号的初始频率,通常为 10.23MHz。

监测站 monitor station

在地面控制段中用以对星座的所有卫星进行跟踪测量的设施(GPS 系统全球一共设有 5 个)。所有监测站收集到的数据传送到主控站,在那里解算出卫星星历和时间的修正参数,然后上行加载到卫星上。

兼容性 compatibility

确保各个卫星导航系统、增强系统之间不造成不可接受的干扰,不对单个独立系统或服务产生有害影响的能力。

接收机动态特性 receiver dynamic characteristics

接收机在满足正常动态定位要求的条件下所能支持的速度、加速度和加加速度工作范围。

接收机内部时延校正 receiver internal delay calibration

用于远程共视时间比对的 GPS 接收机必须用内部时延经过定标的接收机来进行校正,以便修正接收机内部时延,提高时间比对准确度。

接收机噪声 receiver noise

接收机噪声是由接收机内部热噪声、通道间的偏差和量化误差等引起的测距和测相误差的综合表征。参见内部噪声水平。

接收机钟差 receiver clock offset

接收机的钟面时与卫星导航系统的系统时间之间的差值。

接收机自主完好性监测 receiver autonomous integrity monitoring(RAIM)

卫星导航用户接收机利用冗余导航卫星的伪距测量信息,判断可见卫星中是否有卫星出现故障或哪一颗卫星发生了故障并将其排除在导航解之外。

接收灵敏度 receiver sensitivity

接收灵敏度就是接收机能够正确地把有用信号拿出来的最小信号接收功率。接收机灵敏度定义了接收机可以接收到的并仍能正常工作的最低信号强度。灵敏度可用功率来表示,单位为 dBm(通常是一个比较大的负 dBm 值,负得越多,信号强度就越低,灵敏度越高;GPS 的接收灵敏度在 -150dBm 左右,约为 10^{-15}mW),它也可以用场强来表示(mV/m)。

精度 accuracy

测试结果或测量结果与真值间的一致程度。

本定义参考 GB/T 3358.2—2009 和 GB/T 6379.1—2004 中的术语"准确度 accuracy"确定。根据国内卫星导航领域对该术语的使用习惯,一般将术语"accuracy"定义为"精度"。

精度因子 dilution of precision(DOP)

导航星座的几何分布特征(几何位置)导致用户位置坐标、时间精度降级的因子。GPS 的误差为测距误差与精度因子之乘积。(参见几何精度因子 GDOP、水平位置精度因子 HDOP、位置精度因子 PDOP、时间精度因子 TDOP、高程精度因子 VDOP)

精密星历 precise ephemeris

精密星历是由若干卫星跟踪站的观测数据,经事后处理计算得到的供卫星精密定位等使用的卫星轨道数据。

距离变化率 range rate

用测量 GPS 卫星载波的多普勒频移求得的伪距变化的速率。

局域差分 local area differential

在较小区域内提高 GNSS 定位性能的一种技术。该技术通过一个或多个参考站的观测值为局域用户进行的差分定位。

绝对定位 absolute positioning

定位方式之一,定出某点在某一个特定坐标系上的位置,该坐标系通常是地心坐标系。

均方根误差 root mean square(RMS)

表明导航系统观测值数据质量的参数,其值越小,数据质量越好。

K

抗干扰能力 anti - jam ability

用户设备满足给定性能指标条件下允许的最大入口干信比。

空间段 space segment

卫星导航系统中,空间所有卫星及其星座的总称。它按设计由分布在不同轨道平面上的数十颗导航卫星组成,卫星向地球方向广播含有测距码和数据电文的导航信号。

空间基准 space reference

描述空间点位置所采用的坐标系统定义及相应参数,通常包括原点、轴向和尺度,以及其他物理参数。

L

冷启动 cold start

GPS 接收机在不知道星历、历书、时间和位置的情况下开机,需要较长时间才能正常定位。

冷启动首次定位时间 cold start time to first fix

用户设备在星历、历书、概略时间和概略位置未知的状态下,从开机到首次正常定位所需的时间。

历书 almanac

导航电文中包含的所有在轨卫星的粗略轨道参数。

历元 epoch

指一个时期和一个事件的起始时刻或者表示某个测量系统的参考日期。

零基线 zero baseline

两台或多台接收机通过多路功分器接收来自同一天线的卫星信号,由此构成的基线。其理论值为零。

陆基增强系统 ground based augmentation system(GBAS)

利用地面发射台播发差分修正、完好性信息及其他信息,以提高一定范围内卫星导航用户精度及其他性能的局域增强系统。

M

码分多址 code division multiple access(CDMA)

通过编码区分不同用户信息,实现不同用户同频、同时传输的一种通信技术。即将需传送的具有一定信号带宽信息数据,用一个带宽远大于信号带宽的高速伪随机码进行调制,使原数据信号的带宽被扩展,再经载波调制并发送出去。接收端使用完全相同的伪随机码,与接收的带宽信号做相关处理,把宽带信号换成原信息数据的窄带信号即解扩,以实现信息通信。与以往的频分多址、时分多址相比较,码分多址具有多址接入能力强、抗多径干扰、保密性能好等优点。

码间偏差 difference code bias(DCB)

由于设备延迟造成的同一时刻不同频率或同一频率上不同伪码观测量之间的时间偏差。

码相位跟踪 code phase tracking

GPS 接收机通过对 GPS 卫星信号的 C/A 码或 N/ Y 码的码相位进行跟踪,以获得 GPS 伪距测量值的过程。

秒脉冲信号 pulse per second(PPS)

秒脉冲信号就是每秒脉冲数。在 GPS 中,PPS 一秒钟一个,其作用是用来指示整秒的时刻,而该时刻通常是用 PPS 秒脉冲的上升沿来标示。GPS 能给出 UTC 时间,用户收到时会有延时,为了精确授时,引入 PPS 信号上升沿来标示 UTC 的整秒时刻,精度很高可以到纳秒级,并且没有累积误差。1PPS = 1Hz = 1 次/s。

N

内部噪声水平 interior noise level

由接收机通道间的随机偏差,锁相环、码跟踪环的随机偏差,以及其钟差残差等引起的测距和测相误差。

P

频分多址 frequency division multiple access/address(FDMA)

根据载波频率的大小不同来区分来自不同卫星的信号。发端对所发送的信号频率参量进行正交分割,形成许多互不重叠的频带;收端利用频率的正交性,通过频率选择(滤波),从混合信号中选出相应的信号。

频间偏差 inter - frequency bias

不同频率信号在同一设备中传输时设备时延的差异。

频率稳定度 frequency stability

频率源输出频率的随机起伏程度。时域表征量为在某一时间间隔(采样时间)内平均频率的双取样方差(阿伦方差)平方根值。

频率准确度 frequency accuracy

频率源实际输出的频率值与其频率标称值的相对变化量,也称为频率偏移(frequency bias),一般称为偏差。

Q

欺骗式干扰 deception interference

发射的干扰信号与导航信号相同或相似,导致用户设备产生错误的信息或

271

者无信息输出的一种干扰方式。

倾斜地球同步轨道 inclined geosynchronous orbit（IGSO）

倾斜地球同步轨道又名 GIO（Geosynchronous Inclined Orbit）。高度与 GEO（Geostationary Orbit）相同，都是约 35700km，但是 GEO 的轨道倾角是 0°，而 IGSO 的轨道倾角是大于 0°的任何轨道。

GEO 相对地面不动，但有时会处于同一直线上，不能计算定点的位置，因此还需要 IGSO 卫星。IGSO 又称为大 8 字形轨道，有 70%～80% 的时间停留在中国的国土上空，用 IGSO 卫星定位，北斗在世界上是第一次。

全球导航卫星系统 global navigation satellite system（GNSS）

全球导航卫星系统，也称为全球卫星导航系统，是能在地球表面或近地空间的任何地点为用户提供实时、全天候的三维位置、速度和时间信息的空基无线电导航定位系统。通常包括导航卫星星座（空间段）、系统运行管理设施（地面段）和用户接收设备（用户段）。

全球导航卫星系统的概念由国际民航组织提出，目前常见的有 GPS、BDS（北斗）、GLONASS（格洛纳斯）和 GALILEO（伽利略）四大卫星导航系统。卫星导航系统已经在航空、航海、通信、人员跟踪、消费娱乐、测绘、授时、车辆监控管理和汽车导航与信息服务等方面广泛使用。

R

热启动 hot start

GPS 接收机在存有星历、历书、时间和位置的情况下开机，达到正常定位的时间比温启动短。

S

设备时延 device time delay
硬件延迟 hardware delay

由于天线、射频通道、时钟信号、计算处理等因素造成信号传播的时间延迟。包括发射时延和接收时延。

射频干扰 radio frequency interference（RFI）

频率相近的电磁波会同时被接收机接收造成的干扰。对卫星导航信号的射频干扰有压制式干扰、欺骗式干扰等。

时标 time marker

在时间尺度上识别某个特定瞬间的信号标记。

时间参考 time reference

为给定的测量系统所选择的一个基本的重复周期,作为公共的时间参考,如每秒一个脉冲(1PPS)。

时间基准 time datum

描述事件发生时刻所采用的时间系统及相应参数,通常包括时间的起点和秒长,也称时间尺度(time scale)。

时间精度因子 time dilution of precision(TDOP)

表征卫星几何位置布局对用户时间(钟差测定)精度影响的精度因子。

时间同步 synchronization

对两个或多个时间源之间的时间差进行相对调整以消除它们之间的时间差的过程。

世界大地坐标系 1984 world geodetic system 1984(WGS-84)

由美国国防部在与 WGS72 相应的精密星历 NSWC-9Z-2 基础上,采用 1980 大地参考数和 BIH 1984.0 系统定向所建立的一种地心坐标系。

GPS 卫星星历是以 WGS-84 大地坐标系为根据建立的,GPS 单点定位的坐标和相对定位中解算的基线向量属于 WGS-84 大地坐标系。

实时动态测量 real-time kinematic survey(RTK)

GNSS 相对定位技术的一种,主要通过基准站和流动站之间的实时数据链路和载波相对定位快速解算技术,实现高精度动态相对定位。

实时动态测量系统 real time kinematic survey system

利用数据链将基站 GPS 接收机的载波相位和码伪距观测量传送给用户,用户接收机采用双差分以及其他处理,快速解算出载波整周多值性,以实现动态高精度的实时定位系统。

失锁重捕时间

失锁重捕时间是指接收终端在丢失所有接收信号状态下,从重新接收到信号开始,至终端设备输出符合定位精度要求的定位结果所需的时间。

时延测量不确定度 time-delay calibration uncertainty

设备时延测量结果的分散性,可以用时延测量值的标准偏差(或其倍数)表征。

时延互差测量不确定度 time-delay difference calibration uncertainty

描述其他各路导航信号相对某支路的时延差的标准差,各标准差中的最大值即为发射通道时延差不确定度。

首次定位时间 time to first fix(TTFF)

接收机通电后获得首次正确定位的时间。

授时精度 timing accuracy

接收机输出时间与协调世界时（UTC）之间的偏差统计值。有时也指与卫星导航系统时间之间的偏差统计值。

授时型 GPS 接收机 time transfer GPS receiver

专用于精确时间（GPS 时或 UTC 时间）发布的 GPS 接收机。有时还同时输出高稳定度的频率。授时精度可以达到或超过 40ns。

水平位置精度因子（又称平面位置精度因子）horizontal dilution of precision（HDOP）

表征卫星几何位置布局对用户水平位置精度影响的精度因子。

根据 GB/T 18214.1—2000 中 5.4，HDOP 测量值是接收设备测试时用的可视卫星星座可用性的标志，如果 HDOP≤4，可认为满足测试条件；如果 4 < HDOP≤6，则认为测试结果不可靠；如果 HDOP >6，则应推迟测试，直到有好的精度因子时。如果利用模拟器来测试精度，应设定 HDOP≤4 或 PDOP≤6。

T

天线相位中心 antenna phase center

天线相位中心（平均天线相位中心，average of antenna phase center）是指微波天线的电气中心。其理论设计应与天线几何中心一致。天线相位中心与几何中心之差称为天线相位中心偏差。天线视在相位中心与天线相位中心之差称为天线相位中心的变化。

天线增益 antenna gain

天线在给定方向的辐射强度与在输入功率相同的情况下全向天线的辐射强度之比，通常以分贝表示。

通道时延一致性 channel delay consistency

通道一致性是指同一频点卫星信号经过接收终端该频点各通道所需时间的差异程度。接收终端的伪距测量值与测试系统仿真的伪距真值之间的偏差。对于使用 BD2 卫星信号和 GPS L1 频点卫星信号进行兼容定位的接收终端，通道时延一致性还可考核 BD2 卫星信号和 GPS L1 频点卫星信号经过各自频点通道所需时间的差异。

W

网络 RTK network real – time kinematic positioning

由数据处理中心对覆盖在一定范围内多个参考站的同步观测数据进行处理，生成差分数据并通过网络播发，该区域内的流动站接收卫星信号和差分信号,实现 RTK 的技术。

伪距 pseudorange

由用户设备测出的卫星导航信号传播时间而计算出的卫星与接收天线相位中心之间的距离,包含两者之间的几何距离和钟差等。假设卫星时钟和接收机时钟严格保持同步,根据卫星信号的发射时间与接收机接收到信号的接收时间就可以得到信号的传播时间,再乘以传播速度(光速)就可以得到卫地距离。然而两个时钟不可避免存在钟差,且信号在传播过程中还要受到大气折射等因素的影响,所以通过这种方法直接测得的距离并不等于卫星到地面接收机的真正距离,于是把这种距离称为伪距。

伪距测量精度 pseudorange measurement accuracy

伪距测量精度是指接收终端的伪距测量值与测试系统仿真的伪距真值之间的偏差。

伪距差分 GNSS　pseudorange differential GNSS

在差分参考站 GNSS 接收机产生视界内各颗卫星的伪距误差及其变化率,将其作为修正量发送给流动站 GNSS 接收机,以此提高流动站(用户)定位精度的方法。

伪卫星 pseudolite

设立在地面上的 GPS 信号发射站,它播发与真实的 GPS 卫星相似的信号,可在近距离内起到和 GPS 卫星相同的作用。

伪随机测距码 pseudo－random ranging code

卫星导航系统中用于测距的伪随机噪声码称为伪随机测距码,其中,在公开服务中使用的伪随机测距码又称为标准测距码,供授权用户使用的伪随机测距码又称为精密测距码。

伪随机噪声码 pseudo random noise(PRN)code

一种具有与白噪声类似的自相关特性确定的码序列。这种信号看起来如同随机的电噪声,但又不是真正的噪声,故称为“伪随机噪声”,信号为伪随机噪声码。卫星导航信号中采用了伪随机噪声编码技术,以产生码分多址(CDMA),直接序列扩频和伪距测量功能。

卫星导航 satellite navigation

采用导航卫星发播无线电信号对地面、海洋、空中和空间用户进行导航定位的技术。

卫星定位 satellite positioning

利用导航卫星和卫星信号接收设备确定待定点位置的测量技术和方法。由于用户接受机使用的时钟与卫星星载时钟不可能总是同步,所以除了用户的三

维坐标 x、y、z 外，还要引进一个 Δt，即卫星与接收机之间的时间差作为未知数，然后用 4 个方程将这 4 个未知数解出来。如果想知道接收机所处的位置，至少要能接收到 4 个卫星的信号。

卫星授时 satellite timing

利用卫星作为时间基准源或转发中介，通过接收卫星信号和进行时延补偿的方法，在本地恢复出原始时间的过程。根据工作原理，卫星授时分为 RNSS 授时和 RDSS 授时两种方式。

卫星无线电测定业务 radio determination satellite service（RDSS）

一种卫星无线电测定业务，用户至卫星的距离测量和位置计算不是由用户自身独立完成，而是由外部系统通过用户应答方式完成。其特点是通过用户应答，在完成定位的同时，完成了向外部系统的用户位置报告，还可实现定位与通信的集成，实现在同一系统中的 NAV/COMM（导航/通信）集成。

RDSS 属于有源、主动式定位系统，兼具短报文通信功能，需要用户发射信号，类似于我国的北斗一代卫星定位系统。

卫星无线电导航业务 radio navigation satellite service（RNSS）

一种卫星无线电导航业务，由用户接收卫星无线电导航信号，自主完成至少到 4 颗卫星的距离测量，进行用户位置、速度及时间参数的计算。

RNSS 属于无源、被动式定位系统，无须用户发射信号。GPS 等系统是典型的 RNSS 系统。

卫星星历 satellite ephemeris

星历是描述天体的空间位置的轨道参数。卫星星历是描述卫星运动轨道的信息，也可以说卫星星历就是一组对应某一时刻的轨道参数及其变率。有了卫星星历就可以计算出任意时刻的卫星位置及其速度。

卫星钟误差 satellite clock error

通过卫星数据计算出的卫星钟时间与实际卫星时间差。

位置分辨力 resolution of position

用户设备能够测量出的天线位置的最小变化。

位置精度因子 positional dilution of precision（PDOP）

表征卫星几何位置布局对用户三维位置精度影响的精度因子。

温启动 warm start

GPS 接收机在不知道星历，但存有历书、时间和位置的情况下开机，达到正常定位的时间比冷启动短。

温启动定位时间 warm start time to first fix

用户设备在星历未知、历书、概略时间和概略位置已知的状态下，从开机到首次正常定位所需的时间。

误码率 bit error rate(BER)

在规定的时间间隔内,接收设备接收到的导航电文中不正确的位(二进制)、字组、字符、码元的数目与导航卫星发出的位、字组、字符、码元的总数之比。

X

系统完好性监测及告警功能 system autonomous integrity monitoring(SAIM)

系统完好性监测(SAIM)及告警功能是指接收终端在接收到卫星导航信号后,能够根据导航电文中卫星故障状态标志信息正确辨别故障状态,要求用户机能够识别故障卫星并能够正确解算定位结果。

相对定位 relative positioning

指通过两个站的接收机同时同步地观测相同卫星来确定两个站的相对位置差的过程。这种技术可以消掉两个站的共同误差,比如卫星钟差和预报星历误差,传播延迟等。

协调世界时 coordinated universal time(UTC)

由国际计量局(BIPM)和国际地球自转服务机构(IERS)保持的时间尺度。它的速率与 TAI 速率完全一致,但在时刻上与 TAI 相差若干整秒,与世界时之差保持在 0.9s 之内。

注:UTC 尺度是通过插入或者去掉整秒(正跳秒或负跳秒)来调整的,以确保它和世界时之差保持在 0.9s 之内。

信号重捕时间 signal recapture time

信号重捕时间是指接收终端在丢失部分接收信号状态下,从丢失信号恢复开始,至终端设备上报所有可见星载噪比所需的时间。

信噪比 signal - to - noise ratio(SNR)

导航信号功率与噪声功率的比值。通常都以对数的方式进行计算,单位为 dB。

星地时间同步精度 time synchronization accuracy

通过星地时间比对,对卫星的时间进行改正,星上时间与地面时间之间偏差的统计值。

星基增强系统 satellite based augmentation system(SBAS)

利用地球静止轨道卫星播发差分修正、完好性信息及其他信息,以大范围提高卫星导航用户的精度及其他性能的广域增强系统。

选择可用性技术 selective availability(SA)

选择可用性技术又称 SA 技术,是美国国防部在全球定位系统中采用的对卫星播发的电磁波信号施加干涉信号,以使非特许用户不能进行高精度定位的限制性技术,即人为地将误差引入卫星和卫星数据中,故意降低 GPS 精度。其直接影响是 C/A 码的精度从原先的 20m 降低到 100m。SA 技术于 2000 年 5 月 2 日 4 时终止实施。

Y

压制式干扰 oppressive interference

干扰信号的强度远大于卫星导航信号的强度,使接收设备前端达到饱和无法正常工作的电磁干扰。

用户段 user segment

卫星导航系统用户终端设备总称,其主要功能是接收、处理导航卫星信号,提供用户所需要的位置、速度和时间等信息。

用户测速误差 user range rate error(URRE)

URE 的一阶导数,由导航卫星轨道、钟差等引起的卫星至用户距离观测量的误差随时间的变化率。

用户等效测速误差 user equivalent range rate error(UERRE)

UERE 的一阶导数,由导航卫星轨道、钟差、大气传播、用户观测等引起的卫星至用户距离观测量的误差(UERE)随时间的变化率。

用户等效距离误差 user equivalent range error(UERE)

由导航卫星轨道、钟差、大气传播、用户观测等各种误差源引起的卫星至用户距离观测量的误差总和。

用户距离误差 user range error(URE)

测距精度 ranging accuracy

用户距离误差也称测距精度,是指伪距测量值和伪距期望值之间的偏差统计值,一般用误差的均方根(RMS)度量。

用户设备误差 user equipment error(UEE)

由用户设备引起的卫星至用户距离观测量的误差总和。

原子频率标准(原子钟)atomic frequency standard

以原子基态两个超精细结构能级间跃迁时辐射的周期数所经历的时间为一个原子时秒来计量时间的钟。原子钟包括铷钟、铯钟、氢钟等。

Z

载波相位差分 GNSS carrier phase differential GNSS

对两台(或多台)GNSS 接收机观测到的同一组卫星信号(包括载波相位和

码伪距的观测量)进行双差及其他处理,从而得到厘米级甚至毫米级相对位置精度的技术方法。

载波相位跟踪 carrier phasetracking

GPS 接收机通过对 GPS 卫星信号的载波相位的跟踪,以获得载波相位测量值的过程。

载波相位观测值 carrier phase observation

由 GNSS 接收机锁定载波信号后测得的 GNSS 信号载波的累积相位。

载波相位平滑 carrier phase smoothing

在 GPS 接收机中利用积分载波相位测量值,以减小由码相位跟踪噪声造成的误差的方法。

载频 L_1,L_2,L_5 carrier L_1,L_2,L_5

L_1、L_2、L_5 为 GPS 卫星所发射信号的载频,L_1 为 1575.42MHz,L_2 为 1227.60MHz,L_5 为 1176.45 MHz。

载噪比 carrier – to – noise density(C/N_0)

导航信号载波功率与噪声功率谱密度之比,即 1Hz 带宽上的信噪比。通常都以对数的方式进行计算,单位为 dB·Hz。

噪声系数 noise figure

在标准信号源激励下输入信噪比与输出信噪比之比,用来表述一个器件对系统的噪声贡献。

整周模糊度 integer ambiguity

GNSS 卫星信号从发射点到接收点之间的距离所对应的载波整周期个数。该数值无法直接测量得到,也称为整周未知数。

中地球轨道 medium earth orbit(MEO)

中地球轨道是位于低地球轨道(2000km(1243 英里))和地球静止轨道(35786km(22236 英里))之间的人造卫星运行轨道。

周计数 week number

卫星导航系统中常用的计时方法,以某一历元(通常为星期日零点)开始累积计算的星期计数。

周内秒 seconds of week

卫星导航系统中常用的计时方法,从上一个星期日零点开始累计的秒计数,范围是 0 ~ 604799。

周跳 cycle slips

在卫星导航接收机进行载波相位测量中,因某种原因产生的整数载波周期跳变,造成载波周期计数值的不连续的现象。

自主定位模式 autonomous positioning mode

通过接收卫星导航信号,自主解算获得定位和定时信息的模式。

自主完好性监测及告警功能 receiver autonomous integrity monitoring(RAIM)

自主完好性监测及告警功能(RAIM)是指接收终端在接收到故障卫星信号时,能够正确辨别故障状态:如5颗可视卫星中有1颗故障,用户机能够给出告警信息;如可视卫星大于5颗,用户机能够识别1颗故障卫星并能够正确解算定位结果。

最大时间间隔误差 maximum time interval error(MTIE)

最大时间间隔误差(MTIE)表征频偏和相位偏离情况,它是在观测持续时间段 内发生的最大的峰–峰时间间隔误差(TIE)。

GPS 标准定位服务 standard positioning service(SPS)

接收 GPS 的 L1(1575.42MHz)载频和 C/A 码信号所进行的测量定位服务。

GPS 时 GPS time(GPST)

全球定位系统建立和保持的时间基准,采用国际单位制秒的无闰秒连续时间。GPST 的起始历元为 UTC1980 年 1 月 6 日的 00∶00∶00,溯源到 UTC(USNO)。GPST 使用周计数和周内秒表示。

附录 A－2

卫星导航产品检测相关缩略语

AODC——age of data clock,时钟数据龄期

AODE——age of data ephemeris,星历数据龄期

AQL——acceptance quality limit,合格质量水平

ARP——antenna reference point,天线参考点

ASCII——american standard code for information interchange,美国信息交换标准码

ATE——automatic test equipment,自动测试仪器

AVLN——automatic vehicle location and navigation,车辆自主定位和导航系统

BDS——beidou navigation satellite system,北斗卫星导航系统

BDT——beidou system time,北斗时

BER——bit error rate,误码率

BIPM——international bureau of weights and measures,国际度量衡局

C/A code——coarse/acquisition code,粗码/捕获码

CDMA——code division multiple access,码分多址

CDU——control display unit,控制显示单元

CEP——circular error probability,圆概率误差,用来表示导航定位精度

CGCS——china geodetic coordinate system,中国大地坐标系

CNR——carrier to noise ratio,信噪比

COG——course over ground,对地航向

CRC——cyclic redundancy check,循环冗余校验

CRS——coordinate reference system,坐标参考系统

CW——continuous wave,连续波

DBDS——differential beidou navigation satellite system,差分北斗卫星导航系统

DCB——difference code bias,码间偏差

DCE——data communication equipment,数据通信设备

DGNSS——differential global navigation satellite system,差分全球卫星导航系统/差分 GNSS

DGPS——differential global positioning system,差分全球定位系统

DME——distance measuring equipment,距离测量设备

DOP——dilution of precision,精度因子

DRMS——distance root mean square,均方根差,距离均方根,水平均方根误差

DSP——digital signal processing,数字信号处理

DTE——data terminal equipment,数据终端设备

ECEF——earth centered earth fixed,地心地固坐标系

EDM——electronic distance measurement,电子测距

EUT——equipment under test,被测设备

EMC——electromagnetic compatibility,电磁兼容

FDMA——frequency division multiple access,频分多址

GBAS——ground – based augmentation system,地基增强系统

GDOP——geometry dilution of precision,几何精度因子

GEO——geosynchronous earth orbit,地球同步轨道/地球静止轨道

GLONASS——global navigation satellite system,格洛纳斯卫星导航系统

GMT——greenwich mean time,格林尼治时间

GNSS——global navigation satellite system,全球卫星导航系统

GPRS——general packet radio service,通用分组无线业务

GPS——global positioning system,全球定位系统

HDOP——horizontal dilution of precision,水平精度因子

ICD——interface control document,接口(界面)控制文件

IGS——international GNSS service,国际 GNSS 服务组织

IGSO——inclined geosynchronous satellite orbit,倾斜地球同步轨道

INS——inertial navigation system,惯性导航系统

IOD——issue of data,数据期号

IODC——issue of data clock,时钟数据期号

IODE——issue of data ephemeris,星历数据期号

IODN——issue of data navigation,导航数据期号

MEO——medium earth orbit,中圆地球轨道

MLT——minimum lock time,小锁定时间

MTBF——mean time between failure,平均无故障时间

NB——narrow band,窄带

NTP——network time protocol,网络时间协议

NTSC——China national time service centre,中国国家授时中心

PCO——phase center offset,(天线)相位中心偏差

PCV——phase center variation,(天线)相位中心变化

PDOP——position dilution of precision,位置精度因子

PND——portable navigation devices,便携式导航设备

PPM——1 pulse per minute,分脉冲

PPS——pulse per second,秒脉冲

PRC——pseudo range corrections,伪距修正值

PRN——pseudo - random noise,伪随机噪声

PTP——precision time protocol,精密时间协议

PVT——position velocity and time,位置速度和时间

QZSS——quasi - zenith satellite system,准天顶卫星系统

RAIM——receiver autonomous integrity monitor,接收机自主完好性监测

RDSS——radio determination satellite service,卫星无线电测定业务

RHCP——right - handed circularly polarized,右旋圆极化

RMS——root mean square,均方根值

RTD——real time differential,实时差分

RTK——real time kinematic,实时动态定位/差分

RQL——rejectable quality level,不合格质量水平

SA——selected availability,选择可用性

SAIM——system autonomous integrity monitoring,系统完好性监测

SBAS——satellite - based augmentation system,星基增强系统

SMS——short message service,短消息服务

SNR——signal to noise ratio,信噪比

SOG——speed over ground,对地航速

SPS——standard positioning service,标准定位服务

SRP——satellite reference point,卫星参考点

TAI——international atomic time,国际原子时

TDOP——time dilution of precision,时间精度衰减因子

TOC——time of clock,卫星钟(参考)时刻(时间)

TOE——time of ephemeris,星历(参考)时刻(时间)

TTFF——time to first fix,首次定位时间

TWSTFT——two‐way satellite time and frequency transfer,卫星双向时间频率传递

UART——universal asynchronous receiver/transmitter,通用异步接收/发送装置

UDRE——user differential range error,用户差分距离误差

URA——user range accuracy,用户距离精度

URAI——user range accuracy index,用户距离精度指数

UTC——universal time coordinated,协调世界时

VDOP——vertical dilution of precision,垂直(高程)精度因子

WAAS——wide area augmentation system,广域增强系统

WB——wide band,宽带

WCDMA——wide band code division multiple access,宽带码分多址

WGS‐84——world geodetic system 1984,世界大地坐标 1984

附录 B-1

北斗导航终端设备检测相关标准汇总表

标准编号及名称	标准简介	主要内容、指标
BD 110001—2015 北斗卫星导航术语	规定了北斗卫星导航系统（BDS）常用术语及定义。适用于北斗卫星导航系统的研制、建设、管理、应用及产业化，以及北斗卫星导航相关标准的制定	包括通用基础术语、工程建设术语、应用术语等
BD 410001—2015 北斗全球卫星导航系统（GNSS）接收机数据自主交换格式	规定了全球卫星导航系统（GNSS）接收机观测数据、导航数据和气象数据的自主交换格式。适用于 BDS、GPS、GLONASS、GALILEO、QZSS 和 SBAS 卫星导航接收机或多系统兼容接收机数据的交换和统一处理	包括 GNSS 接收机数据自主交换格式文件、GNSS 观测数据文件、GNSS 导航数据文件、气象数据文件
BD 410002—2015 北斗全球卫星导航系统（GNSS）接收机差分数据格式（一）	本标准是根据我国在沿海差分台站、陆地车辆导航等卫星导航应用的实际需求，针对伪距差分和载波相位差分应用，在 RTCM 10402.4 的基础上对部分语句或字段进行了扩充，以支持北斗卫星导航系统。本标准规定了全球卫星导航系统（GNSS）接收机差分数据的内容和格式。适用于陆地及水上差分应用中 GNSS 接收机设计、研制和使用	包括： 电文内容和数据格式（规定了用于改正差分参考站和流动站（用户）各种误差的数据格式和内容，误差包括：卫星星历预报误差、卫星钟预报误差、电离层延迟误差、参考站的对流层延迟误差、由 SA 技术人为引起的误差、差分对流层延迟误差、参考站钟差；还规定了历书和卫星健康数据的数据格式和内容）； GNSS 接收机与数据链设备接口（规定了参考站 GNSS 接收机和数据发送器、数据接收器和用户 GNSS 接收机之间的数据交互、接口等方式）；

（续）

标准编号及名称	标准简介	主要内容、指标
		DGNSS 应用（应用领域、常见的 DGNSS 系统）； 差分电文的校验算法； DGPS 参考站的基准选择； 载波相位观测值及其改正数的数据质量； 伪距观测值及其改正数的数据质量和多路径误差因子； 差分系统中的载波相位改正数； RTK 系统的实现要点； PZ－90 和 WGS84 坐标系转换； DGNSS 设备配置及其设计要求
BD 410003—2015 北斗全球卫星导航系统（GNSS）接收机差分数据格式（二）	本标准是根据我国在高精度定位、海洋工程等卫星导航应用的实际需求，针对载波相位差分等应用，在 RTCM 10403.2 的基础上对部分语句或字段进行了扩充，以支持北斗卫星导航系统。本标准规定了全球卫星导航系统（GNSS）接收机差分数据的内容和格式。适用于陆地、水上等高精度差分应用中的 GNSS 接收机设计、研制和使用	包括：电文结构、数据类型和数据字段、应用层、表示层、传输层、数据链路层、物理层等内容，以及 CRC－24Q 校验算法、网络操作的建议及举例、从实际跟踪时间计算 DF407 的方法等
BD 410004—2015 北斗全球卫星导航系统（GNSS）接收机导航定位数据输出格式	本标准是根据 GNSS 接收机应用的需要，结合我国实际的应用情况，在编制中保持了与 NMEA 0183 最新版本 V4.10 的兼容性，对部分语句或字段进行了扩充，以支持北斗卫星导航系统。本标准规定了能够兼容多种全球卫星导航系统及其星基增强系统（如 BDS、GPS、GLONASS、GALILEO、SBAS 等）的 GNSS 兼容接收机导航定位数据输出的格式和内容。适用于 GNSS 兼容接收机或单系统接收机的研制、生产、检测和使用	数据传输格式（第 1 位为起始位，其后是 8 位数据（最低有效位在前），最后是停止位）； 数据格式（字符、有效字符集、字符符号、语句、错误检测和处理）； 数据内容（字符内容、字段内容、6 位二进制字段转换）； 通用语句格式； GNSS 标识符

（续）

标准编号及名称	标准简介	主要内容、指标
BD 420001—2015 北斗全球卫星导航系统（GNSS）接收机射频集成电路通用规范	规定了支持北斗/全球卫星导航系统（GNSS）的接收机射频集成电路（简称射频芯片）的产品要求、测试方法、质量评定、环境适应性、标志、包装、运输及贮存等内容。适用于支持北斗/全球卫星导航系统（GNSS）的接收机使用的射频芯片、模块的研制、生产、性能测试与评估。 在标准测试方法中给出了功能、输入端电压驻波比、功耗测试系统框图，以及射频芯片通道总增益、噪声系数、镜像抑制比等的计算公式	射频芯片工作频率：BDS－1561.098MHz、GPS－1575.42MHz； 输入端电压驻波比：不大于2.0； 总增益：不小于90dB； 噪声系数：不大于5dB； 增益控制范围：不小于45dB； 镜像抑制比：不小于25dB； 1dB 压缩点输入功率：不小于－75dBm； 输入三阶交调截点：不小于－65dBm； 带内平坦度：不大于2.5dB； 带外抑制度：不小于15dB； 功耗：不大于120mW
BD 420002—2015 北斗全球卫星导航系统（GNSS）测量型OEM板性能要求及测试方法	本标准规定了支持北斗卫星导航系统的 GNSS 测量型 OEM 板的性能要求和测试方法。适用于支持北斗系统的 GNSS 测量型 OEM 板的研制、生产和检验。 测试环境：应在星座 PDOP≤4 的情况下进行测试，且附近没有强电磁干扰源，如通信基站、雷达等。 测试项目：单北斗工作模式、通道数与跟踪能力、捕获灵敏度、跟踪灵敏度、单点定位精度、静态基线测量精度、内部噪声水平、差分定位精度（伪距差分定位、RTK 定位测量精度）、观测数据可用率、观测值精度、速度精度、1PPS 精度、首次定位时间、重捕获时间、RTK 初始化时间、动态性能、功耗、环境适应性等	通道数与跟踪能力：单模单频≥12、多模单频≥24、单模多频≥24、多模多频≥48； 捕获灵敏度：BDS≤－133dBm、GPS L1≤－132dBm、L2≤－129dBm； 跟踪灵敏度：BDS≤－136dBm、GPS L1≤－135dBm、L2≤－132dBm； 单点定位精度：水平定位精度：≤5m，垂直定位精度：≤10m（RMS）； 静态基线测量精度：单频 OEM 水平优于±(10+1×D)mm，垂直优于±(20+1×D)mm； 内部噪声水平：不大于1mm； 伪距差分定位精度：水平优于2m，垂直精度优于4m（RMS）； RTK 定位测量精度：水平优于±(10+1×D)mm，垂直优于±(20+1×D)mm； 观测数据可用率：优于95%； 观测值精度：码伪距观测量精度优于15cm、载波相位观测量精度优于2mm； 速度精度：在 PDOP≤4 时，优于0.2m/s；1PPS 精度：优于50ns（1σ）； 首次定位时间：冷启动时，不超过60s；重捕获时间：不超过2s；

标准编号及名称	标准简介	主要内容、指标
		RTK 初始化时间：在不大于 8km 的基线上，不大于 10s
BD 420003—2015 北斗全球卫星导航系统（GNSS）测量型天线性能要求及测试方法	本标准规定了支持北斗卫星导航系统的 GNSS 测量型天线的性能要求及测试方法。适用于支持北斗卫星系统的 GNSS 测量型天线和参考站天线的设计、生产、测试和使用。 测试项目包括：整体指标（物理特性、天线输出、供电特性、电压驻波比、极化特性和轴比、相位中心一致性、多径效应值、极化增益前后比、滚降系数、20°仰角不圆度）、无源天线（带宽、天线方向图与增益）、低噪声放大器（噪声系数、带外抑制、带内平坦度、1dB 压缩点输出功率）、环境适应性。 标准给出了：四大卫星系统频段对应表、天线测量中使用的球面坐标系、天线辐射参数的多探头球面近场测试法、多径效应值测试数据处理方法	电压驻波比：对 50Ω 传输线天线电压驻波比应不超过 2.0； 极化特性：右旋圆极化； 轴比：法向轴比应不大于 2dB，仰角 20°方向轴比不大于 4dB； 天线增益：测量型天线不小于 4.5dBi 和 −5dBi，参考站天线不小于 5.0dBi 和 −5dBi；极化增益前后比：测量型天线不小于 20dB，参考站天线不小于 25dB； 滚降系数：测量型天线不小于 9dB，参考站天线不小于 11dB； 20°仰角不圆度：不大于 1.5dB； 相位中心偏差：测量型天线不超过 2mm，参考站天线不超过 1.5mm； 多径效应值：测量型天线不大于 0.5m，参考站天线不大于 0.4m； 噪声系数：小于 2.5dB； 带外抑制：大于 30dB； 带内平坦度值：不超过 1.5dB； 1dB 压缩点输出功率：不小于 0dBm
BD 420004—2015 北斗全球卫星导航系统（GNSS）导航型天线性能要求及测试方法	本标准规定了支持北斗卫星导航系统的 GNSS 导航型圆极化无源天线、有源天线的性能要求和测试方法。适用于车载、船载及移动终端用 GNSS 导航型圆极化微带天线的研制、生产和检验，其它的 GNSS 导航型天线可参照使用。 测试场地要求：测试暗室为无回波暗室，屏蔽性能优于	无源天线： 电压驻波比：不大于 3.0； 法向轴比：不大于 15dB； 法向极化增益：不小于 −3dBic； 前后极化增益比：不小于 3.0dB； 20°仰角极化增益不圆度：不大于 5.0dB； 20°仰角平均极化增益：不小于 −10.0dBic； 有源天线： 电压驻波比：不大于 2.0； 低噪声放大器噪声系数值：不大于 2.0dB；低噪声放大器增益：典型值为 28dB±3dB；静电放电

（续）

标准编号及名称	标准简介	主要内容、指标
	90dB。被测天线应置于测试暗室静区的中心位置，在测试系统工作频段内，静区反射电平优于 -45dB，静区尺寸应远远大于天线最大外形尺寸	抗扰度：A 级 ±4kV，B 级：接触放电 ±6kV，空气放电 ±8kV； 淋雨：防护等级至少满足 IP56 的要求
BD 420005—2015 北斗全球卫星导航系统（GNSS）导航单元性能要求及测试方法	本标准规定了支持北斗卫星导航系统的 GNSS 导航单元的性能要求和测试方法。适用于支持北斗卫星导航系统的 GNSS 导航单元的研制、生产、检测和应用。 本标准包含：定位精度的数据处理方法、实际卫星信号下的动态定位精度测试方法。 测试场地要求：远离大功率无线电发射源，其距离不小于 200m；远离高压输电线路和微波无线电信号传送通道，其距离不小于 50m；附近不应有强烈反射卫星信号的物体，如大型建筑物、水面等。天线安装高度应高于地面 1m 以上，从天顶到水平面以上 10° 的仰角空间范围内对卫星的视野清晰。具有位置已知的标准点，位置精度在 X、Y、Z 方向上均应优于 0.1m（1σ）	输出导航信息：符合 BD410004—2015 要求； 静态/动态定位精度：在 HDOP ≤ 4 或 PDOP ≤ 6 时，水平定位精度优于 10m（95%），垂直定位精度优于 15m（95%）； 测速精度：在 HDOP ≤ 4 或 PDOP ≤ 6 时，优于 0.5m/s（95%）； 冷启动首次定位时间：不超过 60s； 热启动首次定位时间：不超过 5s； 重捕获时间：不超过 5s； 捕获灵敏度：优于 -140dBm； 重捕获灵敏度：优于 -145dBm； 跟踪灵敏度：优于 -150dBm； 动态性能测试条件：速度 100m/s，加速度 $2g$； 位置更新率：不低于 1Hz； 位置分辨力：经度、纬度均不应超过 0.001 分，高程不超过 2m； 功耗：不超过 400mW； UTC 输出有效性：应提供分辨力不高于 0.01s 的 UTC 输出
BD 420006—2015 北斗全球卫星导航系统（GNSS）定时单元性能要求及测试方法	本标准规定了全球卫星导航系统（GNSS）定时单元的性能要求和测试方法。适用于支持北斗卫星导航系统的全球卫星导航系统（GNSS）定时单元的研制、生产、检测和应用。 本标准包含：定时单元组成图、串行口时间报文标准格式表、9 针插座针的编号和定	捕获灵敏度：优于 -130dBm； 重捕获灵敏度：优于 -135dBm； 跟踪灵敏度：优于 -140dBm； 冷启动首次定位时间：不超过 60s； 热启动首次定位时间：不超过 5s； 冷启动首次定时时间：不超过 100s； 热启动首次定时时间：不超过 15s； 重捕获时间：不超过 5s； 定位精度：水平优于 10m 95%、垂直优于 15m 95%；

（续）

标准编号及名称	标准简介	主要内容、指标
	义表、主要测试仪器和设备、IRIG－B 码码元定义及波形。 测试项目：功能（位置保持、自主定位、参数设置、GNSS 定时、时间系统选择、天线开路/短路保护、输出信息），性能（捕获灵敏度、重捕获灵敏度、跟踪灵敏度、冷启动首次定位时间、热启动首次定位时间、冷启动首次定时时间、热启动首次定时时间、重捕获时间、定位精度、相对于 UTC 定时精度、相对于系统时间定时精度、秒/分/时脉冲、频率信号输出幅度、频率准确度、频率稳定度）	相对于 UTC 定时精度：位置保持模式≤150ns、自主定位模式≤250ns； 相对于系统时间定时精度：位置保持模式≤50ns、自主定位模式≤150ns； 秒、分、时脉冲应满足：上升沿≤10ns、脉冲宽度 20μs±200ns、抖动≤2ns； 输出频率准确度：优于 $1×10^{-9}$； 频率稳定度：1s 稳定度优于 $5×10^{-9}$、1d 稳定度优于 $1×10^{-12}$
BD 420007—2015 北斗用户终端 RDSS 单元性能要求及测试方法	规定了北斗用户终端 RDSS 单元的性能要求和测试方法。适用于北斗用户终端 RDSS 单元的设计、制造和检验。 测试要求：用实际卫星信号测试时，测试场地没有强电磁干扰源，如雷达等，测试场地的电磁干扰强度应不影响北斗 RDSS 单元的性能 测试项目：功能（自检与初始化、状态检测、RDSS 业务服务、永久关闭响应、抑制响应、服务频度控制、通信等级控制、RDSS 完好性信息接收与处理、终端双向设备时延修正），性能（接收灵敏度、接收通道数、首次捕获时间、重捕获时间、任意两通道时差测量误差、相对于 UTC 的定时精度、相对于北斗时间的定时精度、发射信号时间同步误差、	接收灵敏度：RDSS 信号 S 载波电平为 -127dBm 时，北斗 RDSS 单元应能捕获卫星信号，且单支路接收信号误码率不大于 $1×10^{-5}$； 接收通道数：不小于 6（具有指挥功能的不小于 10）； 首次捕获时间：不大于 2s（具备指挥功能的不大于 10s）； 重捕获时间：不大于 1s； 任意两通道时差测量误差：不大于 5ns(1σ)； 定时精度：双向定时精度相对于北斗时≤10ns、双向定时精度相对于 UTC≤110ns、单向定时精度相对于北斗时≤100ns、单向定时精度相对于 UTC≤200ns； 发射信号时间同步误差：不大于 5ns(1σ)； 功率放大器输出功率：5～10dBW； 发射信号载波相位调制偏差：不大于 3°； 发射信号频率准确度：入站申请信号中心频率与标称频率的偏差应不大于 $5×10^{-7}$； 功耗：普通型≤1W、指挥型≤5W

（续）

标准编号及名称	标准简介	主要内容、指标
	功放输出功率、发射信号载波相位调制偏差、发射信号频率准确度、带外辐射、功耗、安全性）	
BD 420008—2015 北斗全球卫星导航系统（GNSS）导航电子地图应用开发中间件接口规范	规定了全球卫星导航系统（GNSS）导航电子地图应用开发中间件接口功能和具体接口技术规范（包括服务器端、移动端两类接口）的一般要求。适用于 GNSS 导航电子地图应用开发中间件接口的开发设计和使用	内容主要包括：坐标系类型、接口关系、接口技术协议、导航电子地图应用开发中间件接口结构、服务器端导航电子地图应用开发中间件接口、移动端导航电子地图应用开发中间件接口、常用编码表、错误码说明等
BD 420009—2015 北斗全球卫星导航系统（GNSS）测量型接收机通用规范	规定了支持北斗卫星导航系统的 GNSS 测量型接收机的技术要求、测试方法、检验规则以及标志、包装、运输、贮存。适用于支持北斗卫星导航系统的 GNSS 测量型接收机的研制、生产、使用和检验。 测试要求：应在卫星星座 PDOP≤4 的情况下进行测试；数据处理应采用接收机供应商提供的配套数据处理软件。 测试项目：结构与外观、电气、设置及显示、接口与输出、数据存储、信号接收性能（单北斗系统工作能力、通道数与跟踪能力、捕获灵敏度、跟踪灵敏度）、时间特性（冷启动/温启动/热启动定位时间、RTK 初始化时间）、内部噪声水平、测量精度（单点定位精度、静态基线测量精度、RTK 测量精度）、天线相位中心一致性、1PPS 精度、数据处理软件、环境适应性、安全防护、电磁兼容性、可靠性	通道数：单模单频≥12、多模单频/单模多频≥24、多模多频≥48； 捕获灵敏度/dBm：BDS B1、B2、B3≤−133，GPS L1≤−132、L2≤−129； 跟踪灵敏度/dBm：BDS B1、B2、B3≤−136，GPS L1≤−135、L2≤−132； 冷启动首次定位时间：不超过 120s； 温启动首次定位时间：不超过 60s； 热启动首次定位时间：不超过 20s； RTK 初始化时间：不超过 20s； 内部噪声水平：不大于 1mm； 测量精度：单点定位水平精度应不大于 5m（RMS）、垂直精度应不大于 10m（RMS），进行 RTK 测量的水平标称精度应优于 ±（20+1×D）mm，垂直标称精度应优于 ±（30+1×D）mm； 1PPS 精度：优于 50ns（1σ）； 外壳防护等级：不低于 IP55； MTBF：不低于 3000h

（续）

标准编号及名称	标准简介	主要内容、指标
BD 420010—2015 北斗全球卫星导航系统（GNSS）导航设备通用规范	规定了全球卫星导航系统（GNSS）导航设备的一般要求、功能及性能要求、试验方法、检验规则、安装、标志、标签和包装等内容。适用于支持北斗卫星导航系统的 GNSS 导航设备的研制、生产和检验。适用范围为应用于地面道路的导航设备，包括具有地图导航定位功能的车载导航设备和便携式导航设备（PND）。其他用途的导航设备或具有导航功能的电子设备可参照使用。 测试要求：可以使用实际的卫星信号，也可以使用模拟测试信号。模拟产生的信号必须具有与卫星信号相同的特性，在正常动态星座下，能产生几何位置良好（HDOP≤4 或 PDOP≤6）的卫星信号。 测试项目：外观、结构、功能、性能（静态/动态定位精度测试、速度精度、捕获灵敏度、重捕获灵敏度、跟踪灵敏度、位置更新率、冷启动/热启动首次定位时间、重捕获时间、路径计算时间、目标检索时间、电源性能、功耗、设备接口、环境适应性、安全性）	设备构成：处理器单元、导航单元及天线、电子地图、数据存储和管理单元、人机交互单元、设备接口等； 电子地图：符合 GB/T 20267 相关规定； 系统显示功能：当前定位采用的卫星导航系统的标识及可见卫星数量、载噪比； 静态定位精度（在 HDOP≤4 或 PDOP≤6 时，下同）：水平定位精度优于 10m（95%），垂直定位精度优于 15m（95%）； 动态定位精度：水平 10m（95%），垂直 15m（95%）； 测速精度：优于 0.5m/s（95%）； 捕获灵敏度：优于 -137dBm； 重捕获灵敏度：优于 -142dBm； 跟踪灵敏度：优于 -147dBm； 位置更新率：不低于 1Hz； 冷启动首次定位时间：不超过 60s； 热启动首次定位时间：不超过 5s； 重捕获时间：不超过 5s； 路径计算时间：市内短距离不大于 10s、城际间不大于 15s； 目标检索时间：不大于 5s； MTBF：不低于 3000h
BD 420011—2015 北斗全球卫星导航系统（GNSS）定位设备通用规范	规定了支持北斗卫星导航系统的 GNSS 定位设备一般要求、功能及性能要求，测试方法、检验规则、标志、标签和包装等内容。适用于车辆用 GNSS 定位设备的研制、生产	设备构成：定位单元、通信单元、信息存储处理与传输单元、输出接口； 定位数据的输出格式：应符合 BD 410004—2015 的要求； 数据存储：存储数据不少于最近 48h，断电后能正常保持至少 15 天；

（续）

标准编号及名称	标准简介	主要内容、指标
	和检验,其他具有 GNSS 定位功能的设备可参照使用。 　　测试要求:使用实际的导航卫星信号或 GNSS 模拟测试信号。GNSS 模拟器能产生几何位置良好(HDOP≤4 或 PDOP≤6)的卫星信号。测试场地位置精度在 X、Y、Z 方向均应优于 0.1m。 　　测试项目:外观、结构、基本功能(定位、通信、数据存储、输出)、基本性能(电源、连接导线、静态/动态定位精度、测速精度、冷启动/热启动首次定位时间、重捕获时间、捕获灵敏度、重捕获灵敏度、跟踪灵敏度、动态性能、位置更新率、位置分辨力、环境适应性、电磁兼容)	静态定位精度(在 HDOP≤4 或 PDOP≤6 时,下同):水平定位精度优于 10m(95%),垂直定位精度应优于 15m(95%); 动态定位精度:水平优于 10m(95%),垂直优于 15m(95%); 测速精度:优于 0.5m/s(95%); 冷启动首次定位时间:不超过 60s; 热启动首次定位时间:不超过 5s; 重捕获时间:不超过 5s; 捕获灵敏度:优于 −137dBm; 重捕获灵敏度:优于 −142dBm; 跟踪灵敏度:优于 −147dBm; 动态性能条件:速度 100m/s,加速度 2g; 位置更新率:不低于 1Hz; 位置分辨力:经度、纬度均不超过 0.001 分,高程不超过 2m; 外壳防护等级:IP43
BD 420012—2015 北斗全球卫星导航系统(GNSS)信号模拟器性能要求及测试方法	规定了支持北斗卫星导航系统的 GNSS 信号模拟器功能要求、性能要求、接口要求以及对应的测试方法等内容。适用于支持北斗卫星导航系统的 GNSS 信号模拟器的研制、设计、生产和验收测试,可作为制定 GNSS 信号模拟器产品规范的依据。 　　主要内容:系统组成、功能要求(覆盖频段及信号种类、数学仿真功能、射频信号校准功能)、性能要求(射频信号规模、射频信号精度、射频信号质量、射频信号功率、射频信号动态)、工作模式要求、接口要求(信号接口、时钟接口)、测试所需设备清单、射	系统组成:由数学仿真模块、信号生成模块、时频基准模块、仿真控制模块、信号功率控制模块、校准接口模块等功能模块组成; 射频信号规模:每频点仿真信号通道数量≥12、仿真多径信号通道数量≥4; 射频信号精度:伪距相位控制精度≤0.05m,伪距变化率精度≤0.01m/s,同频点同码通道间一致性≤0.03m,同频点码相位一致性偏差≤0.05m,不同频点码相位一致性偏差≤0.05m,同频点通道间载波相位一致性≤0.001m,IQ 相位正交性<1°; 相位噪声: −60dBc/Hz@ 10Hz, −75dBc/Hz@ 100Hz, −80dBc/Hz@ 1kHz; 频率稳定度:±5×10^{-11}/s; 频率准确度:≤1×10^{-10}; 工作模式:具备仿真和测试两种工作模式

（续）

标准编号及名称	标准简介	主要内容、指标
	频仿真信号动态范围性能指标的测试计算方法	
AQ 3004—2005 危险化学品汽车运输安全监控车载终端	规定了危险化学品汽车运输安全监控车载终端的要求、测试方法、包装、运输、储存和安装等内容。适用于基于全球定位系统（GPS）和无线移动通信技术的危险化学品汽车运输安全监控车载终端。测试项目：组成、外观、定位精度、速度精度、位置更新率、首次定位时间、电源和功耗、可靠性、电磁兼容性、通信、功能测试（自检、定位信息、状态信息、上报、区域监控、路线监控、碰撞报警、地理栅栏等）、环境等	MTBF 最低为 8000h；定位精度应优于 15m；速度精度应优于 0.2m/s；位置更新率 1 次/s；首次定位时间——冷启动 120s/热启动 10s；最大发射功率小于 2W；记录时间精度误差在 ±4s 以内；车辆速度的测量分辨率等于或优于 5km/h；行驶里程的测量分辨率应等于或优于 0.1km；工作温度为 −25℃ ~ +75℃；贮存温度为 −40℃ ~ +85℃
CH 8016—1995 全球定位系统（GPS）测量型接收机检定规程	规定了全球定位系统测量型接收机的检定目的、检定项目和检定方法。检验的目的是了解仪器性能、工作特性及其可能达到的精度水平。它是制定 GPS 作业计划的依据，也是 GPS 定位测量顺利完成的重要保证。适用于各种精度测量型 GPS 接收机的验收与作业前的检验。作业单位可根据具体要求参照本规程有关条款执行。A 级［±(5mm + 0.5 ppm)］以上高精度 GPS 测量型接收机的检验亦可参照执行。	主要内容：检验项目和检定周期、检验内容（检视项目、通电检验、实测检验项目、附件检验项目、数据后处理软件验收和测试、综合性能的评价）、检验的方法和技术要求（系统内部噪声水平测试：零基线和超短基线测试方法、天线相位中心稳定性测试、野外作业性能及不同测程精度指标的测试、频标稳定性检验和数据质量的评价、高低温性能的测试）、对 GPS 接收机验收和检定场地的要求
GA/T 1481.2—2018 北斗/全球卫星导航系统公安应用 第 2 部分：终端定位技术要求	规定了北斗/全球卫星导航系统警用终端的定位功能要求、性能要求和安全要求。适用于北斗/全球卫星导航系统警用终端的研制、生产和采购等	静态定位精度：在 HDOP≤4 或 PDOP≤6 时，水平定位精度应小于或等于 10m（95% 置信度），垂直定位精度应小于或等于 15m（95% 置信度）；动态定位精度：在速度为 100m/s，HDOP≤4 或

（续）

标准编号及名称	标准简介	主要内容、指标
		PDOP≤6 时，水平定位精度应小于或等于 10m（95% 置信度），垂直定位精度应小于或等于 15m（95% 置信度）； 测速精度：在速度为 100m/s，HDOP≤4 或 PDOP≤6 时，测速精度应小于或等于 0.2m/s（95% 置信度）； 冷启动首次定位时间：≤60s； 热启动首次定位时间：≤10s； 重捕获时间：≤5s； 捕获及重捕获灵敏度：优于 -145dBm； 跟踪灵敏度：优于 -155dBm； 位置更新率：不低于 1Hz
GA/T 1481.5—2018 北斗/全球卫星导航系统公安应用第 5 部分：车载定位终端	规定了北斗/全球卫星导航系统车载定位终端的技术要求、检测方法、检验规则、标志、包装、运输和贮存等。适用于在警用车辆上安装使用的车载定位终端设备的研制、生产和检验	定位精度、测速精度、捕获灵敏度、跟踪灵敏度、位置更新率等符合 GA/T 1481.2—2018 的相应要求； 冷启动首次定位时间：≤40s； 热启动首次定位时间：≤5s； 重捕获时间：≤1s； 标准中给出了检测设备配置及检测设备连接图
GB/T 18214.1—2000 全球航行卫星系统（GNSS）第 1 部分：全球定位系统（GPS）接收设备性能标准、测试方法和要求的测试结果	本标准根据 IMO 决议 A.819（19），规定了船用 GPS 接收设备最低性能标准、测试方法和要求的测试结果。该设备是利用美国联邦政府国防部（USnon）的全球定位系统（GPS）信号进行定位的。在选择可用性（SA）有效的情况下，定义了 GPS 标准定位服务（SPS）的信号规范。本标准也适用于 IMO 决议 A.529（13）中规定的其他水上航行用的 GPS 接收设备。 　测试要求：包括测试场地、测试顺序、标准测试信号、精度测试、测试条件（环境条件、静态测试场地）。	概述：应能接收和处理 SA 有效情况下的 GPS 标准定位服务信号；应接收 L1 信号和 C/A 码； 设备输出：输出的位置信息（基于 WGS-84 坐标）应符合 IEC 1162 格式； 精度：静态精度（天线的水平位置）为 100m95%，条件是水平精度因子（HDOP）≤4 或位置精度因子（PDOP）≤6（下同）；动态精度（船舶位置）为 100m95%； 捕获：能自动选择适当的卫星信号，并按所要求的精度和数据更新率测定船舶的位置；没有正确的星历数据时，30min 内；有正确的星历数据时，5min 内；信号中断至少 24h 而不断电源时，5min 内；掉电 60s 时，2min 内重新获得满足精度要求的位置数据； 电磁兼容性：符合 GB/T 15868 的要求； 灵敏度和动态范围：-130 ~ -120dBm； 特殊干扰信号的影响：受到频率为 1636.5MHz、

（续）

标准编号及名称	标准简介	主要内容、指标
	测试项目:性能(接收设备,数据输出,设备输出,精度,捕获,保护,天线安装,灵敏度与动态范围,特殊干扰信号的影响,位置更新,故障告警和状态指示,差分 GPS 输入),在 GB/T 15868 环境条件下的性能检查	场强为 3W/m² 信号的辐射 10min 后,应在 5min 内计算出正确的位置坐标
GB/T 19056—2012 汽车行驶记录仪	规定了汽车行驶记录仪的术语和定义、要求、试验方法、检验规则、安装、标志、标签和包装等内容。适用于汽车行驶记录仪的设计、制造、检验及使用	时间记录误差:连续记录 24h 数据,记录时间允许误差应在 ±5s 以内; 速度记录误差:模拟速度记录误差 ±1km/h,实车速度记录误差 ±2km/h; 里程误差:当测试距离为 5km 时,行驶里程允许误差为 ±0.1km 以内; 定位性能:定位模块所确定的位置与实际位置的偏差不大于 15m
GB/T 19392—2013 车载卫星导航设备通用规范	规定了车载卫星导航设备的要求、试验方法、检验规则、标志、包装、运输及贮存。适用于车载卫星导航设备的研制和生产。 主要性能指标包括:定位精度、位置更新率、启动时间、效率;环境适应性(高低温工作、高低温贮存、湿热、振动、冲击)、电磁兼容(辐射骚扰、静电放电抗扰度、辐射抗扰度、电源线电瞬态传导、信号线电瞬态传导)	定位精度:小于 15m(2DRMS 量度); 位置更新率:应至少能每 1s 产生、显示、输出一次新的车辆位置; 启动时间:不超过 2min; 效率:路径规划时间不大于 20s,目标检索时间不大于 5s,地图缩放,地图移动时间不大于 3s
GB/T 29841.4—2013 卫星定位个人位置信息服务系统 第4部分:终端通用规范	规定了卫星定位个人位置信息服务系统终端的要求、测试方法、检验规则、标志、包装、运输及贮存等。适用于采用卫星定位,具有位置服务功能的个人位置服务系统终端的研制和生产。采用非卫星定	定位精度:小于 50m(2DRMS 量度); 位置更新率:应至少能每 1s 产生、显示、输出一次新的车辆位置; 启动时间:不超过 2min; 效率:路径计算时间不大于 1min,目标检索时间,本地不大于 10s,通过 ISC 检索,不大于 45s; 电磁兼容:符合 YD 1032 的要求;

（续）

标准编号及名称	标准简介	主要内容、指标
	位技术的个人位置信息服务系统终端可参照执行。 主要测试项目:定位精度、效率、电磁兼容、安全性、环境适应性等	安全性:符合 YD/T 965 的要求; 环境适应性:工作温度(- 10 ~ 50℃),湿热(40℃,93%,48h),冲击(300m/s²,18ms)、跌落(1.0m)、振动(常规)
JT/T 766—2009 北斗卫星导航系统船舶监测终端技术要求	规定了北斗卫星导航系统船舶监测终端的技术要求。适用于北斗卫星导航系统船舶监测终端的选型、使用和维护,也可作为产品研制、生产和质量检验依据	接收频率:中心频率 1.2 ~ 1.6 GHz; 频率稳定度:1 × 10⁻⁵; 接收灵敏度:在 - 130 ~ - 120dBm 时,能正常捕获,在 - 133 ~ - 120dBm 时,能正常跟踪; 定位精度:在 PDOP≤6 条件下,定位精度应优于10m(2DRMS); 速度精度:在 PDOP≤6 条件下,速度精度应优于0.2m/s(RMS); 首次定位时间:冷启动≤120s,温启动≤40s,热启动≤30s; 定时准确度:优于 50ns(RMS)
JT/T 768—2009 北斗卫星导航系统船舶遇险报警终端技术要求	规定了北斗卫星导航系统船舶遇险报警终端的技术要求,包括结构、功能、性能、环境,以及安装、使用和维护等要求。适用于北斗卫星导航系统船舶遇险报警终端的选型、使用和维护,也可作为产品研制、生产和质量检验的依据	导航定位性能指标与 JT/T 766—2009 相同
JT/T 794—2011 补充文件 道路运输车辆卫星定位系统北斗兼容车载终端技术规范	本规范规定了道路运输卫星定位系统北斗兼容车载终端的一般要求、功能要求、性能要求以及安装要求。适用于道路运输卫星定位系统中安装在车辆上的北斗兼容终端设备	记录时间精度:在 24h 内累计时间允许误差在±5s 以内; 卫星接收通道:不小于 12 个; 灵敏度:优于 - 130dBm; 定位精度:水平定位精度不大于 15m,高程定位精度不大于 30m,速度定位精度不大于 2m/s,差分定位精度(可选):1 ~ 5m; 最小位置更新率:1Hz; 热启动:实现捕获时间不超过 10s

297

附录 B-2

测试项目与标准对应表

1. 静态定位
2. 动态定位
3. 速度精度
4. 灵敏度
5. 首次定位时间
6. 重新捕获时间
7. 位置更新率及速度更新率
8. 授时精度
9. 接收设备通道数
10. 动态性能

1. 静态定位

标准名称	指标要求	测试方法
GB/T 18214.1—2000	100m 95%	(1)应该在 2h 以上的时间内,获取至少 1000 个连续测量定位数据来计算天线的平均位置。 (2)这 1000 个测量数据的分布与已知的 WGS-84 坐标下的天线水平位置相比较,误差应不大于 100m 95%,舍弃测量数据的条件为 HDOP>4 和 PDOP>6。 (3)软件设定 1000 个数据为门限值,如果 2h 以上的数据经筛选后达不到 1000 个有效数据,则判定测试 FAIL
GB/T 15527—1995	当输入信号载噪比优于 37dBHz, GDOP≤4 时,定位精度应优于 50m(无 SA 时,应优于 15m)	(1)将接收机天线按使用状态固定在一个已知高度的位置。 (2)选择至少有三颗可见星,GDOP≤4 的情况下,每分钟取一个定位数据,按照格拉布斯

298

（续）

标准名称	指标要求	测试方法
		准则剔除野点后,取 100 个二维数据,算出 CEP 值
GB/T 26782.3—2011	船载终端的定位功能通过 GNSS 模块和其他船舶定位模块提供,本标准不限制为提高定位信息可靠性和提高定位精度而采用的组合定位和差分定位等技术。 　　定位模块的性能要求应符合所用定位模块的相应标准,对外接口协议应符合 GB/T 20512	测试项目定义为静态精度测试和差分静态精度测试,测试项目的软件配置参数"测试时长"默认值为 24h,用户可自主定义。测试方法和标准可参考 GB/T 18214.1—2000 标准
JT/T 732.2—2008	船载终端(VT)的卫星定位功能应通过卫星定位模块提供,本标准不限制为提高定位信息可靠性和提高定位精度而采用的组合定位和差分定位等技术。 　　卫星定位模块的性能要求符合所用定位模块的技术要求,如果是 GPS 定位模块,应符合 GB/T15527 的规定	支持北斗或 GPS 静态精度测试,用户可任意选择其中一个进行测试,还支持 BDS 差分定位精度测试。如果选择 GPS 静态精度测试,测试方法和测试结果参考 GB/T 15527
JT/T 794—2011	水平定位精度不大于 15m,高程定位精度不大于 30m; 差分定位精度(可选):1~5m	算法默认为 2DRMS,GPS 模式测试方法默认参考 GB/T 18214.1—2000,也可以调用其他标准相同测试项目。BDS 定位方法默认参考 BDS 暂行规定
AQ 3004—2005	系统定位精度应优于 15m	将车载终端按使用状态固定在一个已知的位置,选择至少有四颗可见星,每秒钟取一个定位数据,连续 1h,按照格拉布斯准则剔除野点后,算出 CEP 值
SJ/T 11420—2010	水平定位精度不大于 15m(2DRMS),垂直定位精度不大于 25m(2DRMS),HDOP ≤4 或 PDOP≤6	(1)将接收设备天线安装在水平面内,其高度距电气地之上 1~1.5m; (2)从天顶到水平面以上 5°仰角的空间,对卫星的视野要清晰; (3)天线的位置应已知,且相对 WGS-84 基准的精度在 X、Y、Z 方向应优于 0.1m; (4)让接收设备正常工作,在 2h 内连续获取 1000 个以上连续测量定位数据; (5)计算天线的平均位置;

（续）

标准名称	指标要求	测试方法
		(6)将这1000个以上测量位置的分布与已知的WGS-84坐标下的天线水平位置比较,误差不应大于规定的精度要求; (7)可以用模拟器测试,用模拟器提供一个基准位置输入
QJ 20007—2011	GNSS接收设备在位置精度因子(PDOP)小于6的条件下,单星座定位精度(2DRMS)要求如下: (1)GPS L1 C/A:优于水平30m; (2)BD-2、GALILEO、GLONASS等:按相应详细规范的规定。 如果GNSS接收设备具备多频点定位能力、多星座组合定位能力,定位精度如有特殊需求,按相应详细规范或合同书的要求规定	(1)使用真实卫星信号检验:测量静态定位精度时,需要具有一个精度优于0.5m的已知坐标点,用来放置GNSS接收设备的天线。设备处于正常的导航模式工作状态。测试时间或采集的有效数据个数由相应详细规范规定,只统计PDOP小于6的数据。将GNSS接收设备解算的位置与已知位置值相比较,静态定位时的水平定位误差按照标准中公式(1)计算。 (2)使用模拟信号源检验:在模拟信号源上设置适当的卫星星座以满足PDOP小于6的条件(如果测量动态定位精度,还要对用户轨迹模型进行设定)。数据处理方法同步骤(1)
QJ 20008—2011	静态位置精度要求如下: (1)静态水平位置精度(CEP95)应不大于15m; (2)静态高度精度(2σ)应不大于30m	采用标准中图2所示的测试方案,使被测电路连续工作至少24h,并记录定位结果。按照标准中公式(1)计算定位结果与已知位置的水平距离,统计定位结果与已知位置的水平距离,应满足静态水平位置精度要求。按照公式(2)测试静态高度精度,应满足要求
SJT 11423—2010	对具有定位功能的设备,在PDOP≤6的观测条件下,在无SA干扰的情况下,其定位精度应满足:在水平方向不大于25m(95%置信度),在垂直方向不大于43m(95%置信度)。 在有SA干扰的情况下,其定位精度应满足:水平不大于100m(95%),垂直不大于156m(95%)	将DUT安装在某一已知点上,该已知点WGS-84坐标的精度应优于0.2m,且10°仰角以上空间对卫星的视野清晰。使接收设备处于正常定位工作状态,每秒输出1次定位结果,在2h内连续测量、记录n个($n>1000$)满足PDOP<6的测量定位数据,然后将n次测量位置与已知的WGS-84坐标下的天线位置比较,得出结果

（续）

标准名称	指标要求	测试方法
SJ/T 11428—2010	（1）水平定位精度：≤15m（2DRMS）； （2）垂直定位精度：≤25m（2DRMS）； （3）HDOP≤4 或 PDOP≤6	静态单点定位精度测试： 天线的安装应按厂家说明书进行，其高度应距电气地之上1～5m，从天顶到水平面以上5°仰角的空间。天线的位置应已知，且相对 WGS－84 基准的精度应优于0.1m（λ, ϕ, h）。在测试过程中应使用厂家规定的最大电缆长度。 让 GPS 接收机 OEM 板正常工作，在2h以上的时间内，获取 n 个（$n > 1000$）连续测量定位数据，采样间隔为1s。将这 n 次测量位置的分布与已知的 WGS－84 坐标下的天线位置比较。舍弃测量位置数据的条件，取 HDOP > 4 或 PDOP > 6
SJ 20726—1999	设备测定其天线的位置坐标与该天线所在标准位置坐标之间的一致程度，其水平位置精度应不大于100m（2DRMS），垂直位置精度应不大于156m（2DRMS）	该项测试适用于具有实时定位功率的 GPS 定时接收设备。 使设备处于正常定位工作状态，在2h内连续测量、记录 n 个（$n > 1000$）满足 HDOP≤4 或 PDOP≤6 的测量定位数据，然后将 n 次测量位置的分布与已知的 WGS－84 坐标下的天线位置比较，得出结果
CHB5.6—2009	重点区域，水平:10m，高程:10m（95%，PDOP≤4）； 其他区域，水平:20m，高程:20m（95%，PDOP≤5）	(1)测试系统播发北斗导航卫星模拟信号，星座仿真的卫星数不少于技术说明书上规定的跟踪卫星数，每颗星各支路信号功率均为技术说明书上所规定的强度。用户动态仿真模型为动态($4g$，300m/s)，误差参数（卫星轨道、卫星钟差、电离层时延、对流层时延等）设置为时变模式。 (2)测试系统通过串口控制用户设备按指定频度输出定位信息。 (3)测试系统将用户设备上报的定位信息与测试系统仿真的已知位置信息进行比较，计算位置误差。注意技术说明书上规定的位置误差是空间误差还是水平误差和高程误差。 (4)测试系统对 n 个测量结果从小到大进

（续）

标准名称	指标要求	测试方法
		行排序。取第 $\lceil n \times 95\% \rceil$ 个结果为本次检定的定位精度。该值小于指标规定 PASS，否则 FAIL。 (5)高动态条件下的定位精度指标测试时，测试系统需要向用户设备发送惯导仿真数据，其余测试与评估方法相同

2. 动态定位

标准名称	指标要求	测试方法
GB/T 18214.1—2000	GPS 接收设备的动态精度（船舶位置）为 100m95%，条件是水平精度因子 ≤4 或位置精度因子 ≤6，且船舶经受同样的海情运动状态	动态精度的测试是对 IEC 721 - 3 - 6 表 5 (e)段 X 方向（纵向）和 Y 方向（横向）所列条件的实际解释。以下是应用这些加速度的实例： (1)把一台安装固定好的工作正常的被测设备，以 48kn ±2kn 的速度沿直线航行最少 1～2min，然后在 5s 内沿同一直线将速度降到 0，此时被测设备显示的位置与最终静止位置的偏差应不大于 ±100m，此后 10s 内，所显示的位置应落在静止位置的 ±20m 内； (2)把一台安装固定好的工作正常被测设备，以 24kn ±1kn 的速度沿直线运动至少 100m，在运动中当出现相对直线两侧以 11～12s 周期均匀偏移 2m 时，该设备应保持锁定卫星信号工作，并且沿着运动的平均方向至少运动 2min； (3)当用模拟器测试时，模拟器的特性应精确地表示(1)和(2)中所要求的接收信号。 对于上述方法，应采取下列方法之一来确定实际位置和静止位置： (1)在静止点旁边，架设一台与被测设备相同的接收机，比较两设备显示输出的位置数据； (2)当不用 SA 时，用模拟器提供一个基准位置输入

（续）

标准名称	指标要求	测试方法
GB/T 19056—2012	记录仪应具有卫星定位功能,定位通信方式优先支持北斗卫星定位系统,定位数据的输出格式应符合附录 A 中表 A.20 的规定。用于营业性道路运输车辆的记录仪的定位功能应符合 JT/T 794—2011 中 5.2.1 的要求。记录仪定位模块所确定的位置与实际位置的偏差不大于 15m。用于营业性道路运输车辆的记录仪的定位性能应符合 JT/T 794—2011 中 5.2.2 的要求	试验条件和试验车辆的准备工作应符合 GB/T 12534 的要求。定位精度测试设备的 RTK 平面定位精度应不低于:加常数为 1cm,乘常数为基准站与流动站距离的百万分之一。将记录仪按使用状态安装在试验车辆上,在完成定位和置信区间不小于 95% 条件下,通过载波相位差分(RTK)方式,测试记录仪的最大定位误差,测试时试验车辆以不低于 20km/h 的速度行驶,连续测试时间不小于 1h,测试路段无连续弯道,无明显影响连续定位的屏蔽或干扰
GB/T 19392—2013	卫星定位装置的定位精度应小于 15m(2DRMS 量度),车辆在地图上显示或语音提示的位置与车辆实际位置应一致,且错误概率应小于 5%	(1)将系统和另一台差分 GPS 导航仪安装并固定在同一辆汽车上;(2)让其正常工作后,汽车以不低于20km/h 的速度在规定的各种路况下行驶;(3)连续获取不少于 4000 个匹配后输出的系统位置数据;(4)将差分 GPS 输出的数据与系统输出的数据进行同步比较,偏差应不大于 15m;(5)对比显示位置与实际位置错误概率应小于 5%
GB/T 26766—2011	车载终端具有定位功能,定位误差应该满足公共交通业务的需要	车载终端接通标称的工作电源,在运行的过程中读取定位数据,应满足 4.4.2 的要求。测试方法和测试标准一般依据 GBT 18214 动态精度定位。也可以选择其他标准的相关测试项
SJ/T 11420—2010	水平定位精度不大于 15m(2DRMS),垂直定位精度不大于 25m(2DRMS),HDOP≤4 或 PDOP≤6	可以采用两种方法进行。方法1:(1)用多通道 GPS 模拟信号源模拟(仿真)卫星运动参数和用户运动;(2)仿真卫星与用户间相对运动参数距离和距离变化率;(3)通过射频信号模拟实现多通道 GPS 空间信号模拟;

（续）

标准名称	指标要求	测试方法
		(4)用户设备可接收 GPS 模拟信号进行模拟定位,与仿真用户的位置进行比较; (5)通过统计测量给出动态定位精度应满足本规范规定的要求。 方法2: (1)将导航接收机和另一台差分 GPS 导航接收机安装并固定在同一载体上,让其正常工作; (2)载体以不低于 20km/h 的速度运动; (3)在 2h 内同时连续取 1000 个测量定位数据; (4)以差分 GPS 接收机提供的定位数据为真值,将这些数据进行处理,误差值不应大于本规范规定的定位精度要求
QJ 20007—2011	GNSS 接收设备在位置精度因子(PDOP)小于 6 的条件下,单星座定位精度(2DRMS)要求如下: (1)GPS L1 C/A:优于水平 30m; (2)BD－2、GALILEO、GLO-NASS 等:按相应详细规范的规定。 如果 GNSS 接收设备具备多频点定位能力、多星座组合定位能力,定位精度如有特殊需求,按相应详细规范或合同书的要求规定	(1)使用真实卫星信号:测量动态定位精度时,低动态情况下需要使用 RTK 接收机。将被测 GNSS 接收设备和 RTK 接收机放置在运动的汽车上,汽车运动范围在距已知点 15km 以内。同时记录被测 GNSS 接收设备和 RTK 接收机的定位输出结果,只统计PDOP 小于 6 的数据。将 GNSS 接收设备解算的位置与同一时刻 RTK 接收机输出的位置值相比较,动态定位时的水平定位误差按照标准中公式(2)计算。 (2)使用模拟信号源检验:在模拟信号源上设置适当的卫星星座以满足 PDOP 小于 6 的条件(如果测量动态定位精度,还要对用户轨迹模型进行设定)。数据处理方法同(1)
QJ 20008—2011	动态位置精度要求如下: (1)动态水平位置精度(2σ)应不大于 15m; (2)动态高度精度(2σ)应不大于 30m	采用标准中图 3 所示的测试方案二,设计GNSS 卫星信号模拟器的场景,该场景为匀速水平直线运动,场景可由订货方和承制方协商确定,场景中的所有卫星信号的功率为 －155dBW,卫星的分布应保证 PDOP

（续）

标准名称	指标要求	测试方法
		小于6,场景的时间长度应保证被测电路可连续定位10min,记录定位结果。按照标准中公式(3)计算动态水平位置精度
SJ/T 11428—2010	（1）水平定位精度：≤ 15m (2DRMS)； （2）垂直定位精度：≤ 25m (2DRMS)； （3）HDOP≤4 或 PDOP≤6	动态单点定位精度:用摸拟器测试,模拟器的输出信号能精确地表示出 GPS 接收机 OEM 板及天线的运动轨迹,GPS 接收机天线的运动轨迹为:在水平方向,以 V 速度匀速直线运动 5min 以上,然后在 T 时间内沿直线将速度降为零。速度、时间见标准中表3。记录接收机每秒更新的定位位置数据和模拟器每秒输出的位置数据(包括定位时间、HDOP 和 PDOP 值)连续 100 组,逐一换算后,比较接收机定位结果与模拟器输出的位置数据
CHB5.6—2009	重点区域,水平:10m,高程:10m (95%,PDOP≤4)； 其他区域,水平:20m,高程:20m (95%,PDOP≤5)	(1)测试系统播发北斗导航卫星模拟信号,星座仿真的卫星数不少于技术说明书上规定的跟踪卫星数,每颗星各支路信号功率均为技术说明书上所规定的强度。用户动态仿真模型为动态($4g$,300m/s),误差参数(卫星轨道、卫星钟差、电离层时延、对流层时延等)设置为时变模式。 (2)测试系统通过串口控制用户设备按指定频度输出定位信息。 (3)测试系统将用户设备上报的定位信息与测试系统仿真的已知位置信息进行比较,计算位置误差。注意技术说明书上规定的位置误差是空间误差还是水平误差和高程误差。 (4)测试系统对 n 个测量结果从小到大进行排序。取第 $\lceil n \times 95\% \rceil$ 个结果为本次检定的定位精度。该值小于指标规定 PASS,否则 FAIL。 (5)高动态条件下的定位精度指标测试时,测试系统需要向用户设备发送惯导仿真数据,其余测试与评估方法相同

3. 速度精度

标准名称	指标要求	测试方法
GB/T 15527—1995	当输入信号载噪比优于37dBHz，GDOP≤4时，速度精度应优于0.1m/s	将接收机和差分GPS接收机同时装在载体（车、船等均可）上，选择一段GDOP≤4的时间，使其做匀速直线运动，同时将两部接收机的速度和时间打印并进行比对处理。 　　速度测试也可采用速度误差静态测试法，即接收机静止放置，在GDOP≤4的条件下，打印速度，航向，取100组数据，进行平均（矢量平均），计算出速度误差
AQ 3004—2005	系统速度精度应优于0.2m/s	将车载终端和伪距差分GPS接收机同时装在载体（车）上，同时将两部接收机的速度和时间打印并进行处理
SJ/T 11420—2010	在PDOP≤6时，速度精度不大于0.2m/s（RMS）	用模拟器测试，模拟器的输出信号能精确地表示出接收设备的运动轨迹，接收设备的运动轨迹为： (1)在水平方向，以速度 V 做均匀直线运动5min以上； (2)然后在时间 T 内沿直线将速度降为0； (3)速度、时间见标准中表3； (4)在PDOP≤6的条件下，记录接收设备每秒更新的速度和时间，取100组数据，比较接收设备的速度与模拟器输出的速度，接收设备的速度误差应满足要求
QJ 20007—2011	测速精度（2DRMS）规定如下： (1) GPS L1 C/A：优于水平0.5m/s； (2) BD-2、GALILEO、GLONASS等：按相应详细规范的规定	使用信号模拟器进行测量测速精度。将GNSS接收设备解算的速度与模拟器中设置的已知速度值相比，水平测速误差按照标准中公式(3)计算
QJ 20008—2011	水平速度精度（2σ）应不大于0.5m/s	采用标准中图3所示的测试方案二，设计GNSS卫星信号模拟器的场景，该场景为匀速水平直线运动，场景可由订货方和承制方一同协商确定，场景中的所有卫星信号的功率为-155dBW，卫星的分布应保证PDOP小于6，场景的时间长度应保证被测电路可连续定位10min，记录定位结果。水平速度精度按标准中公式(5)计算

（续）

标准名称	指标要求	测试方法
SJ/T 11428—2010	在 PDOP≤4 时,速度精度优于 0.2m/s(RMS)	(1)模拟器测试(优选): 模拟器输出信号能精确地表示出 GPS 接收机 OEM 板及天线的运动轨迹,GPS 接收机 OEM 板及天线的运动轨迹为:在水平方向,以速度 V 做匀速直线运动 5min 以上,然后在时间 T 内沿直线将速度降为零。速度、时间见标准中表 3。在 PDOP≤4 的条件下,记录接收机每秒更新的速度和时间,取 100 组数据,比较接收机的速度与模拟器输出的速度,接收机的速度误差应满足要求。 (2)静态测试法: 无模拟器时,速度测试可采用速度误差静态测试法。即接收机静止放置,接收实际的 GPS 信号,在 PDOP≤4 的条件下,打印速度,取 100 组数据,进行平均,计算出速度误差
CHB5.6—2009	≤0.2m/s	(1)测试系统播发北斗导航卫星模拟信号,星座仿真的卫星数不少于技术说明书上规定的跟踪卫星数,每颗星各支路信号功率均为技术说明书上所规定的强度。用户动态仿真模型为动态(4g,300m/s),误差参数(卫星轨道、卫星钟差、电离层时延、对流层时延等)设置为时变模式; (2)测试系统通过串口控制 DUT 按指定频度输出测速结果; (3)测试系统将 DUT 上报的测速结果与测试系统仿真的已知速度值进行比较,计算测量误差; (4)测试精度统计与判定方法同定位精度指标; (5)高动态条件下的测速精度指标测试时,测试系统需要向 DUT 发送惯导仿真数据,其余测试与评估方法相同

4. 灵敏度

标准名称	指标要求	测试方法
GB/T 18214.1—2000	捕获:当输入信号载波电平在 −130 ~ −120dBm 范围时,GPS 接收设备应能捕获卫星信号。 跟踪:一旦卫星信号被捕获,该设备应连续正常工作,直到卫星信号载波电平降到 −133dBm 为止	1)捕获 (1)用测试接收机来监测所接收的卫星信号,当这些信号衰减到 −125dBm ± 5dBm 范围时,进行性能测试,被测设备应符合性能指标要求; (2)性能测试:应在大于 5min,小于 10min 的时间内,选取 HDOP < 4 的测量定位数据至少 100 组,采用 WGS − 84 坐标计算测量出的 EUT 天线的位置和已知的位置相比,误差应小于 100m95%。这项测试也可用模拟器进行。 2)跟踪 (1)用测试接收机来监测所接收的卫星信号,当这些信号衰减到 −133dBm 时,进行该项指标测试,应符合性能指标要求; (2)性能测试:应在大于 5min,小于 10min 的时间内,选取 HDOP < 4 的测量定位数据至少 100 组,采用 WGS − 84 坐标计算测量出的 EUT 天线的位置和已知的位置相比,误差应小于 100m95%。这项测试也可用模拟器进行
GB/T 15527—1995	捕获:当输入信号载噪比为 37dBHz 时,接收机捕获灵敏度至少应为 −136dBm。 跟踪:当输入信号载噪比为 37dBHz 时,接收机跟踪灵敏度至少应为 −140dBm	1)捕获 (1)将 GPS 模拟信号发生器频率调到 1575.42MHz,输出幅度调在 −136dBm,通过高频电缆(插入损耗小于 0.5dB)连到接收机的前置放大器输入端,接收机应能捕获信号; (2)也可通过接收机捕获仰角 5° ~ 7° 的卫星信号定性检测。 2)跟踪 (1)接收机捕获信号后,将前置放大器输入端模拟信号减到 −140dBm; (2)接收机应不失锁,继续跟踪
SJ/T 11420—2010	捕获:当输入信号载波电平在 −130 ~ −120dBm 范围时,接收设备应能捕获卫星信号。	1)捕获 (1)方法 1:用模拟器测试。 ① 通过适当的天线发射模拟信号;

（续）

标准名称	指标要求	测试方法
	跟踪:在接收设备跟踪卫星,信号载波电平降至 -133dBm 时,接收设备应连续正常工作	② 用标准测试接收机调节信号电平到 -125dBm ±5dBm 范围; ③ 用被测设备接收天线替换标准测试接收机的天线; ④ 即可测出被测设备性能。 (2)方法2:用测试接收机来监测所接收的卫星信号,当这些信号衰减到 -125dBm ± 5dBm 范围时,进行性能测试。 2)跟踪 (1)方法1:模拟器测试。 ① 通过适当的天线发射模拟信号; ② 用标准测试接收机调节信号电平到 -125dBm ±5dBm 范围; ③ 用被测设备接收天线替换标准测试接收机的天线; ④ 在采用常规的发射电平进行发射和跟踪开始之后,使发射电平逐步衰减到 -133dBm; ⑤ 测试被测设备至少跟踪1颗卫星。 (2)方法2:用测试接收机来监测所接收的卫星信号,当这些信号衰减到 -133dBm 时,进行该项指标测试
QJ 20007—2011	为了能够完成正常的导航定位功能,GNSS 接收设备首先要完成对卫星信号的捕获,完成捕获所需要的最低信号强度为捕获灵敏度;在捕获之后能够维持对卫星信号跟踪所需要的最低信号强度为跟踪灵敏度。各种导航系统的灵敏度要求见标准中表1	使用模拟信号源对灵敏度指标进行检验。对于每个能够支持的导航星座,将输出到 GNSS 接收设备前置放大器输入端的信号调整为捕获灵敏度指标要求的幅度,检查 GNSS 接收设备是否能够捕获相应的导航信号。GNSS 接收设备捕获到信号后,将信号逐渐衰减至跟踪灵敏度要求的幅度,检查 GNSS 接收设备是否继续跟踪导航信号
QJ 20008—2011	在满足定位精度要求的情况下,灵敏度要求如下: (1)捕获灵敏度应不大于 -163dBW; (2)跟踪灵敏度应不大于 -166dBW	1. 捕获灵敏度 采用标准中图3所示的测试方案二,设计 GNSS 卫星信号模拟器的场景,该场景为静态定点场景,且所有卫星信号功率相同。测试方法和步骤如下: (1)按照图3所示连接设备仪器;

（续）

标准名称	指标要求	测试方法
		（2）被测电路连续定位5min后开始测试； （3）将GNSS卫星信号模拟器输出的所有卫星信号的功率调低，直至被测电路无法捕获到卫星信号，关闭被测电路； （4）开启被测电路，以1dB为步长，逐渐增大模拟器输出的所有卫星信号功率，直到被测电路可以跟踪到所有的卫星信号，此时，模拟器输出的卫星信号功率值即为捕获灵敏度； （5）测试过程中，在每一个卫星信号功率值处，最长可停留5min。 2. 跟踪灵敏度 采用标准中图3所示的测试方案二，设计GNSS卫星信号模拟器的场景，该场景为静态定点场景，且所有卫星信号功率相同。 测试方法和步骤如下： （1）按照图3所示连接设备仪器； （2）被测电路连续定位5min后开始测试； （3）以1dB为步长，逐渐减小模拟器输出的所有卫星信号功率； （4）如果卫星信号功率再减小1dB，被测电路就无法跟踪到所有的卫星信号，此时，如接收机可持续跟踪所有卫星信号超过1min，则模拟器输出的卫星信号功率值即为跟踪灵敏度
SJ/T 11423—2010	捕获灵敏度： 当设备天线（天线增益为0dB）输入端GPS信号电平在不低于−130dBm时，设备应能捕获信号。 跟踪灵敏度： 在设备跟踪卫星时，当信号电平不低于−133dBm时，设备应能连续正常工作，不失锁	接收灵敏度：可利用空中实际的GPS卫星信号进行测试，也可以利用GPS信号模拟器进行测试； 利用空中实际信号测试，按GPS卫星预报，观测设备是否能捕获、跟踪仰角5°以上（5°~10°）的卫星信号。 当利用模拟器测试时，按照GB/T 18214.1—2000中4.3.7的规定进行

（续）

标准名称	指标要求	测试方法
SJ/T 11428—2010	捕获:当 OEM 板天线输入接头输入 GPS 卫星信号 L1 载波电平范围为 -130 ~ -120dBm,或 L2 载波电平范围为 -136 ~ -120dBm 时,GPS 接收机 OEM 板应能捕获卫星信号。 跟踪:在 GPS 接收机 OEM 板跟踪卫星时,当 L1 载波信号电平降至 -133dBm,或 L2 载波信号电平降至 -139dBm 时,GPS 接收机 OEM 板跟踪应正常	捕获: 将 GPS 模拟信号发生器载波频率调制到 1575.42MHz 和 1227.6MHz,使输出到 GPS 接收机 OEM 板的天线输入端的 L1 载波信号强度分别在 -120dBm、-130dBm 和 L2 载波信号强度分别调在 -120dBm、-136dBm 时,根据厂家提供的关于卫星是否捕获的状态说明,观察 GPS 接收机 OEM 板能否捕获信号。 跟踪: GPS 接收机 OEM 板接收模拟器信号,在跟踪卫星信号状态下,将 GPS 接收接 OEM 板得天线输入端的 L1 载波信号电平减到 -133dBm 和 L2 载波信号电平减到 -139dBm,根据厂家提供的关于卫星是否跟踪的状态说明,观察 GPS 接收机 OEM 板接收的卫星信号是否失锁
SJ 20726—1999	捕获灵敏度: 当设备天线(天线增益 0dB)输入端 GPS 信号电平为 -130dBm 时,设备应能捕获信号。 跟踪灵敏度: 在设备跟踪卫星时,当信号电平降至 -133dBm 以下时,接收机失锁	捕获灵敏度: 将 GPS 模拟信号发生器载波频率调到 1575.42MHz,使输出到设备的前置放大器输入端的信号强度调在 -130dBm 后,设备应能捕获信号。 跟踪灵敏度: 在正常工作状态将前置放大器输入端的信号减到 -133dBm,设备应不失锁,继续跟踪。当信号继续下降时,接收机失锁。也可按卫星预报,观察设备能捕获、跟踪仰角 5° 以下(5° ~ 0°)的卫星信号,进行定性检验
CHB5.6—2009	B1 频点:≤ -133dBm(接收误码率 10^{-6}); B2 频点:≤ -133dBm(接收误码率 10^{-6}); B3 频点:≤ -133dBm(接收误码率 10^{-6}); S 频点:≤ -127.6dBm(误码率 10^{-5})	(1)本指标通过测量用户设备在指定接收功率条件下的信号接收误码率来检定。 (2)测试系统播发北斗导航卫星模拟信号,星座仿真的卫星数不少于技术说明书上规定的跟着卫星数,每颗星各支路信号功率均为技术说明书上所规定的接收灵敏度功率。用户动态仿真模型为动态(4g,300m/s)。

（续）

标准名称	指标要求	测试方法
		（3）测试系统通过串口控制用户设备每个通道锁定不同卫星，并输出指定卫星指定支路的导航电文。 （4）测试系统接收用户设备通过串口输出的导航电文，与测试系统信号源播发的原始电文进行比较，统计误码率。 （5）误码率满足指标要求，通过；否则失败

5. 首次定位时间

标准名称	指标要求	测试方法
GB/T 18214.1—2000	GPS接收设备应能自动选择适当的卫星信号，并按所要求的精度和数据更新率测定船舶的位置。 没有正确的星历数据时，GPS接收设备应在30min内获得满足精度要求的位置数据。 当有正确的星历数据时，GPS接收设备应在5min内获得满足精度要求的位置数据。 当发生掉电60s时，接收设备应在2min内重新获得满足精度要求的位置数据。 捕获时间限制： 如果用户能保障供电和为天线提供宽阔清晰的视野，对于上述状态达到所要求的捕获时间见标准中表1	1. 状态（a）——初始状态 （1）被测设备应为下列任一状态： （a）初始位置一个距测试位置至少1000km且不超过10000km的假位置； （b）切断电源或7d以上不接收GPS信号。 （2）应按表1所列的时间范围对设备进行性能检查。 2. 状态（b）——电源断电 （1）将被测设备断电24~25h； （2）在断电期结束时，应按表1所列时间范围，对设备进行性能检查。 3. 状态（c）——GPS信号中断 （1）在被测设备正常工作期间，将天线完全屏蔽24~25h； （2）在天线屏蔽结束时，应按表1所列时间范围，对设备进行性能检查。 4. 状态（d）——GPS信号短暂中断 （1）在被测设备正常工作期间，将天线完全屏蔽60s； （2）在天线屏蔽结束时，取下屏蔽罩，按表1所列时间范围，对设备进行性能检查
GB/T 11527—1995	首次定位时间应小于2min	接通接收机电源，计算获得首次正确定位时间
GB/T 19392—2013	设备在正常工作环境条件下的启动时间不应超过2min	用秒表测量设备的启动时间

（续）

标准名称	指标要求	测试方法
AQ 3004—2005	（1）首次捕获（冷启动）：从系统加电运行到实现捕获时间不应超过120s； （2）捕获（热启动）：实现捕获时间应小于10s	在空旷地域直接捕获卫星，或在实验室利用卫星信号转发器进行测试。 （1）冷启动：从系统加电运行到实现定位，时间不应超过120s； （2）热启动：实现定位时间应小于10s
SJ/T 11420—2010	冷启动：≤120s； 温启动：≤60s； 热启动：≤30s	（1）冷启动：在没有近似位置、时间、历书、星历数据条件下，按使用说明书架设接收设备盲收。观测接收设备从开启电源到首次定位时间，其值不超过120s； （2）温启动：仅星历数据不可用条件下，观测设备从开启电源到首次定位时间，其值不超过60s； （3）热启动：在上述条件均具备开机或接收设备正常工作情况下，用屏蔽罩屏蔽其天线，中断GPS信号60s，然后去掉屏蔽罩，观测接收设备从开电源或去掉屏蔽罩到首次定位的时间，其值应不超过30s
QJ 20007—2011	各导航系统具有不同导航信号和导航电文参数，所能达到的首次定位时间也不尽相同，本规范对首次定位时间仅规定最低要求。 首次定位时间：冷启动不大于10min、温启动不大于2min、热启动不大于30s	使用模拟信号源对首次定位时间进行检验。用计时器对首次定位时间进行测量并记录。冷启动、温启动和热启动的条件分别如下： 冷启动：GNSS接收设备中无有效的历书和星历信息、无位置和时间的估计信息。测试时，可以使用刚出厂且未工作过的GNSS接收设备，也可在每次测试前人工清除GNSS接收设备中已有的历书和星历； 温启动：在正常工作情况下，信号中断24h以内，即GNSS接收设备中无有效的星历信息，有历书和粗略的位置和时间估计信息； 热启动：在正常工作情况下，信号中断2h以内，即GNSS接收设备中至少存在4颗卫星信号的星历信息，有粗略的位置和时间估计信息。 设置模拟信号源输出至少4颗卫星的导航信号，使每颗卫星信号至GNSS接收设备天

（续）

标准名称	指标要求	测试方法
		线口面的信号功率在所要求的指标之内。从设备开机起计时，直到获得第一个有效定位结果，记录所需时间。记录至少 10 个有效数据，超过均值 10 倍的数据可以舍弃。最大值符合指标要求时，则该项指标合格
QJ 20008—2011	热启动时，首次定位时间应不大于 15s；温启动时，首次定位时间应不大于 60s；冷启动时，首次定位时间应不大于 300s；重捕获时间应不大于 1s	1. 热启动时间 采用标准中图 2 所示的测试方案一。测试方法和步骤如下： (a)按照图 2 所示连接设备仪器； (b)接收机连续定位 30min 后开始测试； (c)重新启动被测电路，此时应保证初始时间误差小于 5min，初始位置误差小于 100km，且可视卫星的星历已知，记录启动开始到定位所需时间； (d)重复步骤(c)，测试过程中，应使被测电路保持定位 5min 后，再重新启动，整个测试过程经历至少 24h。 对所记录的热启动时间求出最大值，应满足热启动时间要求。 2. 温启动时间 采用图 2 所示的测试方案一。测试方法和步骤如下： (a)按照图 2 所示连接设备仪器； (b)接收机连续定位 30min 后开始测试； (c)重新启动被测电路，此时应保证初始时间误差小于 5min，初始位置误差小于 100km，使所有可视卫星的星历未知，记录启动开始到定位所需时间； (d)重复步骤(c)，整个测试过程经历至少 24h。 对所记录的温启动时间求出最大值，应满足温启动时间要求。 3. 冷启动时间 采用图 2 所示的测试方案一。测试方法和步骤如下： (a)按照图 2 所示连接设备仪器；

（续）

标准名称	指标要求	测试方法
		（b）设置被测电路的初始位置，初始位置的经度与被测电路位置的经度相差180°，初始位置的纬度为被测电路位置的纬度取负，初始位置的高度可设为真实高度值，使所有卫星的星历未知，启动接收机，记录启动开始到定位所需时间； （c）每隔2h重复步骤（b），至少测试12次。对所记录的冷启动时间求出最大值，应满足冷启动时间要求。 4. 重捕获时间 采用图2所示的测试方案一。测试方法和步骤如下： （a）按照图2所示连接设备仪器； （b）被测电路连续定位30min后开始测试； （c）屏蔽卫星信号，屏蔽时间小于20s； （d）恢复卫星信号，记录从卫星信号恢复到定位所需时间，即重捕获时间； （e）重复步骤（d）30次，每一次得到的重捕获时间都应满足要求
SJ 20726—1999	设备从开机到首次给出满足精度要求的定位或定时输出所经历的时间，最长不超过30min	在无任何初始化参数的情况下设备启动后，观测设备是否在产品规范或合同规定的捕获时间内收星定位，并给出标准时间信号。 技术说明书给出捕获时间的设备应在30min内捕获到卫星信号并完成定位和给出标准时间信号
SJ/T 11428—2010	（1）冷启动，TTFF≤120s； （2）温启动，TTFF≤40s； （3）热启动，TTFF≤30s； （4）存储的日期、时间、位置、历书等信息其中之一或几个不可用，TTFF≤120s	（1）GPS接收机OEM板内未存储任何信息，或有信息，通过某种方法，如外部清除命令等，提前清除接收机存储的信息。观测GPS接收机OEM板从开启电源到首次定位时间，不应超过120s。 （2）在GPS接收机OEM板正常工作情况下，断电时间不超过6d，再观测GPS接收机OEM板从开启电源到首次定位的时间，其值不应超过40s。

（续）

标准名称	指标要求	测试方法
		（3）在 GPS 接收机 OEM 板正常工作情况下,用屏蔽罩屏蔽其天线,中断 GPS 信号,中断时间不超过4h,然后去掉屏蔽罩,或断电,断电时间不超过4h,再观测 GPS 接收机 OEM 板首次定位的时间,其值不应超过30s。 （4）在 GPS 接收机 OEM 板正常工作情况下,断电时间不超过 6d,或在不加电情况下,GPS 接收机 OEM 板位置变化超过1000km,观测 GPS 接收机 OEM 板从开启电源到首次定位的时间,不应超过120s
CHB5.6—2009	冷启动:90s（时间不确定度±1s,95%）; 温启动:60s（时间不确定度±1s,95%）; 热启动:40s(95%)	（1）测试系统播发北斗导航卫星模拟信号,星座仿真的卫星数不少于技术说明书上规定的跟踪卫星数,每颗星各支路信号功率均为技术说明书上所规定的强度。用户动态仿真模型为动态($4g$,300m/s),误差参数(卫星轨道、卫星钟差、电离层时延、对流层时延等)设置为时变模式。 （2）测试系统关闭 Q 支路信号,播发 I 支路信号,用户设备跟踪锁定。待用户设备本地时间与 I 支路导航电文播发的北斗时同步后,关闭 I 支路。 （3）冷启动测试时,通过串口初始化 DUT 的星历信息、历书信息和概略位置信息,使其无效后关闭 DUT。 温启动测试时,通过串口初始化 DUT 的星历信息(使其无效),并注入当前有效的历书信息和概略位置信息后关闭 DUT。 热启动,通过串口向 DUT 注入当前有效的星历信息、历书信息和概略位置信息后,关闭 DUT。 （4）按要求的时间不确定度调整测试系统 Q 支路导航信号。 （5）DUT 开机,设定 DUT 按固定频率输出定位结果。测试系统播发 Q 支路导航信号并开始计时。

（续）

标准名称	指标要求	测试方法
		（6）DUT 连续输出 10 个满足定位精度指标要求的定位结果时，停止计时。该 10 个定位结果中第一个结果的输出时间所对应的计时结果，记为本次测量值。 （7）进行 n 次（$n \geq 20$）测量，并对每次测量结果按从小到大的顺序进行排序。取第 $\lceil n \times 95\% \rceil$ 个值为首次定位时间。该值小于指标规定则通过，否则失败。 （8）高动态条件下的定位精度指标测试时，测试系统需要向用户设备发送惯导仿真数据，其余测试与评估方法相同

6. 重新捕获时间

标准名称	指标要求	测试方法
SJ/T 11420—2010	GPS 卫星信号短暂中断，中断时间不超过 5s，接收设备重新捕获卫星信号并确定其位置的时间应小于 1s	在 GPS 接收设备正常工作情况下，用屏蔽罩屏蔽其天线，中断 GPS 信号 5s，然后去掉屏蔽罩，观测接收设备重新捕获时间，其值不能超过 1s
QJ 20008—2011	重捕获时间应不大于 1s	采用标准中图 2 所示的测试方案一。测试方法和步骤如下： （a）按照图 2 所示连接设备仪器； （b）被测电路连续定位 30min 后开始测试； （c）屏蔽卫星信号，屏蔽时间小于 20s； （d）恢复卫星信号，记录从卫星信号恢复到定位所需时间，即重捕获时间； （e）重复步骤（d）30 次，每 1 次得到的重捕获时间都应满足要求
SJ/T 11428—2010	GPS 卫星信号短暂中断，中断时间不超过 5s 时，GPS 接收机 OEM 板重新捕获卫星信号并确定其位置的时间应小于 1s	在 GPS 接收机 OEM 板正常工作情况下，用屏蔽罩屏蔽其天线，中断 GPS 信号，中断时间为 5s，然后去掉屏蔽罩，观测接收机重新捕获时间，其值不应超过 1s

7. 位置更新率和速度更新率

标准名称	指标要求	测试方法
GB/T 18214.1—2000	GPS 接收设备应至少每 2s 产生、显示并输出一次新的位置解。位置的最低分辨率,即经度、纬度应为 0.001min	分辨率: (1)将被测设备置于平台上; (2)平台以 5kn±1kn 的速度沿近似直线运动; (3)在 10min 内,每隔 10s 检测被测设备的位置数据输出,观察每次位置数据输出更新的时刻。 此项测试也可用模拟器进行。 更新速率: (1)将被测设备置于平台上; (2)平台以 50kn±5kn 的速度沿近似直线运动; (3)在 10min 内,每隔 2s 检测设备的位置数据输出,观察每次位置数据输出更新的时刻。 此项测试也可用模拟器进行
GB/T 19392—2013	应至少能每 1s 产生、显示并输出一次新的车辆位置	在设备以不小于 20km/h 的速度连续移动并保持定位的情况下,在 5min 内,用秒表测量连续获取 100 组位置数据所需时间
AQ 3004—2005	位置更新频率 1 次/s	在车载终端以不小于 40km/h 的速度连续移动并保持定位的情况下,用秒表测量行使 2min,查询记录的位置数据为 120 组,且每组数据时间间隔为 1s
SJ/T 11420—2010	(1)接收设备应能自动、连续地计算并输出新的位置解,更新率至少应 1 次/s; (2)原始观测数据更新率至少应 5 次/s	(1)按标准中图 1 连接测试设备,接收设备开机后,记录或显示的位置数据应每秒更新一次; (2)按图 1 连接测试设备,检测接收设备记录的原始观测数据应每秒更新 5 次
QJ 20007—2011	定位结果更新率应不低于 1Hz	GNSS 接收设备正常工作,将定位结果保存在存储卡上并转移至计算机,或通过数据输出接口将定位结果传输至计算机,在计算机上检查规定时间长度内的数据个数,计算定位结果更新率

（续）

标准名称	指标要求	测试方法
QJ 20008—2011	基带处理集成电路位置更新率应不小于 1Hz	采用标准中图 2 所示的测试方案一。运行被测电路，定位后，得到平均每秒输出的定位结果的次数，即为位置更新率，应满足要求
SJ/T 11428—2010	（1）GPS 接收机 OEM 板应能自动、连续地计算并输出新的位置、速度解（基于 WGS-84 坐标），更新率至少应 1 次/s。位置数据（经度和纬度）最低分辨率应精确到 0.001′。 （2）GPS 接收机 OEM 板应能输出原始观测量，原始观测量主要包括观测历元、C/A 码伪距测量值、L1 载波相位测量值、L1-P 码伪距测量值、L2 载波相位测量值、L2-P 码伪距测量值、L1 与 L2 载波多普勒、L1 与 L2 载波积分多普勒、信噪比等，不同接收机 OEM 板输出的主要原始观测量为上述观测量中几个或全部，原始观测量以二进制格式输出。数据更新率至少应 1 次/s	将数据端口与显控设备连接，接收 OEM 板接收机输出的数据，并将数据存盘打印，检查输出数据格式、数据输出内容及数据输出更新率
CHB5.6—2009	10Hz	（1）测试条件同标准中 4.13"动态性能"。 （2）设置 DUT 按 10Hz 频度输出定位信息和测速信息。 （3）测试系统检验每一条定位信息和测速信息的上报时间，统计用户设备输出定位信息和测速信息的速率，即为定位与测试更新率

8. 授时精度

标准名称	指标要求	测试方法
SJ/T 11420—2010	接收设备 1PPS 输出授时精度应优于 200ns(RMS)	授时精度应按 SJ 20726—1999 中 4.7.10.6.2（时刻比对分析法）的方法进行

（续）

标准名称	指标要求	测试方法
SJ/T 11423—2010	根据设备的工作模式和 GPS 有无 SA 干扰的情况,设备在经过主机单元延迟、天线延迟和电缆延迟修正后的授时偏差应不大于标准中表 1 给出的授时偏差(95% 的置信度)	采用共视比对法或时刻比对分析法 (1)共视比对法:适应于具有共视比对功能的设备。 (a)将 DUT 天线和参照设备天线分别安装在 2 个相距 3～5m,并且 WGS－84 坐标已知的位置上,按标准中图 1 所示连接设备; (b)按被测设备产品规范,对被测设备输入正常工作所需的技术参数(天线的精确坐标、设备内部时延、天线电缆时延和参考电缆时延等),对单通道接收设备还应输入共视星表; (c)按参照设备产品规范,对参照设备输入正常工作所需的技术参数(天线的精确坐标、设备内部时延、天线电缆时延和参考电缆时延等),对单通道接收设备还应输入共视星表; (d)被测设备和参照设备同时观测48h,对单通道接收设备至少观测 60 组全长跟踪(780s)数据,对多通道接收设备至少观测 120 组全长跟踪(780s)数据。 按标准中式(4)计算授时偏差。 (2)时刻比对法:适用于能提供标准时间、频率信号功能的设备。 (a)按标准中图 2 所示连接设备; (b)按产品规范,预热被测设备; (c)按产品规范,设置被测设备的工作模式,使输出的 1PPS 时间系统与标准时间频率源的时间系统相同(UTC 或 GPS 时间),对被测设备输入其设备内部时延。对工作在位置保持模式下的接收设备,还应输入其天线坐标,天线坐标的误差不大于1m; (d)测量标准时间频率源输出的秒脉冲与被测设备输出的秒脉冲之间的时差 Δ_j。每 2s 测量一次,连续测量24h,记录测量值。 按标准中式(7)计算授时偏差
SJ 20726—1999	设备给出的 UTC 时间与国际 UTC 时间的一致程度,也称授时精度,应不超过340ns(95% 的置信水平)	该项测试适用于具有秒脉冲输出的设备,可采用共视比对法或时刻比对分析法。 1. 共视比对法 共视比对法适用于具有 GPS 共视比对功能

（续）

标准名称	指标要求	测试方法
		设备的测试。 (a)按标准中图 1 连接设备; (b)被测设备输入正常工作所需的技术参数和参照设备的共视比对时间表,使其工作在同步 UTC 共视比对方式; (c)共视跟踪测量一颗仰角不小于 15°的卫星信号,每秒测量时差一次,连续测量 780s,分别记录被测设备和参照设备相对卫星 UTC 时间的测量值; (d)至少对 10 颗可视健康卫星重复步骤(c); (e)对于每颗卫星,被测设备和参照设备共视跟踪分别测量得到的 780s 的测量值,每 15s 数据分别用最小二乘法二次项拟合计算该测量时间中段中点的拟合值,得到 52 个时差拟合值,再由该 52 个时差拟合值用最小二乘法线性拟合,计算该次测量时间起点的拟合值,分别得到被测设备测量标准时频源给出的本地 UTC 时间与卫星 UTC 时间的时差测量值,参照设备测量本地 UTC 时间与卫星 UTC 时间的时差测量值; (f)对于每颗卫星跟踪测量时,按标准中公式(9)计算被测设备与参照时差测量值之差 $\Delta t(\mathrm{sv})$; (g)计算全部跟踪测量的卫星得到 $\Delta t(\mathrm{sv})$ 的算术平均值作为定时偏差的测量结果。其值应在规定范围之内。 2. 时刻比对分析法 时刻比对分析法,适用于无法实现 GPS 共视比对或无内部时间间隔测量功能的设备的测试。 (a)按图 2 连接设备; (b)被测设备工作在定时方式; (c)测量标准时频源给出的本地 UTC 时间的秒脉冲与被测设备锁定 GPS 卫星信号时输出的秒脉冲之间的时差,每秒测量一次,连续测量 780s,记录测量值; (d)重复步骤(c)不少于 10 次; (e)按标准中公式(10)计算定时准确度

（续）

标准名称	指标要求	测试方法
SJ/T 11428—2010	普通授时功能:1PPS 输出授时精度优于200ns(RMS);精密授时功能:1PPS 输出授时精度优于50ns(RMS)	按 SJ 20726—1999 中 4.7.10.6.2 的方法(时刻比对分析法)进行
CHB5.6—2009		(1)测试系统播发 1 颗北斗导航卫星模拟信号,信号功率为用户设备接收灵敏度指标规定的强度。用户动态仿真模型为动态 $(4g,300m/s)$,误差参数(卫星轨道、卫星钟差、电离层时延、对流层时延等)设置为时变模式。 (2)测速系统通过串口向 DUT 输入当前有效的历书信息、星历信息和当前所处的精确位置信息(误差小于1m)。 (3)DUT 输出的北斗时间信号1PPS 作为开门脉冲输入到时间间隔计数器的通道 1 端口,测速系统的时间基准信号1PPS 作为关门脉冲输入到时间间隔计数器的通道 2 端口。时间间隔计数器设置为上升沿触发方式。 (4)连续读取时间间隔计数器的测量数据,统计单向定时精度。 (5)测试系统停止信号播发。通过串口向 DUT 输入当前优先的历书信息和星历信息,并使精确位置信息无效后,关闭用户设备。 (6)测试系统播发北斗导航卫星模拟信号,信号条件同标准中"4.9 定位精度检定"。 (7)时间间隔计数器的设置同3。 (8)连续读取时间间隔计数器的测量数据,统计单向定时精度。 (9)步骤(4)和(8)两种方法得到的统计结果均满足指标要求,则定时精度 PASS,否则 FAIL

9. 接收设备通道数

标准名称	指标要求	测试方法
SJ/T 11420—2010	不少于12 个	按标准中图 1 连接测试设备,接收设备开机后,通过计算机观察输出数据中卫星数量信息,检查通道数

（续）

标准名称	指标要求	测试方法
QJ 20007—2011	GNSS 接收设备至少需具备 12 个跟踪通道	跟踪通道数使用模拟信号源进行检验。针对每个支持的导航系统（星座），设置模拟信号源输出至少 12 颗卫星的模拟信号，信号功率为正常范围，GNSS 接收设备记录搜索结果。可与捕获灵敏度检验同时进行，检查 GNSS 接收设备是否能够捕获跟踪到 12 颗卫星的导航信号
QJ 20008—2011	不小于 12 个	采用标准中图 3 所示的测试方案，设计 GNSS 卫星信号模拟器的场景，场景为静态定点场景，场景中的所有卫星信号的功率为 -155dBW，卫星数不小于 12。运行场景和被测电路 30min 后，观察被测电路能够同时跟踪到的卫星数应满足要求
SJ/T 11428—2010	(1)单频 GPS 接收机 OEM 板应具有接收 L1 载波（1575.42MHz）、C/A 码卫星信号的功能，并行通道个数大于或等于 12，能同时跟踪卫星个数大于或等于 12； (2)双频 GPS 接收机 OEM 板应具有同时接收 L1 载波（1575.42MHz）、L2 载波（1227.6MHz）卫星信号的功能，并行通道个数大于或等于 24，能同时跟踪卫星个数大于或等于 12	通过显控设备查看接收机的输出，观察并记录接收机的通道数及跟踪卫星个数
CHB5.6—2009	B1、B2、B3 频点：I 支路 12 个，Q 支路 12 个； S 频点：I 支路 10 个，Q 支路 10 个	测试系统播发北斗导航卫星模拟信号，星座仿真的卫星数不少于技术说明书上规定的跟踪卫星数，每颗星各支路信号功率均为技术说明书上所规定的强度。控制用户设备通过串口输出各个接收通道的伪距测量值，检查接收通道数

10. 动态性能

标准名称	指标要求	测试方法
SJ/T 11428—2010	（1）GPS 接收机 OEM 板正常定位的最高速度应不低于 515m/s； （2）最高加速度不低于 40m/s²； （3）最高加加速度不低于 10m/s³	用模拟器测试。模拟器的输出信号能精确地表示出 GPS 接收机 OEM 板及天线的运动轨迹，GPS 接收机 OEM 板及天线的运动轨迹为：从静止状态下，沿水平直线运动，在 4s 内加速度由 0m/s² 变成 40m/s²，速度由 0m/s 加速到 80m/s；在 10.875s 内，速度由 80m/s 加速到 515m/s，运行 5min 以上；然后在 4s 内，加速度由 0m/s² 变成 −40m/s²，速度由 515m/s 减速到 435m/s；之后，在 10.875s 内，速度降为 0m/s。记录全过程定位数据，分析 GPS 接收机 OEM 板是否满足定位要求

附录 C-1

GB/T 19056—2012 汽车行驶记录仪标准实施指南

章节号及 条目名称	标准要求中 条款内容	测试条件 测试场景	测试流程步骤	判断依据
4.1 一般要求		如未表明特殊要求,所有试验均在下述条件下进行:(1)环境温度:15 ~ 28℃;(2)相对湿度:45% ~ 75%;(3)供电电源为标称电压		
4.2 电气部件	电源、连接导线、插接器、熔断器		目视检查记录仪的各连接线、连接线的接插器、熔断器等	应符合4.2的要求
4.3 电气性能				
4.3.1 5.3.1 电源电压 适应性	在按右栏测试条件中给出的电源电压波动范围进行电压适应性试验时,试验后记录仪数据记录、显示、打印输出、数据通信等各项功能均应正常	标称电源电压为12V,调整供电电压分别为9V和16V;电源电压为24V,调整供电电压分别为18V和32V;电源电压为36V,调整供电电压分别为27V和48V;使用接口综合测试平台	(1)记录仪标称电源电压为12V时,将供电电压调至 9V 和16V;(2)记录仪标称电源电压为24V时,将供电电压调至 18V 和32V;(3)记录仪标称电源电压为36V时,将供电电压调至 27V 和48V;(4)分别连续工作1h,其间输入模拟信号,检查记录仪的功能	符合4.3.1的要求,即记录仪数据记录、显示、打印输出、数据通信等各项功能均应正常

（续）

章节号及条目名称	标准要求中条款内容	测试条件测试场景	测试流程步骤	判断依据
4.3.2 5.3.2 耐电源极性反接性能	在右栏测试条件中规定的标称电源电压极性反接试验下，记录仪应能承受1min的极性反接试验，除熔断器外（允许更换烧坏的熔断器）不应有其他电气故障。 试验后记录仪的数据记录、显示、打印输出、数据通信等各项功能均应正常	标称电源电压为12V时，施加14V±0.1V的反向电压；标称电源电压为24V时，施加28V±0.2V的反向电压；标称电源电压为36V时，施加42V±0.2V的反向电压。 使用接口综合测试平台	(1)对记录仪的电源线施加与标称电源电压极性相反的试验电压； (2)试验持续时间均为1min； (3)试验后检查记录仪的功能	符合4.3.2的要求，即记录仪数据记录、显示、打印输出、数据通信等各项功能均应正常
4.3.3 5.3.3 耐电源过电压性能	在右栏测试条件中规定的过电压下，记录仪应能承受1min的电源过电压试验。试验后记录仪的数据记录、显示、打印输出、数据通信等各项功能均应正常	标称电源电压为12V、24V、36V时，分别对其施加24V、36V、54V的工作电压； 使用接口综合测试平台	(1)对记录仪施加如左栏对应的过电压； (2)试验持续时间均为1min； (3)试验后检查记录仪的功能	符合4.3.3的要求
4.3.4 5.3.4 断电保护性能	当记录仪断电，应自动进入保护状态，断电前存储的数据能至少经过15天不丢失	设备断电； 使用接口综合测试平台	将存有数据的记录仪接标称电源电压正常工作，连续断电15天后，检查其存储的数据信息	存储数据无丢失
4.4 5.4 功能	自检、数据记录、数据通信、安全警示、显示、打印输出、定位功能	手动检测； 接口综合测试平台； GNSS产品有线检测平台	接通记录仪电源，通过目视、接入模拟信号模拟相应工作状态的方式进行检测；对定位功能，接入卫星定位信号，检查记录仪定位功能和定位数据输出格式	各项功能均符合4.4的要求

（续）

章节号及 条目名称	标准要求中 条款内容	测试条件 测试场景	测试流程步骤	判断依据
4.5 5.5 性能				
4.5.1.1 时间记 录误差	记录仪连续记录24h 数据,记录时间允许 误差应在±5s以内	GNSS 产品有线检测 平台	用标准计时装置对 记录仪时间进行校 准之后,连续记录 360h 的实时时钟, 计算每 24h 的时间 记录误差	记录时间允许误差 在±5s 以内
4.5.1.2.1 模拟速度 记录误差	分别输出相当于 20km/h、65km/h、100 km/h、145km/h 的模 拟速度信号对记录 仪进行测试时,其速 度记录允许误差为 ±1km/h	GNSS 产品有线检测 平台	记录仪通电正常工 作,分别接入相当于 20km/h、65km/h、100 km/h、145km/h 的模 拟速度信号,每个速 度点输入信号时间 为1min,模拟速度信 号的精度应等于或 优于 0.5%,测试记 录仪在接入模拟速 度信号情况下的最 大速度记录误差	模拟速度记录允许 误差为±1km/h
4.5.1.2.2 实车速度 记录误差	记录仪安装在测试 用车上进行实车路 试,在行驶速度恒定 在 40km/h±1km/h 和行驶速度在 40~ 60km/h 变化情况下 分别进行测试时,其 速度记录允许误差 为±2km/h	试验条件和试验车 辆的准备工作应符 合 GB/T 12534 的 要求。 试验设备:车辆运动 测试装置的时钟分 辨率应优于或等于 0.01s,速度测量分 辨率应优于或等于 0.1km/h,应能连续 测量与实时时间相 对应的车辆瞬时和	将记录仪和车辆运 动测试装置同时安 装在试验用车上,分 别在以下两种情况 下测试速度记录误 差: (a)40km/h±1km/h 的恒定车速行驶,同 时使用车辆运动测 试装置测量与实时 时间对应的车辆运 动速度,试验时间为	实车速度记录允许 误差为±2km/h

（续）

章节号及 条目名称	标准要求中 条款内容	测试条件 测试场景	测试流程步骤	判断依据
		平均运动速度,其测速量程至少为0.5～300km/h	1min; （b）车速在40～60km/h间变化时,同时使用车辆运动测试装置测量与实时时间对应的车辆运动速度,试验时间为5min	
4.5.1.3 里程记录误差	型式检验时,记录仪安装在测试用车上进行实车行驶里程误差测试,当测试距离为5km时,行驶里程允许误差为±0.1km以内	试验条件和试验车辆的准备工作应符合 GB/T 12534 的要求	将记录仪安装在试验用车上,测试行驶距离为5km。测试中同时使用车辆运动测试装置测量与实时时间对应的行驶里程,测试结束后检查记录仪的里程测量值,计算里程记录误差	当测试距离为5km时,行驶里程允许误差为±0.1km以内
4.5.2 定位性能	记录仪定位模块所确定的位置与实际位置的偏差不大于15m。 用于营业性道路运输车辆的记录仪的定位性能应符合 JT/T 794—2011 中5.2.2的要求	试验条件和试验车辆的准备工作应符合 GB/T 12534 的要求。 定位精度测试设备的RTK平面定位精度应不低于:加常数为1cm,乘常数为基准站与流动站距离的百万分之一	将记录仪按使用状态安装在试验车辆上,在完成定位和置信区间不小于95%条件下,通过载波相位差分（RTK）方式,测试记录仪的最大定位误差,测试时试验车辆以不低于20km/h 的速度行驶,连续测试时间不小于1h,测试路段无连续弯道,无明显影响连续定位的屏蔽或干扰	记录仪定位模块所确定的位置与实际位置的偏差不大于15m

（续）

章节号及 条目名称	标准要求中 条款内容	测试条件 测试场景	测试流程步骤	判断依据
4.7 数据 安全性	记录仪应防止数据被更改或删除,应从记录仪硬件和数据分析软件系统来实现	手动检查。重点包括:记录仪主机内车辆行驶速度、里程、驾驶时间等原始数据不能通过外部设备进行任何改写或删除操作;分析软件对车辆识别代号、车号牌号、车号牌分类、脉冲系数、驾驶证号码等重要参数不能更改或删除。在记录仪初始化调试、校准、维修或其他特殊情况下需对上述参数进行设置操作时,需经操作授权	从硬件和软件两个方面检查记录仪的原始数据安全性。目视(必要时使用工具)检查记录仪的主机及数据存储器等重要器件的有无采取可靠防护措施(如铅封)。将记录仪分析软件安装在通用中文操作系统中,并将测试计算机按使用要求通过通信接口与记录仪连接,对记录仪进行各种数据读取、查询、统计、参数设置、操作权限设置等功能操作测试	
4.8 5.8 气候环境 适应性	记录仪在承受各项气候环境试验后,应无任何电气故障,机壳、插接器等不应有严重变形;其数据记录功能、显示功能、打印输出功能应保持正常;试验前存储的数据不应丢失			
5.8.1 高温试验	试验中及试验后均应符合4.8的要求	高温70℃; 试验设备应符合GB/T 2423.2的要求; 使用 GNSS 产品有线检测平台	(1)预处理:记录仪按正常工作方式接入信号,接入 1.25 倍的标称电源电压正常工作。 (2)将连接完毕的记录仪整机放入高温	符合4.8要求

（续）

章节号及 条目名称	标准要求中 条款内容	测试条件 测试场景	测试流程步骤	判断依据
			试验箱,在 70℃ ± 2℃ 的温度下连续放置 72h,其间记录仪 1h 接通电源,1h 断开电源,连续通、断电循环直至试验结束。试验中及试验后检查记录仪外观结构、主要功能和数据记录	
5.8.2 高温放置 试验	试验后应符合 4.8 的要求	高温 85℃; 试验设备应符合 GB/T 2423.2 的要求; 使用 GNSS 产品有线检测平台	将连接完毕的记录仪整机放入高温试验箱,在 85℃ ± 2℃ 的温度下放置 8h。试验后恢复至室温接通标称电源电压、接入信号正常工作。试验后检查记录仪外观结构、主要功能和数据记录	符合 4.8 要求
5.8.3 低温试验	试验中及试验后均应符合 4.8 的要求	低温 −30℃; 试验设备应符合 GB/T 2423.1 的要求; 使用 GNSS 产品有线检测平台	(1)预处理:记录仪按正常工作方式接入信号,接入 0.75 倍的标称电源电压正常工作。 (2)将连接完毕的记录仪整机放入低温试验箱,在 −30℃ ± 2℃ 的温度下放置 72h。其间记录仪 1h 接通电源,1h 断开电源,连续通、断电循环直至试验结束。试验中及试验后检查记录仪外观结构、主要功能和数据记录	符合 4.8 要求

（续）

章节号及条目名称	标准要求中条款内容	测试条件测试场景	测试流程步骤	判断依据
5.8.4 低温放置试验	试验后应符合 4.8 的要求	低温 −40℃；试验设备应符合 GB/T 2423.1 的要求；使用 GNSS 产品有线检测平台	将连接完毕的记录仪整机放入低温试验箱，在 −40℃ ± 2℃ 的温度下放置 8h。试验结束恢复至室温后接通标称电源电压、接入信号正常工作。试验后检查记录仪外观结构、主要功能和数据记录	符合 4.8 要求
5.8.5 恒定湿热试验	试验中及试验后均应符合 4.8 的要求	高温 40℃；相对湿度为 90% ~ 95%；试验设备应符合 GB/T 2423.3 的要求；使用 GNSS 产品有线检测平台	(1)预处理:记录仪按正常工作方式接入信号。(2)将连接完毕并处于不通电状态的记录仪主机(不含显示、打印部分)放入试验箱。记录仪在干球温度为 40℃ ± 2℃，相对湿度为 90% ~ 95% 环境中保持 24h 后，接通记录仪标称电源电压，在正常工作状态再保持 24h。试验中及试验后检查记录仪外观结构、主要功能和数据记录	符合 4.8 要求
4.9 机械环境适应性	记录仪在承受各项机械环境试验后,应无永久性结构变形;零部件应无损坏;应无电气故障,紧固部			

（续）

章节号及 条目名称	标准要求中 条款内容	测试条件 测试场景	测试流程步骤	判断依据
	件应无松脱现象,插头、通信接口等接插件不应有脱落或接触不良现象;其数据记录功能、显示功能、打印输出功能应保持正常;试验前存储的数据不应丢失			
4.9 5.9.1 振动试验		试验装置应符合GB/T 2423.10 的要求;扫频速度为1oct/min,频率为 5～300Hz,其中5～11Hz 频段范围内,振幅为 10mm;11～300Hz 频段范围内时,振动加速度值为 50m/s²	(1)预处理:记录仪按正常工作方式接入信号。 (2)将连接完毕处于工作状态的记录仪整机安装在振动试验台上,在上下方向上进行扫频振动试验,扫频速度为1oct/min,频率为5～300Hz,其中 5～11Hz 频段范围内,振幅为 10mm;11～300Hz 频段范围内时,振动加速度值为50m/s²,X、Y、Z 每个方向试验 8h。试验后检查记录仪外观结构、主要功能和数据记录	符合4.9要求
4.9 5.9.2 冲击试验	试验后进行功能检查,应符合 4.9 的要求	试验设备应符合GB/T 2423.5 的要求	(1)预处理:记录仪按正常工作方式接入信号。 (2)将连接完毕并处于工作状态的记录仪整机安装在试验	符合4.9要求

（续）

章节号及 条目名称	标准要求中 条款内容	测试条件 测试场景	测试流程步骤	判断依据
			台上,在 X、Y、Z 三方向分别进行峰值加速度为 $490m/s^2$,脉冲持续时间为 $11ms$ 的半正弦波脉冲击 3 次。试验后检查记录仪外观结构、主要功能和数据记录	
4.10 5.10 外壳防护等级	记录仪主机的外壳防护等级应符合 GB 4208 中 IP43 的要求。 试验后记录仪数据通信功能应正常,试验前存储的数据不应丢失	试验条件及试验设备应符合 GB 4208 要求	按 GB 4028 规定的方法进行,试验时记录仪不通电,试验后检查记录仪的数据记录和通信功能	数据通信功能正常,试验前存储的数据不丢失,符合 4.10 要求
4.11 5.11 抗汽车电点火干扰	记录仪在进行汽车电点火干扰时,不应出现异常现象,数据记录功能、显示功能、打印输出功能应正常	试验设备应符合如下要求: (a) 放电电极间距为 1～1.5cm; (b) 放电频率为12～200 次/s; (c) 放电电压为 10～20kV	记录仪与试验设备共电源连接,在工作状态置于以放电电极为中心20cm半径的平面范围内,且放电电极距记录仪底面 5～10cm 时,以 12～200 次/s 的放电频率扫频,若有异常,在异常频率点持续试验5min;若无异常则在 60 次/s 的放电频率上持续试验10min。试验中检查记录仪的主要功能	主要功能正常,符合4.11 要求

（续）

章节号及条目名称	标准要求中条款内容	测试条件测试场景	测试流程步骤	判断依据
4.12 5.12 静电放电抗扰度	试验中及试验后不应出现电气故障,数据记录功能应正常,试验前存储的数据不应丢失;在试验中允许显示和打印输出功能出现异常现象,但在试验结束后功能应恢复正常	试验用静电放电发生器应符合 GB/T 19951—2005 中第 4 章的要求	试验时记录仪处于工作状态,机壳按使用要求接地。按 GB/T 19951—2005 中第 5 章规定的方法,对记录仪进行直接接触放电和空气放电试验,试验等级为 Ⅱ 级。试验中及试验后检查记录仪的主要功能和数据记录	数据记录功能应正常,试验结束后功能正常,符合 4.12 要求
4.13 5.13 瞬态抗扰性	试验中及试验后不应出现电气故障,数据记录功能应正常,试验前存储的数据不应丢失;在试验中允许显示和打印输出功能出现异常现象,但在试验结束后功能应恢复正常	试验用设备应符合 GB/T 21437.2—2008 中第 5 章的要求	试验时记录仪处于工作状态。试验按 GB/T 21437.2—2008 中第 4 章规定的方法进行,试验脉冲选择 1、2a、3a、3b,试验等级为 Ⅳ 级,其中试验幅度选取 Ⅳ 级最高值,试验脉冲 1、2a 各进行 5000 个脉冲,试验脉冲 3a、3b 试验时间各为 1h。试验中及试验后检查记录仪的主要功能和数据记录	数据记录功能应正常,试验结束后功能正常,符合 4.13 要求

作业指导书

卫星终端设备测试
实施细则

目　　录

卫星终端设备测试实施细则

1 概述

为了规范卫星终端设备测试,特编写本细则,作为作业指导书,用于卫星终端设备的功能、性能测试工作,针对于目测项目(如组成、结构、接口、铭牌等)如实记录即可,功能项采用性能测试方法进行验证。

卫星终端设备包括 GPS、北斗/全球卫星导航系统(GNSS)授时(定时)型、导航型、定位型和测量型接收设备。

2 编写依据

SJ/T 11420—2010《GPS 导航型接收设备通用规范》;

SJ/T 11421—2010《GNSS 测量型接收设备通用规范》;

SJ/T 11423—2010《GPS 授时型接收设备通用规范》;

SJ/T 11428—2010《GPS 接收机 OEM 板性能要求及测试方法》;

JT/T 794—2011《道路运输车辆卫星定位系统车载终端技术要求》;

GB/T 19392—2013《车载卫星导航设备通用规范》;

BD 420006—2015《北斗/全球卫星导航系统(GNSS)定时单元性能要求及测试方法》;

BD 420005—2015《北斗/全球卫星导航系统(GNSS)导航单元性能要求及测试方法》;

BD 420002—2015《北斗/全球卫星导航系统(GNSS)测量型 OEM 板性能要求及测试方法》;

BD 420009—2015《北斗/全球卫星导航系统(GNSS)测量型接收机通用规范》;

BD 420010—2015《北斗/全球卫星导航系统(GNSS)导航设备通用规范》;

BD 420011—2015《北斗/全球卫星导航系统(GNSS)定位设备通用规范》。

3 技术要求

(1)实验室接地电阻≤1Ω;

（2）测试仪表无损坏,仪表指示等正常,风扇正常,电源正常,各种按键正常。

4　设施及环境条件配置

（1）设备处于计量有效期;

（2）环境温度:23℃±5℃,相对湿度:≤80%;

（3）接通电源,使其正常工作。

5　准备工作

5.1　必备硬件

（1）卫星信号模拟器（NSS8000）;

（2）高精度时间间隔计数器（SR620）;

（3）铷原子钟频率标准（5071A）;

（4）数字示波器（TPS2024）;

（5）可编程交/直流程控电源（PSW80）;

（6）功率表（IT9121）;

（7）射频电缆线、射频转接器、USB－RS232 数据线。

5.2　必备软件

（1）全球卫星导航仿真控制软件 NavSim;

（2）导航终端自动化测试评估软件 NavTest。

5.3　平台搭建

平台搭建见图 C－2－1 和图 C－2－2。

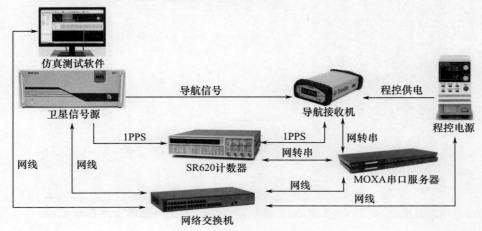

图 C－2－1　检测平台连接示意图

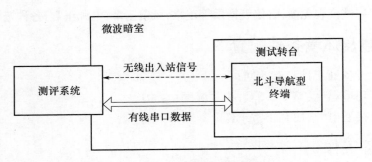

图 C – 2 – 2 导航型终端测试连接示意图

5.4 操作步骤

（1）按图 C – 2 – 1 所示检测平台连接示意图接线方式完成硬件平台搭建，给所有设备通电并开机。

（2）双击 图标打开仿真控制软件 NavSim 软件,待初始化连接结束后进入主界面（图 C – 2 – 3）,软件会自动弹出场景选择窗口,若自动弹出失败,可手动点击软件左上角 图标选择并打开对应测试场景文件（软件自带场景文件位于根目录下"Scenarios"文件夹中）。

图 C – 2 – 3 仿真控制软件 NavSim 主界面

打开场景文件并加载成功后进入主界面。在此,需要查看软硬件连接及工作状态是否正常:

① 确认硬件设备连接状态:软件启动后会自动连接硬件设备(图 C-2-4),为确保其连接正常,我们需要查看软件左下角硬件连接状态指示图标是否正常,若图标显示为 Connected 即为连接成功;若图标显示为 Unconnected 则为连接失败(若连接失败,用户可尝试手动进行连接:点击 打开设备 图标会弹出设备连接窗口,选择未连接设备点击"连接设备"即可)。

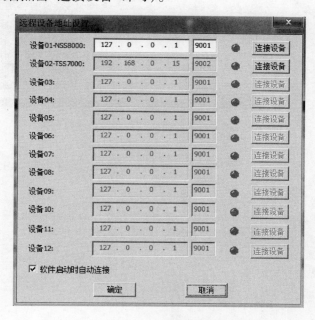

图 C-2-4 NavSim 软件硬件设备连接窗口

② 确认硬件设备工作状态:点击 NavSim 软件界面菜单栏"查看"(图 C-2-5)并选择"硬件状态信息"查看窗口(图 C-2-6),查看信号源时频板卡 TFC 和信号生成板 SGC 工作状态是否正常。

③ 确认软件网络监听端口状态:点击 NavSim 软件界面菜单栏"选项"并选择"远程控制地址设置"(图 C-2-7),启动 NavTest 网络监听端口并将"是否自动启动"勾选即可。(注:该步仅需设置一次即可,下次打开软件会自动默认打开对应网络监听端口:NavTest 网络监听端口为 6000。)

④ 确认仿真场景路径设置:点击 NavSim 软件界面菜单栏"选项"并选择"仿真场景路径设置"(图 C-2-8),选择场景存放目录并点击确定即可。

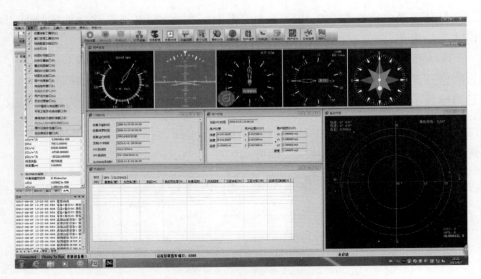

图 C-2-5 NavSim 软件"查看"菜单选择界面

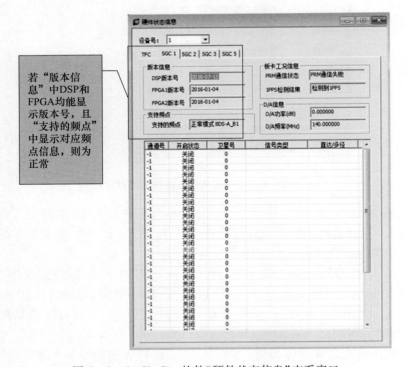

若"版本信息"中DSP和FPGA均能显示版本号,且"支持的频点"中显示对应频点信息,则为正常

图 C-2-6 NavSim 软件"硬件状态信息"查看窗口

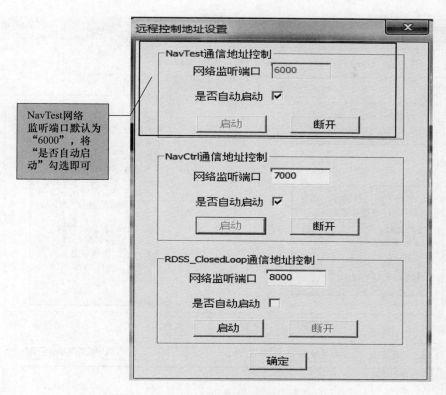

图 C – 2 – 7　NavSim 软件"远程控制地址设置"窗口

图 C – 2 – 8　NavSim 软件"仿真场景路径设置"窗口

（3）双击 图标打开测试评估软件 NavTest 至用户登录界面,用户登录信息填写如图 C – 2 – 9 所示。

① 用户账户信息:

用户名:admin;

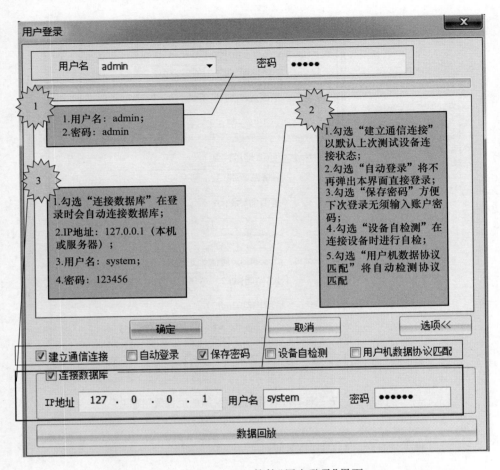

图 C-2-9　NavTest 软件"用户登录"界面

密　码:admin。

② 数据库账户信息:

用户名:system;

密　码:123456。

③ 用户登录确认:确认软件登录界面信息填写无误后,点击"确定"并等待初始化完成,即可登录至如图 C-2-10 所示的主界面。(若软件在初始化过程中有报错和警告提示,请单独再次确认其状态是否正常)

④ 建立设备通信连接:点击 ![设备通信配置] 图标打开"设备通信配置"界面,如图 C-2-11 所示。确认好 NavSim 和 NavTest 软件连接成功后,再依次确认干

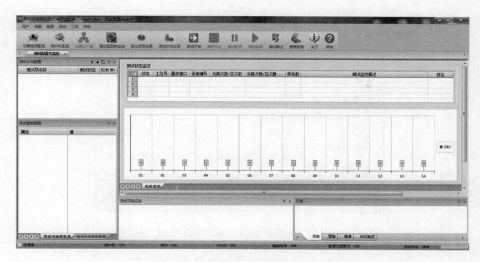

图 C-2-10　测试评估软件 NavTest 主界面

扰源、用户机、转台/无线暗室、程控电源等均连接成功。(该步配置完成后软件
会记住当前配置,待下次打开软件至用户登录界面时,勾选"建立通信连接"即
可进行全部连接)

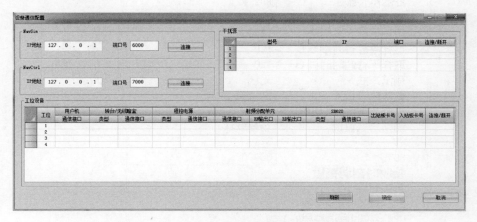

图 C-2-11　NavTest 软件"设备通信配置"界面

⑤ 新建/打开测试计划:在"测试计划参数配置"界面,选择"新建"或"打
开"一个测试计划(图 C-2-12),此处以新建测试计划为例进行说明。

NavTest 软件测试计划默认存储路径为根目录"TestPlan"文件夹中,用户
可自行选择存储路径进行保存,然后在图 C-2-13 区域内进行参数配置
即可。

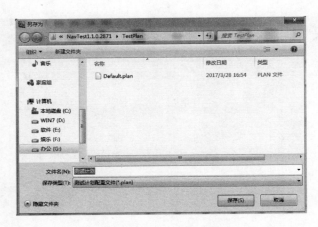

图 C – 2 – 12　NavTest 软件"新建测试计划"存储界面

图 C – 2 – 13　NavTest 软件"测试计划参数配置"界面

⑥ 添加测试项至测试计划：在"测试计划配置"界面（图 C-2-14），选择"修改"以添加测试项至测试计划。

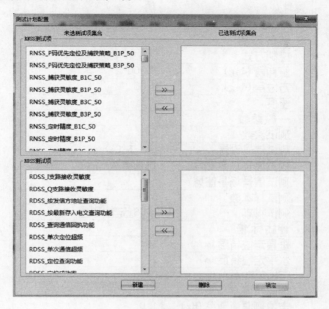

图 C-2-14　NavTest 软件"测试计划配置"界面

首先，在界面左侧未选测试项集合"RNSS 测试项"和"RDSS 测试项"中分别依次点击选择需要测试的项目，并点击 >> 按钮添加至右侧，反之点击 << 按钮可将右侧已选测试项还原至左侧；若左侧没有本次测试项目或用户希望用自定义测试项目，可点击 新建 按钮新建一个全新的测试项。

⑦ 测试项参数配置：在"测试项参数配置"界面（图 C-2-15），选择某个测试项即可对该项参数进行配置。

首先，请先确认转台控制方式以及被测终端俯仰角、方位角和速度参数配置是否满足本次测试需求；其次，确认当前项测试信号类型、测试信号场景文件、测试信号场景信息、测试样本数和测试脚本是否正确；最后，核对"评估标准"是否与测试大纲一致。（NavTest 软件所有测试项"评估标准"均依据北斗军用标准，用户可根据自身要求进行调整）

⑧ 测试开始：在确认完成以上所有步骤后，点击 测试开始 图标开始本次计划测试，测试过程中用户可自行选择"测试停止""测试暂停""测试恢复"和"测试跳过"，待单项测试完成后软件会自动进行分析评估，用户可通过"工位 1 总结果"界面查看已测项目测试结果。

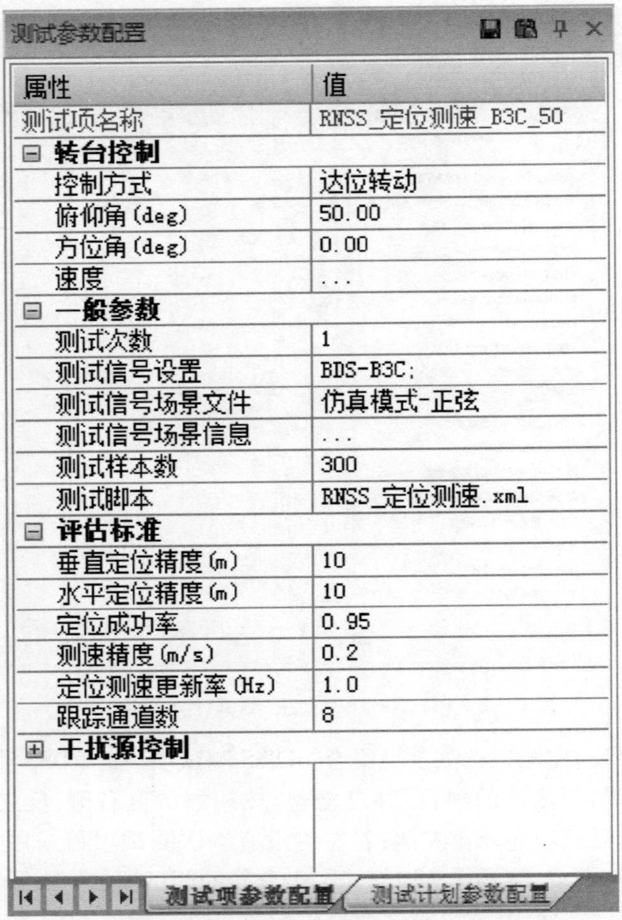

图 C – 2 – 15　NavTest 软件"测试项参数配置"界面

点击"开始测试"时软件会自动弹出"用户机配置确认"界面(图 C – 2 – 16),确认被测终端信息无误后选择"确定"即可开始测试;若被测终端信息存在错误,选择"取消"并点击  用户机配置 打开"用户机配置"界面对被测终端信息进行修改(图 C – 2 – 17)。

⑨ 测试报表生成:点击  测试项目检索 或  测试计划检索 可自动检索软件数据库中存储的测试项数据(图 C – 2 – 18,图 C – 2 – 19),选择单个或多个测试项并点击鼠标右键,选择"生成汇总报表"即可生成查看报表(图 C – 2 – 20),自动生成的报表可导出为"PDF"或"Excel"文件格式类型。

用户机配置确认
温度 18 °
湿度 50 %
工位号
用户机卡号
初相
设备编号
设备名称
1
2
3
4
测试结束后关闭用户机电源
收集本次测试的数据
确定
取消

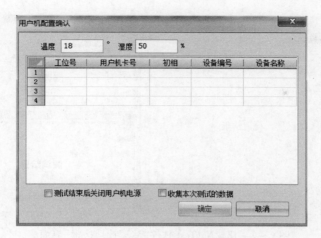

图 C－2－16　NavTest 软件“用户机配置确认”界面

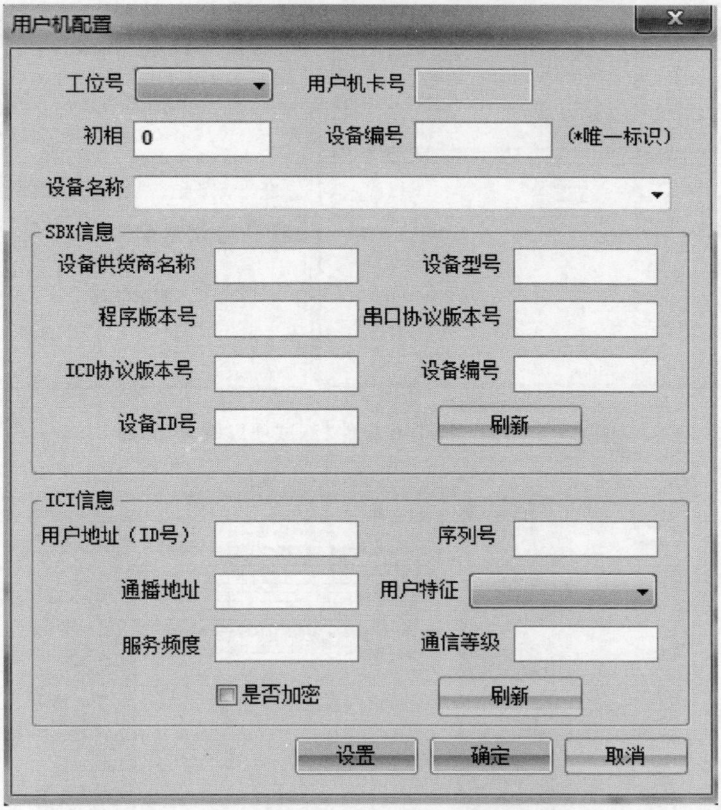

用户机配置
工位号
用户机卡号
初相 0
设备编号
(*唯一标识)
设备名称
SBX信息
设备供货商名称
设备型号
程序版本号
串口协议版本号
ICD协议版本号
设备编号
设备ID号
刷新
ICI信息
用户地址（ID号）
序列号
通播地址
用户特征
服务频度
通信等级
是否加密
刷新
设置
确定
取消

图 C－2－17　NavTest 软件“用户机配置”界面

图 C－2－18　NavTest 软件"测试计划检索"界面

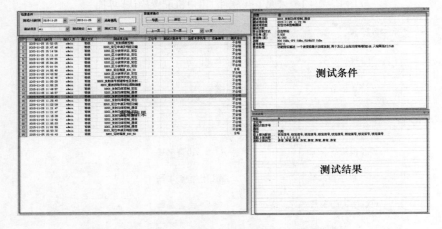

图 C－2－19　NavTest 软件"测试项目检索"界面

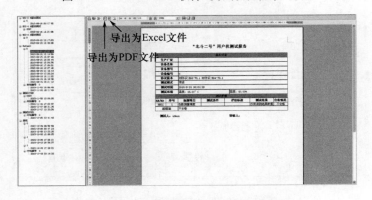

图 C－2－20　NavTest 软件"查看报表"界面

6　检测项目及方法

6.1　静态定位精度

6.1.1　测试连接(图 C – 2 – 21)

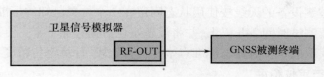

图 C – 2 – 21　测试连接

6.1.2　参数配置(图 C – 2 – 22)

图 C – 2 – 22　参数配置

6.1.3　检测方法

(1) 被测终端接入测试系统。

(2) 按信号功率、动态及 DOP 值要求设置仿真场景。

(3) 测试系统开启测试频点导航信号,并关闭其余频点信号。

(4) 测试系统通过串口设置被测终端工作模式。

(5) 测试系统连续输出信号 120s,使被测终端稳定捕获信号。

(6) 测试系统通过串口设置被测终端以 1Hz 频度上报定位信息。

(7) 测试系统通过串口接收被测终端上报的定位结果。如果被测终端在检测开始 2min 之内没有上报定位结果,或上报测速结果过程中中断时间超过 30s,测试系统终止本项指标检测,并判断被测终端该指标检测失败。

(8) 如被测终端正常上报定位结果,待被测终端上报定位信息样本数量达到设定门限后,测试系统通过串口设置被测终端停止上报定位信息。

（9）测试系统将被测终端上报的定位信息与测试系统仿真的已知位置信息进行比较,计算位置误差。

6.1.4 标准步骤

参考《北斗/全球卫星导航系统(GNSS)导航设备通用规范》的测试方法如下：

（1）将被测设备的天线按使用状态固定在一个位置已知的标准点上；

（2）连续测试时间 24h 以上,并将设备定位数据存储下来；

（3）将获取的定位数据与标准点坐标进行比较,计算定位精度结果。

6.2 动态定位精度

6.2.1 测试连接

同 6.1.1。

6.2.2 参数配置(图 C－2－23)

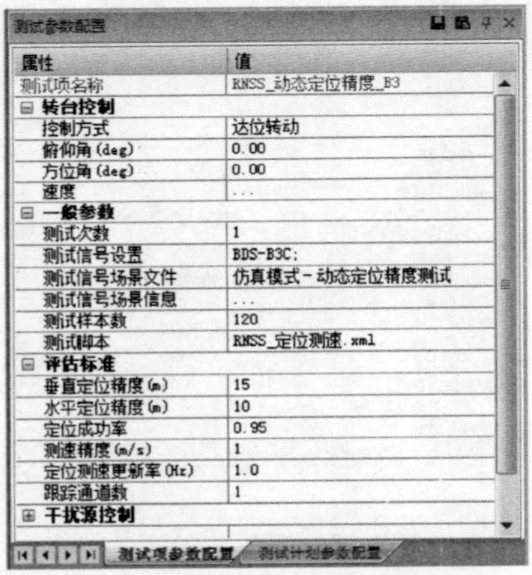

图 C－2－23　参数配置

6.2.3 检测方法

（1）被测终端接入测试系统。

（2）按信号功率、动态及 DOP 值要求设置仿真场景。

（3）测试系统开启测试频点导航信号,并关闭其余频点信号。

（4）测试系统通过串口设置被测终端工作模式。

（5）测试系统连续输出信号 120s,使被测终端稳定捕获信号。

（6）测试系统通过串口设置被测终端以 1Hz 频度上报定位信息。

（7）测试系统通过串口接收被测终端上报的定位结果。如果被测终端在检测开始 2min 之内没有上报定位结果,或上报测速结果过程中中断时间超过 30s,测试系统终止本项指标检测,并判断被测终端该指标检测失败。

（8）如被测终端正常上报定位结果,待被测终端上报定位信息样本数量达到设定门限后,测试系统通过串口设置被测终端停止上报定位信息。

（9）测试系统将被测终端上报的定位信息与测试系统仿真的已知位置信息进行比较,计算位置误差。

6.2.4　标准步骤

参考《北斗/全球卫星导航系统（GNSS）导航设备通用规范》的测试方法如下:

（1）使用 GNSS 模拟器进行测试,设置 GNSS 模拟器分别仿真如下载体运动轨迹:

① 把一台安装固定好的工作正常的被测设备,以 25m/s ± 1m/s 的速度,沿直线运行至少 1~2min,然后在 5s 内沿同一直线将速度降到 0。

② 把一台安装固定好的工作正常的被测设备,以 12.5m/s ± 0.5m/s 的速度,在水平面沿直线运动至少 100m,并在运动中相对直线两侧以 11~12s 周期均匀偏移 2m,保持至少 2min。

（2）被测设备接收 GNSS 模拟器输出的射频仿真信号,每秒钟输出一次定位数据。

（3）以 GNSS 模拟器仿真的用户位置作为标准位置,计算定位精度结果。

6.3　跟踪灵敏度

6.3.1　测试连接

同 6.1.1。

6.3.2　参数配置（图 C-2-24）

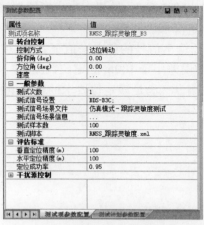

图 C-2-24　参数配置

6.3.3 检测方法

（1）被测终端接入测试系统。

（2）按信号功率、动态及 DOP 值要求设置仿真场景。

（3）测试系统开启测试频点导航信号，并关闭其余频点信号。

（4）测试系统通过串口设置被测终端工作模式。

（5）测试系统通过串口设置被测终端以 1Hz 频度上报定位信息。

（6）测试系统通过串口接收被测终端上报的定位结果。如果被测终端在检测开始 2min 之内没有上报定位结果，或上报测速结果过程中中断时间超过 30s，测试系统终止本项指标检测，并判断被测终端该指标检测失败。

（7）如被测终端正常上报定位结果，待被测终端上报定位信息样本数量达到设定门限后，评估上报结果的定位精度，如果被测终端定位精度不满足指标要求，或上报过程中中断 30s 未上报，则结束本次测试并判定指标不合格。

（8）如果定位精度满足指标要求，则以 1dB 为步长，降低测试系统输出的信号功率。

（9）重复步骤（3）～（8），直至测试系统输出射频信号超出功率范围或判定为不合格，则最后一次判定合格时对应的信号功率即为被测终端的跟踪灵敏度。

6.3.4 标准步骤

参考《北斗/全球卫星导航系统（GNSS）导航设备通用规范》的测试方法如下：

（1）用 GNSS 模拟器进行测试，设置 GNSS 模拟器仿真速度不高于 2m/s 的直线运动用户轨迹。

（2）在设备正常定位的情况下，设置 GNSS 模拟器输出的各颗卫星的每一通道信号电平以 1dB 步进降低。

（3）在 GNSS 模拟器输出信号的各电平值下，测试被测设备能否在 300s 内连续 10 次输出三维定位误差小于 100m 的定位数据。

（4）找出能够使被测设备满足该定位要求的最低电平值，记录该电平值。

6.4 捕获灵敏度

6.4.1 测试连接

同 6.1.1。

6.4.2 参数配置（图 C-2-25）

6.4.3 检测方法

（1）被测终端接入测试系统。

（2）按信号功率、动态及 DOP 值要求设置仿真场景。

（3）测试系统开启测试频点导航信号，并关闭其余频点信号。

图 C-2-25　参数配置

（4）测试系统通过串口设置被测终端工作模式。

（5）测试系统通过串口设置被测终端以 1Hz 频度上报定位信息。

（6）测试系统通过串口接收被测终端上报的定位结果。如果被测终端在检测开始 2min 之内没有上报定位结果，或上报测速结果过程中中断时间超过 30s，测试系统终止本项指标检测，并判断被测终端该指标检测失败。

（7）如被测终端正常上报定位结果，待被测终端上报定位信息样本数量达到设定门限后，评估上报结果的定位精度，如果被测终端定位精度不满足指标要求，或上报过程中中断 30s 未上报，则结束本次测试并判定指标不合格。

（8）如果定位精度满足指标要求，测试系统关闭信号，以 1dB 为步长，降低测试系统输出的信号功率，重新开启信号。

（9）重复步骤（3）~（8），直至测试系统输出射频信号超出功率范围或判定为不合格，则最后一次判定合格时对应的信号功率即为被测终端的捕获灵敏度。

6.4.4　标准步骤

参考《北斗/全球卫星导航系统（GNSS）导航设备通用规范》的测试方法如下：

（1）用 GNSS 模拟器进行测试，设置 GNSS 模拟器仿真速度不高于 2m/s 的直线运动用户轨迹。

（2）每次设置 GNSS 模拟器输出的各颗卫星的每一通道信号电平从设备不能捕获信号的状态开始，以 1dB 步进增加，若被测设备技术文件声明的捕获灵敏度量值低于要求的限值，可以从比其声明的灵敏度量值低 2dB 的电平值开始。

（3）在 GNSS 模拟器输出信号的每个电平值下，被测设备在冷启动状态下开机，若其能够在300s 内捕获导航信号，并以1Hz 的更新率连续10次输出三维定位误差小于100m 的定位数据，记录该电平值。

6.5 重捕获灵敏度

6.5.1 测试连接

同 6.1.1。

6.5.2 参数配置（图 C – 2 – 26）

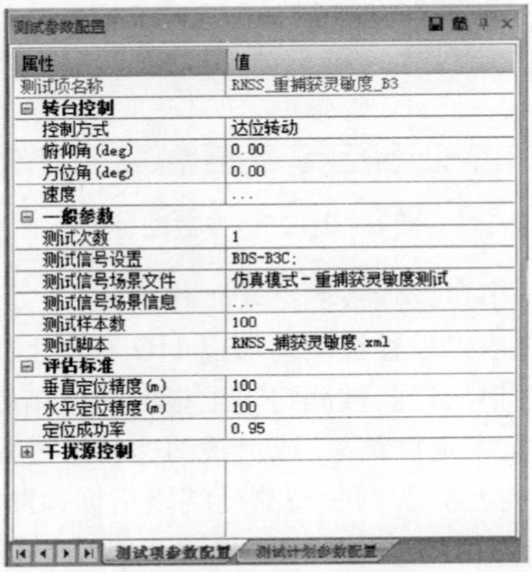

图 C – 2 – 26 参数配置

6.5.3 检测方法

（1）被测终端接入测试系统。

（2）按信号功率、动态及 DOP 值要求设置仿真场景。

（3）测试系统开启测试频点导航信号，并关闭其余频点信号。

（4）测试系统通过串口设置被测终端工作模式。

（5）测试系统通过串口设置被测终端以1Hz 频度上报定位信息。

（6）测试系统通过串口接收被测终端上报的定位结果。如果被测终端在检测开始2min 之内没有上报定位结果，或上报测速结果过程中中断时间超过30s，测试系统终止本项指标检测，并判断被测终端该指标检测失败。

（7）如被测终端正常上报定位结果，待被测终端上报定位信息样本数量达到设定门限后，评估上报结果的定位精度，如果被测终端定位精度不满足指标要求，或上报过程中中断30s 未上报，则结束本次测试并判定指标不合格。

（8）如果定位精度满足指标要求，测试系统中断信号30s 后再恢复到该设置电平值。

（9）重复步骤（3）～（8）若被测终端能够在信号恢复后指定时间内捕获导航信号，并以 1Hz 的更新率连续上报符合定位精度要求的定位结果，则判定该设置电平值为重捕获灵敏度。

6.5.4　标准步骤

参考《北斗/全球卫星导航系统（GNSS）导航设备通用规范》的测试方法如下：

（1）用 GNSS 模拟器进行测试，设置 GNSS 模拟器仿真速度不高于 2m/s 的直线运动用户轨迹。

（2）每次设置 GNSS 模拟器输出的各颗卫星的每一通道信号电平从设备不能捕获信号的状态开始，若被测设备的技术文件声明了重捕获灵敏度量值，可以从比其声明的灵敏度数值低 2dB 的电平值开始，以 1dB 步进增加。

（3）在 GNSS 模拟器输出信号的每个设置电平值下，被测设备正常定位（此时为使导航能够正常定位，可先输出较高的可定位电平）后，控制 GNSS 模拟器中断卫星信号 30s 再恢复到该设置电平值。

（4）若被测设备能够在信号恢复后 300s 内捕获导航信号，并以 1Hz 的更新率连续 10 次输出三维定位误差小于 100m 的定位数据，记录该设置电平值。

6.6　重捕获时间

6.6.1　测试连接

同 6.1.1。

6.6.2　参数配置（图 C-2-27）

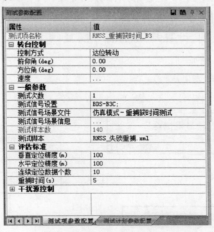

图 C-2-27　参数配置

6.6.3 检测方法

(1) 被测终端接入测试系统。

(2) 按信号功率、动态及 DOP 值要求设置仿真场景。

(3) 测试系统开启测试频点导航信号,并关闭其余频点信号。

(4) 测试系统通过串口设置被测终端工作模式。

(5) 测试系统通过串口设置被测终端以 1Hz 频度上报定位信息。

(6) 测试系统连续输出信号 120s,使被测终端稳定捕获信号。

(7) 测试系统输出信号中断 30s。

(8) 测试系统连续输出信号 120s,记录信号开启时刻 T_1。

(9) 测试系统通过串口接收被测终端上报的定位信息,评估上报结果的定位精度,如被测终端定位精度满足指标要求则记录首次达到定位精度指标要求的时刻为 T_2,则本次测试定位成功且重捕获时间为 $T_2 - T_1$;如定位精度不达标,则记录本次测试定位不成功。

(10) 重复步骤(7)~(9)共 20 次,记录成功率及重捕获时间,将重捕获时间按从小到大的顺序进行排序,若第 $\lceil n \times 95\% \rceil$ 个值满足指标要求,则该指标合格。

6.6.4 标准步骤

参考《北斗/全球卫星导航系统(GNSS)导航设备通用规范》的测试方法如下:

(1) 用 GNSS 模拟器进行测试,设置 GNSS 模拟器仿真速度不高于 2m/s 的直线运动用户轨迹。

(2) 在被测设备正常定位状态下,短时中断卫星信号 30s 后,恢复卫星信号,以 1Hz 的位置更新率连续记录输出的定位数据。

(3) 找出自卫星信号恢复后,首次连续 10 次输出三维定位误差不超过 100m 的定位数据的时刻,计算从卫星信号恢复到上述 10 个输出时刻中第 1 个时刻的时间间隔。

6.7 授时精度(偏差)

6.7.1 测试连接(图 C-2-28)

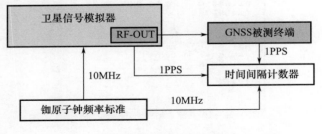

图 C-2-28 测试连接

6.7.2 参数配置(图 C-2-29)

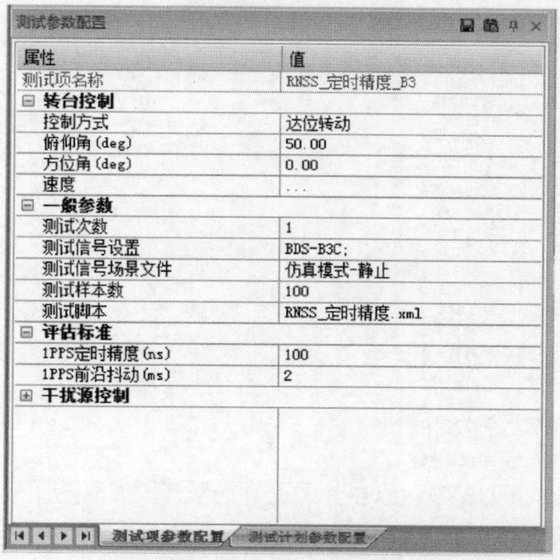

图 C-2-29 参数配置

6.7.3 检测方法

(1)被测终端接入测试系统。

(2)按信号功率、动态及 DOP 值要求设置仿真场景。

(3)测试系统播发待测频点 1 颗卫星的卫星导航模拟信号,关闭其余频点信号。

(4)测试系统通过串口向被测终端输入当前所处的精确位置信息。

(5)测试系统测量被测终端输出的 1PPS 上升沿与测试系统时间基准 1PPS 上升沿时刻的差值,统计授时精度。

6.7.4 标准步骤

参考《北斗/全球卫星导航系统(GNSS)定时单元性能要求及测试方法》的测试方法如下:

(1)按要求预热被测定时单元。

(2)按要求设置被测定时单元的工作模式,输入其内部时延,对工作在位置保持模式下的定时单元,还应输入其天线坐标,天线坐标的误差不大于 0.1m。

(3)测量标准时间频率源输出的秒脉冲与被测定时单元输出的秒脉冲之间的时差 Δi,每 1s 测量 1 次,连续测量 24h,记录测量值。

6.8 定位精度

6.8.1 测试连接

同 6.1.1。

6.8.2　参数配置(图 C-2-30)

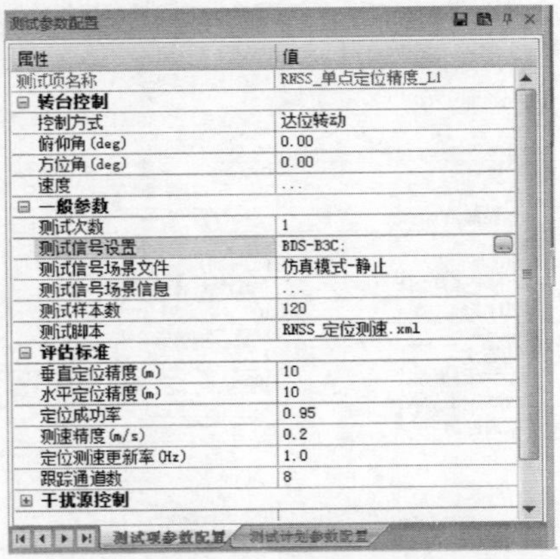

图 C-2-30　参数配置

6.8.3　检测方法

(1)被测终端接入测试系统。

(2)按信号功率、动态及 DOP 值要求设置仿真场景。

(3)测试系统开启测试频点导航信号,并关闭其余频点信号。

(4)测试系统通过串口设置被测终端工作模式。

(5)测试系统连续输出信号 120 s,使被测终端稳定捕获信号。

(6)测试系统通过串口设置被测终端以 1 Hz 频度上报定位信息。

(7)测试系统通过串口接收被测终端上报的定位结果。如果被测终端在检测开始 2 min 之内没有上报定位结果,或上报测速结果过程中中断时间超过 30 s,测试系统终止本项指标检测,并判断被测终端该指标检测失败。

(8)如被测终端正常上报定位结果,待被测终端上报定位信息样本数量达到设定门限后,测试系统通过串口设置被测终端停止上报定位信息。

(9)测试系统将被测终端上报的定位信息与测试系统仿真的已知位置信息进行比较,计算位置误差。

6.8.4　标准步骤

参考《北斗/全球卫星导航系统(GNSS)定时单元性能要求及测试方法》的测试方法如下:

(1)将被测定时单元的天线固定在一个位置已知的基准点上。

(2)连续测试时间 24 h 以上,将获取的定位数据与基准点坐标进行比较。

(3)数据处理中应剔除 HDOP>4 或 PDOP>6 的定位数据,计算定位误差及其分布。

6.9　测速精度

6.9.1　测试连接

同 6.1.1。

6.9.2　参数配置(图 C-2-31)

图 C-2-31　参数配置

6.9.3　检测方法

(1) 被测终端接入测试系统。

(2) 按信号功率、动态及 DOP 值要求设置仿真场景。

(3) 测试系统开启测试频点导航信号,并关闭其余频点信号。

(4) 测试系统通过串口设置被测终端工作模式。

(5) 测试系统连续输出信号120s,使被测终端稳定捕获信号。

(6) 测试系统通过串口设置被测终端以1Hz频度上报定位信息。

(7) 测试系统通过串口接收被测终端上报的定位结果。如果被测终端在检测开始2min之内没有上报定位结果,或上报测速结果过程中中断时间超过30s,测试系统终止本项指标检测,并判断被测终端该指标检测失败。

(8) 如被测终端正常上报测速结果,待被测终端上报的定位信息样本数量达到设定门限后,测试系统通过串口设置被测终端停止上报测速信息。

(9) 测试系统将被测终端上报的测速信息与测试系统仿真的已知速度信息进行比较,计算测速误差。

6.9.4　标准步骤

参考《北斗/全球卫星导航系统(GNSS)导航设备通用规范》的测试方法如下:

(1) 用 GNSS 模拟器模拟卫星导航信号和用户运动轨迹,输出射频仿真信号。

（2）被测设备接收射频仿真信号，按 1Hz 的更新率输出速度数据。

（3）以 GNSS 模拟器仿真的速度作为标准，计算速度误差及其分布。

（4）依次用 GNSS 模拟器仿真不同动态的用户运动轨迹，每条轨迹的仿真时间不小于 5min，各条轨迹的最大速度、最大加速度取值见表 C-2-1。

表 C-2-1　各条轨迹的最大速度、最大加速度取值

序号	最大速度/(m/s)	最大加速度/(m/s²)
1	5	1
2	60	10
3	100	20

（5）对上述用户运动轨迹，分别计算其测速精度。

6.10　通道数与跟踪能力

6.10.1　测试连接

同 6.1.1。

6.10.2　参数配置（图 C-2-32）

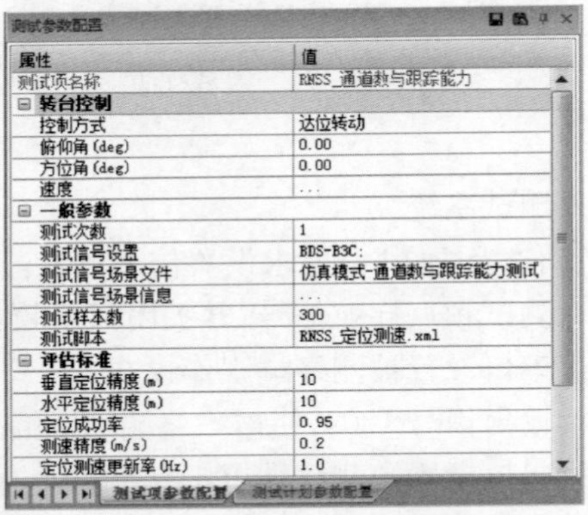

图 C-2-32　参数配置

6.10.3　检测方法

（1）被测终端接入测试系统。

（2）按信号功率、动态及 DOP 值要求设置仿真场景。

（3）测试系统开启测试频点导航信号，并关闭其余频点信号。

（4）测试系统通过串口设置被测终端工作模式。

（5）测试系统连续输出信号 120s，使被测终端稳定捕获信号。

（6）测试系统通过串口设置被测终端以 1Hz 频度上报定位信息。

（7）测试系统通过串口接收被测终端上报的定位结果。如果被测终端在检

测开始2min之内没有上报定位结果,或上报测速结果过程中中断时间超过30s,测试系统终止本项指标检测,并判断被测终端该指标检测失败。

（8）如被测终端正常上报定位结果,待被测终端上报定位信息样本数量达到设定门限后,测试系统通过串口设置被测终端停止上报定位信息。

（9）测试系统根据被测终端上报的定位信息统计实际参与定位的卫星数目,通过与测试系统仿真播发的实际卫星数目进行比较,得出跟踪通道(卫星)数目。

6.10.4　标准步骤

参考《北斗/全球卫星导航系统(GNSS)测量型OEM板性能要求及测试方法》的测试方法如下:

（1）使用GNSS卫星信号模拟器输出功率电平为-125dBm的模拟信号。

（2）通过显控设备查看OEM板收到卫星信号的通道数,观察并记录OEM板的通道数及跟踪卫星个数。

6.11　定位测速更新率

6.11.1　测试连接

同6.1.1。

6.11.2　参数配置(图C-2-33)

图 C-2-33　参数配置

6.11.3　检测方法

（1）被测终端接入测试系统。

（2）按信号功率、动态及DOP值要求设置仿真场景。

（3）测试系统开启测试频点导航信号,并关闭其余频点信号。

（4）测试系统通过串口设置被测终端工作模式。

（5）测试系统连续输出信号120s,使被测终端稳定捕获信号。

（6）测试系统通过串口设置被测终端以1Hz频度上报定位信息。

（7）测试系统通过串口接收被测终端上报的定位结果。如果被测终端在检测开始2min之内没有上报定位结果,或上报测速结果过程中中断时间超过30s,测试系统终止本项指标检测,并判断被测终端该指标检测失败。

（8）如被测终端正常上报定位结果,待被测终端上报定位信息样本数量达到设定门限后,测试系统通过串口设置被测终端停止上报定位信息。

（9）测试系统统计被测终端定位、测速更新率,按下式计算:

$$更新率 = 样本数/采样时间$$

6.11.4　标准步骤

参考《北斗/全球卫星导航系统(GNSS)导航设备通用规范》的测试方法如下:

（1）用 GNSS 模拟器进行测试,设置 GNSS 模拟器仿真速度为 2.5m/s ± 0.5m/s 的直线运动用户轨迹。

（2）在 10min 内,每隔 1s 检查设备的位置数据输出,观察每次定位和速度数据的更新时刻。

6.12　冷启动首次定位时间

6.12.1　测试连接(图 C - 2 - 34)

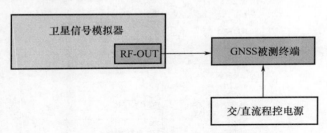

图 C - 2 - 34　测试连接

6.12.2　参数配置(图 C - 2 - 35)

6.12.3　检测方法

（1）被测终端接入测试系统。

（2）按信号功率、动态及 DOP 值要求设置仿真场景。

（3）测试系统开启测试频点导航信号,并关闭其余频点信号。

（4）测试系统控制程控电源为被测终端加电,记录加电时刻 T_1。

（5）测试系统通过串口设置被测终端工作模式。

（6）测试系统通过串口设置被测终端以 1Hz 频度上报定位信息。

（7）测试系统通过串口接收被测终端上报的定位结果。如果被测终端在检

图 C-2-35　参数配置

测开始 2min 之内没有上报定位结果,或上报测速结果过程中中断时间超过 30s,测试系统终止本项指标检测,并判断被测终端该指标检测失败。

(8) 如被测终端正常上报定位结果,待被测终端上报定位信息样本数量达到设定门限后,评估上报结果的定位精度,如被测终端定位精度满足指标要求则记录首次达到定位精度指标要求的时刻为 T_2,则本次测试定位成功且冷启动首次定位时间为 $T_2 - T_1$;如定位精度不达标,则记录本次测试定位不成功。

(9) 重复步骤(4)~(8)共 n 次,记录定位成功率及冷启动首次定位时间统计结果。

6.12.4　标准步骤

参考《北斗/全球卫星导航系统(GNSS)导航设备通用规范》的测试方法如下:

(1) 用 GNSS 模拟器进行测试,设置 GNSS 模拟器仿真速度不高于 2m/s 的直线运动用户轨迹。

(2) 使被测设备在下述任一种状态下开机,以获得冷启动状态:

① 为被测设备初始化一个距实际测试位置不少于 1000km,但不超过 10000km 的伪位置,或删除当前历书数据;

② 7 天以上不加电。

(3) 以 1Hz 的位置更新率连续记录输出的定位数据,找出首次连续 10 次输出三维定位误差不超过 100m 的定位数据的时刻,计算从开机到上述 10 个输出时刻中第 1 个时刻的时间间隔。

6.13　温启动首次定位时间

6.13.1　测试连接

同 6.12.1。

6.13.2 参数配置(图 C - 2 - 36)

图 C - 2 - 36 参数配置

6.13.3 检测方法

(1)被测终端接入测试系统。

(2)按信号功率、动态及 DOP 值要求设置仿真场景。

(3)测试系统开启测试频点导航信号,并关闭其余频点信号。

(4)测试系统连续播发信号 20min,使被测终端能够稳定输出定位结果并接收到完整的历书信息。

(5)测试系统控制程控电源使被测终端断电。

(6)测试系统更换信号场景(使被测终端预存的历书信息、星历信息和概略位置信息有效,时间不确定度 ±1s)。

(7)测试系统控制程控电源为被测终端加电,记录加电时刻 T_1。

(8)测试系统通过串口设置被测终端工作模式。

(9)测试系统通过串口设置被测终端以 1Hz 频度上报定位信息。

(10)测试系统通过串口接收被测终端上报的定位结果。如果被测终端在检测开始 2min 之内没有上报定位结果,或上报测速结果过程中中断时间超过 30s,测试系统终止本项指标检测,并判断被测终端该指标检测失败。

(11)如被测终端正常上报定位结果,待被测终端上报定位信息样本数量达到设定门限后,评估上报结果的定位精度,如被测终端定位精度满足指标要求则记录首次达到定位精度指标要求的时刻为 T_2,则本次测试定位成功且温启动首次定位时间为 $T_2 - T_1$;如定位精度不达标,则记录本次测试定位不成功。

(12)重复步骤(4)~(11)共 n 次,记录定位成功率及温启动首次定位时间统计结果。

6.13.4 标准步骤

参考《北斗/全球卫星导航系统(GNSS)测量型接收机通用规范》的测试方

法如下：

（1）使用信号模拟器进行测试，设置模拟器仿真速度不高于 2m/s 的直线运行用户轨迹，输出功率电平为 －128dBm。

（2）使接收机在下述任一种状态下开机，以获得温启动状态：

①删除当前星历数据；

②将场景启动时刻距离上次定位时刻前进或后退至少 4h。

（3）以 1Hz 的位置更新率连续记录输出的定位数据，找出首次连续 10 次输出三维定位误差不超过 100m 的定位数据的时刻，计算从开机到上述 10 个输出时刻中第 1 个时刻的时间间隔。

6.14　热启动首次定位时间

6.14.1　测试连接

同 6.12.1。

6.14.2　参数配置（图 C－2－37）

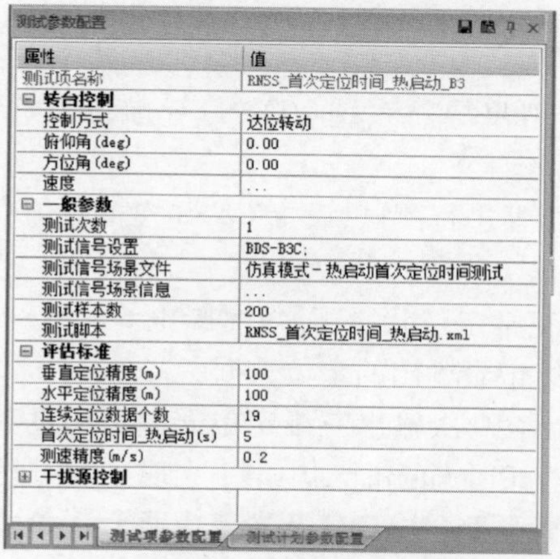

图 C－2－37　参数配置

6.14.3　检测方法

（1）被测终端接入测试系统。

（2）按信号功率、动态及 DOP 值要求设置仿真场景。

（3）测试系统开启测试频点导航信号，并关闭其余频点信号。

（4）测试系统连续播发信号 20min，使被测终端能够稳定输出定位结果并接收到完整的历书信息。

（5）测试系统控制程控电源使被测终端断电。

（6）测试系统更换信号场景（使被测终端预存的历书信息、星历信息和概

367

略位置信息有效,时间不确定度 ±1ms)。

（7）测试系统控制程控电源为被测终端加电,记录加电时刻 T_1。

（8）测试系统通过串口设置被测终端工作模式。

（9）测试系统通过串口设置被测终端以 1Hz 频度上报定位信息。

（10）测试系统通过串口接收被测终端上报的定位结果。如果被测终端在检测开始 2min 之内没有上报定位结果,或上报测速结果过程中中断时间超过 30s,测试系统终止本项指标检测,并判断被测终端该指标检测失败。

（11）如被测终端正常上报定位结果,待被测终端上报定位信息样本数量达到设定门限后,评估上报结果的定位精度,如被测终端定位精度满足指标要求则记录首次达到定位精度指标要求的时刻为 T_2,则本次测试定位成功且热启动首次定位时间为 $T_2 - T_1$;如定位精度不达标,则记录本次测试定位不成功。

（12）重复步骤(4)~(11)共 n 次,记录定位成功率及热启动首次定位时间统计结果。

6.14.4　标准步骤

参考《北斗/全球卫星导航系统(GNSS)导航设备通用规范》的测试方法如下:

（1）用 GNSS 模拟器进行测试,设置 GNSS 模拟器仿真速度不高于 2m/s 的直线运动用户轨迹。

（2）在被测设备正常定位状态下,短时断电 60s 后,被测设备重新开机,以 1Hz 的位置更新率连续记录输出的定位数据。

（3）找出首次连续 10 次输出三维定位误差不超过 100m 的定位数据的时刻,计算从开机到上述 10 个输出时刻中第 1 个时刻的时间间隔。

6.15　自主完好性监测(RAIM)及告警功能

6.15.1　测试连接

同 6.1.1。

6.15.2　参数配置(图 C-2-38)

6.15.3　检测方法

（1）被测终端接入测试系统。

（2）按信号功率、动态及 DOP 值要求设置仿真场景,仿真时段内保证 5 颗星可见。

（3）测试系统开启测试频点导航信号,并关闭其余频点信号。

（4）测试系统通过串口设置被测终端以每秒一次的频度上报定位结果和 RAIM 信息。

图 C-2-38　参数配置

（5）测试系统接收被测终端的定位结果和 RAIM 信息。

（6）本场景信号测试结束后，关闭被测终端，按信号功率、动态及 DOP 值要求设置仿真场景，仿真时段内保证 6 颗星可见。

（7）测试系统给被测终端供电，通过串口设置被测终端以 1 次/s 的频度上报定位结果和 RAIM 信息。

（8）测试系统接收被测终端的定位结果和 RAIM 信息。

（9）测试系统对被测终端的 RAIM 功能进行评估，评估方法如下：

① 卫星信号正常时，被测终端定位精度应满足指标要求；

② 被测终端接收到 5 颗可见卫星信号中，有 1 颗出现伪距异常时，被测终端应能及时在串口上报的 RAIM 信息中给出提示；

③ 被测终端接收到 6 颗可见卫星信号中，有 1 颗出现伪距异常时，被测终端应能及时在串口上报的 RAIM 信息中给出提示，并确定故障卫星号；同时，被测终端定位精度应满足指标要求；

④ 信号恢复正常时，被测终端上报的 RAIM 信息应相应变化，并进行正常定位，定位精度应满足指标要求。

6.15.4　标准步骤

请参照以上测试方法进行"自主完好性监测（RAIM）及告警功能"测试。

6.16　系统完好性监测（SAIM）及告警功能

6.16.1　测试连接

同 6.1.1。

6.16.2 参数配置(图 C - 2 - 39)

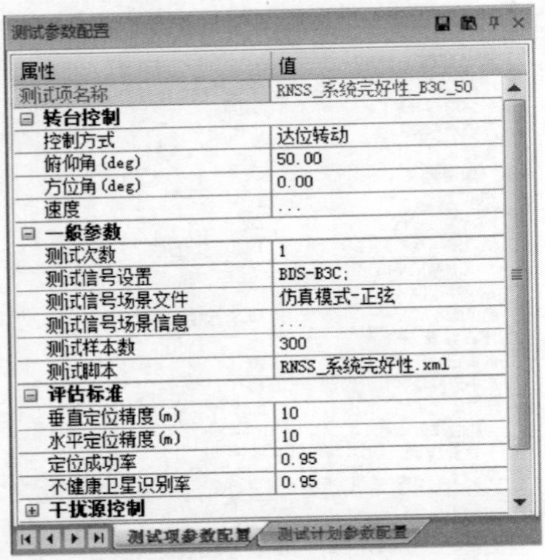

图 C - 2 - 39 参数配置

6.16.3 检测方法

(1) 被测终端接入测试系统。

(2) 按信号功率、动态及 DOP 值要求设置仿真场景。

(3) 测试系统开启测试频点导航信号,并关闭其余频点信号。

(4) 测试系统通过串口设置被测终端以每秒一次的频度上报定位结果和故障卫星信息。

(5) 测试系统接收被测终端的定位结果和故障卫星信息。

(6) 测试系统对被测终端的系统完好性信息处理功能进行评估,评估方法如下:

① 卫星系统完好性信息正常时,被测终端定位精度应满足指标要求;

② 卫星系统完好性信息异常时,被测终端应能及时在串口上报的故障卫星信息中给出提示,并确定异常卫星号;同时,被测终端定位精度应满足指标要求;

③ 信号恢复正常时,被测终端上报的故障卫星信息应相应变化,并进行正常定位,定位精度应满足指标要求。

6.16.4 标准步骤

请参照以上测试方法进行"系统完好性监测(SAIM)及告警功能"测试。

6.17 位置更新率

6.17.1 测试连接

同 6.1.1。

6.17.2　参数配置(图 C-2-40)

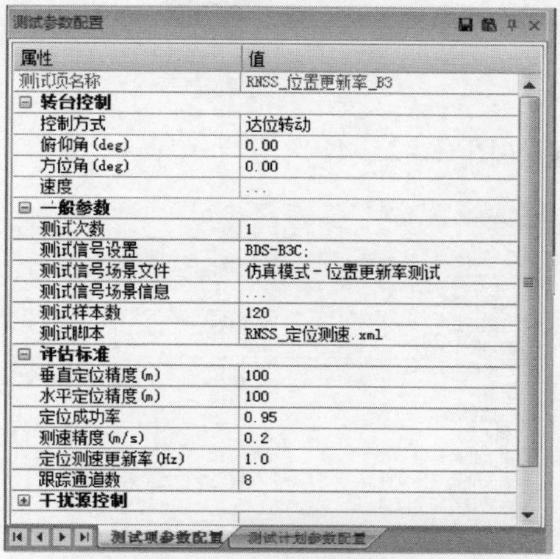

图 C-2-40　参数配置

6.17.3　检测方法

(1) 被测终端接入测试系统。

(2) 按信号功率、动态及 DOP 值要求设置仿真场景。

(3) 测试系统开启测试频点导航信号,并关闭其余频点信号。

(4) 测试系统通过串口设置被测终端工作模式。

(5) 测试系统连续输出信号 120s,使被测终端稳定捕获信号。

(6) 测试系统通过串口设置被测终端以 1Hz 频度上报定位信息。

(7) 测试系统通过串口接收被测终端上报的定位结果。如果被测终端在检测开始 2min 之内没有上报定位结果,或上报测速结果过程中中断时间超过 30s,测试系统终止本项指标检测,并判断被测终端该指标检测失败。

(8) 如被测终端正常上报定位结果,待被测终端上报定位信息样本数量达到设定门限后,测试系统通过串口设置被测终端停止上报定位信息。

(9) 测试系统统计被测终端位置更新率,方法比较:

$$更新率 = 样本数/采样时间$$

6.17.4　标准步骤

参考《北斗/全球卫星导航系统(GNSS)导航设备通用规范》的测试方法如下:

(1) 用 GNSS 模拟器进行测试,设置 GNSS 模拟器仿真速度为 2.5m/s ± 0.5m/s 的直线运动用户轨迹。

(2) 在 10min 内,每隔 1s 检查设备的位置数据输出,观察每次位置数据的更新时刻。

6.18 位置分辨力

6.18.1 测试连接

同6.1.1。

6.18.2 参数配置(图C-2-41)

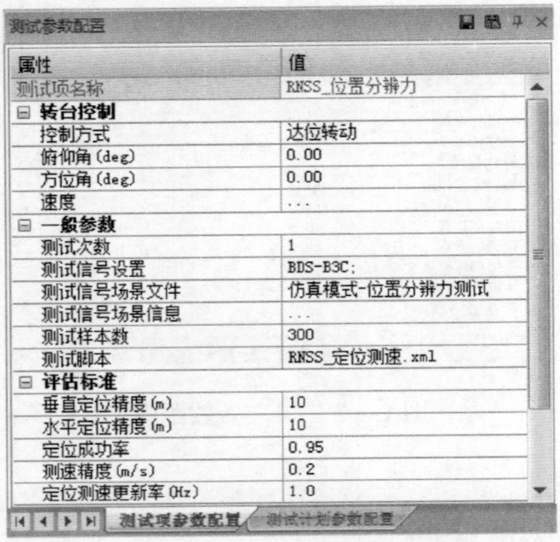

测试参数配置

属性	值
测试项名称	RNSS_位置分辨力
⊟ 转台控制	
控制方式	达位转动
俯仰角(deg)	0.00
方位角(deg)	0.00
速度	...
⊟ 一般参数	
测试次数	1
测试信号设置	BDS-B3C;
测试信号场景文件	仿真模式-位置分辨力测试
测试信号场景信息	...
测试样本数	300
测试脚本	RNSS_定位测速.xml
⊟ 评估标准	
垂直定位精度(m)	10
水平定位精度(m)	10
定位成功率	0.95
测速精度(m/s)	0.2
定位测速更新率(Hz)	1.0

测试项参数配置 测试计划参数配置

图C-2-41 参数配置

6.18.3 检测方法

(1) 被测终端接入测试系统。

(2) 按信号功率、动态及DOP值要求设置仿真场景。

(3) 测试系统开启测试频点导航信号,并关闭其余频点信号。

(4) 测试系统通过串口设置被测终端工作模式。

(5) 测试系统连续输出信号120s,使被测终端稳定捕获信号。

(6) 测试系统通过串口设置被测终端以1Hz频度上报定位信息。

(7) 测试系统通过串口接收被测终端上报的定位结果。如果被测终端在检测开始2min之内没有上报定位结果,或上报测速结果过程中中断时间超过30s,测试系统终止本项指标检测,并判断被测终端该指标检测失败。

(8) 如被测终端正常上报定位结果,待被测终端上报定位信息样本数量达到设定门限后,测试系统通过串口设置被测终端停止上报定位信息。

(9) 测试系统将被测终端上报的定位信息(经度、纬度和高程)与测试系统仿真的已知位置信息进行比较,统计位置分辨力误差。

6.18.4 标准步骤

参考《北斗/全球卫星导航系统(GNSS)导航单元性能要求及测试方法》的

测试方法如下：

（1）用模拟器进行测试，设置模拟器仿真在地球赤道附近作匀速直线运动的载体的运动轨迹，载体运动速度在东西方向、南北方向和垂直方向的分量均为 $2.5\mathrm{m/s} \pm 0.5\mathrm{m/s}$。

（2）在 10min 内，以 1Hz 的位置更新率输出定位数据。

（3）计算每相邻 1s 间经度、纬度和高程的变化平均值，其中经度、纬度应满足 $0.001' \pm 0.0005'$，高程应满足 $2\mathrm{m} \pm 1\mathrm{m}$ 的要求。

6.19　动态性能

6.19.1　测试连接

同 6.1.1。

6.19.2　参数配置（图 C-2-42）

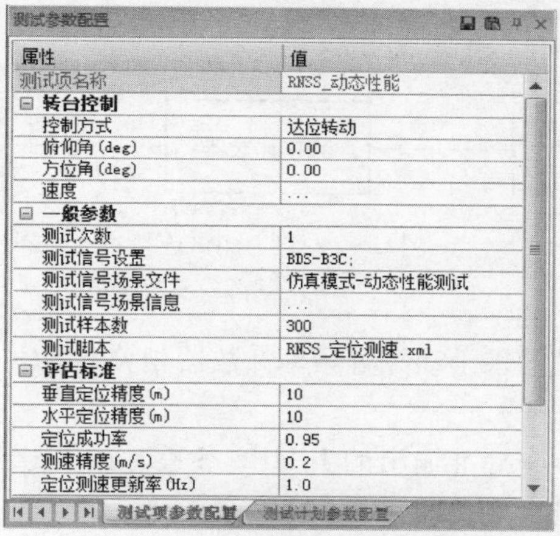

图 C-2-42　参数配置

6.19.3　检测方法

（1）被测终端接入测试系统。

（2）按信号功率、动态及 DOP 值要求设置仿真场景。

（3）测试系统开启测试频点导航信号，并关闭其余频点信号。

（4）测试系统通过串口设置被测终端工作模式。

（5）测试系统连续输出信号 120s，使被测终端稳定捕获信号。

（6）测试系统通过串口设置被测终端以 1Hz 频度上报定位信息。

（7）测试系统通过串口接收被测终端上报的定位结果。如果被测终端在检测开始 2min 之内没有上报定位结果，或上报测速结果过程中中断时间超过 30s，测试系统终止本项指标检测，并判断被测终端该指标检测失败。

373

（8）如被测终端正常上报测速结果，待被测终端上报的定位信息样本数量达到设定门限后，测试系统通过串口设置被测终端停止上报测速信息。

（9）测试系统将被测终端上报的定位测速信息与测试系统仿真的已知位置速度信息进行比较，计算定位测速误差（含水平精度、垂直精度和速度精度）。

6.19.4　标准步骤

参考《北斗/全球卫星导航系统（GNSS）导航单元性能要求及测试方法》的测试方法如下：

（1）用 GNSS 模拟器模拟卫星导航信号和表 C-2-1 中规定的用户运动轨迹。

（2）被测导航单元接收射频仿真信号，每秒钟输出一次测速数据。

（3）以模拟器仿真的位置和速度作为标准，计算动态定位精度和测速精度。

6.20　频率稳定度

6.20.1　测试连接（图 C-2-43）

图 C-2-43　测试连接

6.20.2　参数配置

请根据具体测试需求手动配置频率计数器相关参数。

6.20.3　检测方法

（1）将原子钟频率标准输出的 10MHz 参考时钟信号接至频率计数器外部参考时钟输入端口进行设备间同源。

（2）把被测终端的输出信号接至频率计数器输入端口，用频率计数器直接测量频率值。

（3）依次采集 100s、1000s 和 1d 的频率值进行统计分析。

6.20.4　标准步骤

参考《北斗/全球卫星导航系统（GNSS）定时单元性能要求及测试方法》的测试方法如下：

（1）将参考频率源输出与 GNSS 定时单元频率输出连接到频率计数器。

（2）用频率计数器直接测量频率值。

6.21　频率准确度

6.21.1　测试连接

同 6.20.1。

6.21.2　参数配置

请根据具体测试需求手动配置频率计数器相关参数。

6.21.3　检测方法

（1）将原子钟频率标准输出的 10MHz 参考时钟信号接至频率计数器外部参考时钟输入端口进行设备间同源。

（2）把被测终端的输出信号接至频率计数器输入端口，用频率计数器直接测量频率值。

（3）每 30min 记录一次频率测量值，共进行 24h。

（4）统计得出 24h 频率准确度。

6.21.4　标准步骤

参考《北斗/全球卫星导航系统（GNSS）定时单元性能要求及测试方法》的测试方法如下：

（1）将参考频率源输出与 GNSS 定时单元频率输出连接到频率计数器。

（2）用频率计数器直接测量频率值。

6.22　频率信号输出频率稳定度

6.22.1　测试连接

同 6.20.1。

6.22.2　参数配置

请根据具体测试需求手动配置频率计数器相关参数。

6.22.3　检测方法

（1）将原子钟频率标准输出的 10MHz 参考时钟信号接至频率计数器外部参考时钟输入端口进行设备间同源。

（2）将参考频率源输出与 GNSS 定时单元频率输出连接到频率计数器，用频率计数器直接测量频率值。

（3）依次采集 1s、10s、100s、10000s 和 1d 的频率值进行统计分析。

6.22.4　标准步骤

参考《北斗/全球卫星导航系统（GNSS）定时单元性能要求及测试方法》的测试方法如下：

（1）将参考频率源输出与 GNSS 定时单元频率输出连接到频率计数器。

（2）用频率计数器直接测量频率值。

6.23　频率信号输出频率准确度

6.23.1　测试连接

同 6.20.1。

6.23.2　参数配置

请根据具体测试需求手动配置频率计数器相关参数。

6.23.3 检测方法

（1）将原子钟频率标准输出的 10MHz 参考时钟信号接至频率计数器外部参考时钟输入端口进行设备间同源。

（2）将参考频率源输出与 GNSS 定时单元频率输出连接到频率计数器，用频率计数器直接测量频率值。

（3）每 30min 记录一次频率测量值，共进行 24h。

（4）统计得出 24h 频率准确度。

6.23.4 标准步骤

参考《北斗/全球卫星导航系统（GNSS）定时单元性能要求及测试方法》的测试方法如下：

（1）将参考频率源输出与 GNSS 定时单元频率输出连接到频率计数器。

（2）用频率计数器直接测量频率值。

6.24 安全性（保护）

6.24.1 测试连接

同 6.1.1。

6.24.2 参数配置

请参照 6.1 静态定位精度。

6.24.3 检测方法

（1）检查设备正常工作。

（2）将接收设备的天线输入/输出端接地。

（3）保持 5min 后断开，然后进行保护性能检查。

（4）参照 6.1 静态定位精度的方法。

（5）测试系统将被测终端上报的定位信息与测试系统仿真的已知位置信息进行比较，计算位置误差是否符合标准要求。

6.25 功耗

6.25.1 测试连接（图 C-2-44）

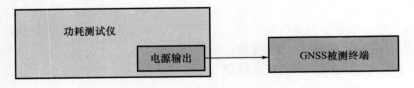

图 C-2-44 测试连接

6.25.2 参数配置

无。

6.25.3 检测方法

（1）检查设备正常工作。

（2）使用功耗测试仪直接读出被测终端的功耗或使用万用表测试电压、电流值。

（3）记录功耗值。

6.26 电源

6.26.1 测试连接

同 6.1.1。

6.26.2 参数配置

请参照 6.1 静态定位精度。

6.26.3 检测方法

（1）检查设备正常工作。

（2）按要求使被测终端的供电电压偏离额定电压 ±5% 时，并保持 10min。

（3）参照 6.1 静态定位精度的方法，被测终端应能正常收星定位，记录电压范围。

（4）按要求选用输出纹波峰值为 50mV 的直流电源给被测终端供电。

（5）参照 6.1 静态定位精度的方法，被测终端应能正常收星定位，做好记录。

6.27 自检

6.27.1 测试连接

同 6.1.1。

6.27.2 参数配置

请参照 6.1 静态定位精度。

6.27.3 检测方法

（1）开启终端被测终端的自检功能。

（2）通过信号灯或显示屏明确观察终端当前主要状态，是否包括如下信息：定位及通信状态、主电源状态、卫星定位天线状态、与终端主机相连的其他设备状态等。

（3）若出现故障，则通过信号灯或显示屏显示方式指示故障类型等信息，存储并上传至平台（通信模块故障除外）。

6.28 功能项

功能项采用本章节性能测试方法进行验证即可。

6.29 电气性能测试

请参见《通信设备电气性能测试实施细则》（CEPRI - C - TX3 - 123 - 02/2017）。

7 样品及仪器检查

（1）检查样品外观是否完整。

（2）连接卫星终端设备测试相关仪表、网络测试仪和被测样品,构建测试系统。

（3）接通样品电源,正常工作,各种指示灯等正常。

（4）接通测试仪表电源,利用卫星终端设备发送各种信号参数,利用卫星信号源观察数据收发情况。

参 考 文 献

[1] 许其凤. GPS 卫星导航与精密定位[M]. 北京:解放军出版社,1994.

[2] 杨元喜. 北斗卫星导航系统的进展、贡献与挑战[J]. 测绘学报,2010,39(1):1-6.

[3] 谭树森. 卫星导航定位工程[M]. 北京:国防工业出版社,2010.

[4] 石磊,李岩. 北斗卫星导航产品认证测试系统功率的校准[J]. 无线电工程,2017,47
(7):55-57.

[5] 黄建生,王晓玲,王静艳,等. GPS 导航定位设备测试技术[J]. 电子技术与软件工程,
2013(11):36-37.

[6] 彭建怡. 卫星导航接收机自动测试技术研究[D]. 长沙:国防科学技术大学,2008.

[7] 李征航,黄劲松. GPS 测量与数据处理[M]. 2 版. 武汉:武汉大学出版社,2010.

[8] 曹冲. GNSS 技术趋势蓝皮书[M]. 上海:上海北斗导航创新研究院,2018.

[9] 陈刚,田建波,陈永祥,等. 全球导航定位技术及其应用[M]. 北京:中国地质大学出版
社,2016.

[10] 田建波,陈刚,陈明剑,等. 北斗导航定位技术及应用[M]. 北京:中国地质大学出版
社,2017.

[11] 相飞. 卫星导航接收机干扰及多径抑制方法研究[D]. 西安:西安电子科技大学,2013.

[12] 鲁郁. 北斗/GPS 双模软件接收机原理与实现技术[M]. 北京:电子工业出版社,2016.

[13] 李作虎,杨强文,吴海玲,等. 北斗地基增强系统建设与产业化发展[J]. 高科技与产业
化,2014(10):59-65.

[14] 张宝成,袁运斌,欧吉坤. GPS 接收机仪器偏差的短期时变特征提取与建模[J]. 地球物
理学报,2016(1):101-115.

[15] 中国人民解放军总参谋部测绘导航局. 北斗卫星导航产品质量检测机构审查办法
[S]. 2014,02.

[16] 中国人民解放军总参谋部测绘导航局. 北斗卫星导航产品质量检测机构能力要求
[S]. 2014,02.

[17] 中国卫星导航系统管理办公室. BD 420009—2015 北斗/全球卫星导航系统(GNSS)测
量型接收机通用规范[S]. 2015.

[18] 国家测绘局. CH 8016—95 全球定位系统(GPS)测量型接收机检定规程[S]. 1995.

[19] 陈锡春,谭志强. 北斗用户设备测试系统的测试及标定[J]. 信息工程大学学报,2015
(6):318-320.

[20] 中国卫星导航系统管理办公室. 北斗卫星导航系统发展报告(3.0 版)[R]. 2018,12.

[21] 中国卫星导航系统管理办公室. 北斗卫星导航系统公开服务性能规范(2.0 版)[S].

2018,12.

[22] 谢钢. GPS 原理与接收机设计[M]. 北京:电子工业出版社,2009.

[23] 夏林元,鲍志雄,等. 北斗在高精度定位领域中的应用[M]. 北京:电子工业出版社,2016.

[24] 陈向东,郑瑞峰,陈洪卿,等. 北斗授时终端及其检测技术[M]. 北京:电子工业出版社,2016.

[25] 李东航. 卫星导航标准化研究[M]. 北京:电子工业出版社,2016.

[26] 朱江,李振华. 卫星导航接收机时延测定技术研究[J]. 计量学报,2019,40(5): 910 – 913.